普通高等教育"十一五"国家级规划教材

全国高职高专院校规划教材

供医药卫生类相关专业使用

物　理　学

第二版

U0228241

主　　编　徐龙海
副 主 编　孙福玉　王立普　肖　珊
编　　者（按姓氏汉语拼音排序）
　　　　　何　文　（张掖医学高等专科学校）
　　　　　邵江华　（宁夏医科大学）
　　　　　孙福玉　（内蒙古赤峰学院医学部）
　　　　　王洪国　（聊城职业技术学院）
　　　　　王立普　（邢台医学高等专科学校）
　　　　　王幼珍　（上海健康职业技术学院）
　　　　　肖　蓉　（井冈山学院医学院）
　　　　　肖　珊　（江西医学院上饶分院）
　　　　　徐龙海　（聊城职业技术学院）
　　　　　张怀岑　（井冈山学院医学院）

科　学　出　版　社
北　京

内 容 简 介

本书是普通高等教育"十一五"国家级规划教材,全书共分13章,较为全面系统地介绍了医用物理学的基本概念、基本规律和研究方法,并介绍了物理学所提供的技术和方法在生命科学、医学科学研究及临床医疗实践中的应用。全书构思新颖,图文并茂,是一本很好的教科书。

本书可供相关医学类高职护理、助产、检验、药学、康复、影像、口腔工艺等专业学生作为教材使用。

图书在版编目(CIP)数据

物理学/徐龙海主编.—2版.—北京:科学出版社,2011.2
普通高等教育"十一五"国家级规划教材·全国高职高专院校规划教材
ISBN 978-7-03-030057-7

Ⅰ.物… Ⅱ.徐… Ⅲ.物理学-高等学校-教材 Ⅳ.04

中国版本图书馆 CIP 数据核字(2011)第 010246 号

责任编辑:魏雪峰　许贵强／责任校对:李　影
责任印制:李　彤／封面设计:黄　超

科 学 出 版 社 出版
北京东黄城根北街 16 号
邮政编码: 100717
http://www.sciencep.com

北京盛通商印快线网络科技有限公司 印刷
科学出版社发行　各地新华书店经销
*

2003 年 8 月第 一 版　开本:850×1168　1/16
2011 年 1 月第 二 版　印张:10 1/2
2022 年 8 月第七次印刷　字数:268 000

定价:45.00 元
(如有印装质量问题,我社负责调换)

第二版前言

本书是全国卫生职业教学新模式研究课题组根据现代医学对物理学的基本需求,结合近几年教学改革的经验而编写的一本教改教材。

在本书的编写中,我们坚持"贴近学生,贴近社会,贴近岗位"的基本原则,把教材的科学性和实用性相统一。既注重对物理基本知识、基本规律的阐释,又注重适当联系医学实际;既注重介绍经典物理的基本理论,又注重反映物理科学的新成就。力求使本书更加适合卫生类高等职业教育教学的要求。

本书继续保持第一版教学内容所体现的"浅、宽、新、用"特点。所谓"浅",即在讲述物理理论时力求讲清物理理论的意义,不求数学的严格推导,做到概念明确、深入浅出。所谓"宽",即在物理知识的选取上,尽量做到知识面宽。所谓"新",即注重介绍物理新技术在医学中的应用,如激光技术、CT技术等。所谓"用",即在知识的选取上,注重选取和医学联系密切的应用性强的内容。为使同学们对医用物理学有更加系统和立体的认识,第二版中我们充实了人体力学基础、电磁现象、磁共振成像等内容。为增加教材的可读性,我们增加了物理学在医学中的应用案例。

本教材是我们进行医用物理教学改革的新尝试。在编写中得到了课题组成员单位领导的关心和大力支持,得到参与教学改革的各校学生的大力配合。本书插图绝大部分由王洪国重新电脑绘制。在编写过程中我们还应用了许多专家、学者的研究成果,其文献俱附于后。在此,对所有为本书编写提供帮助的专家、学者、领导、学生及其他人员表示衷心的感谢。

由于编写水平有限,时间仓促,疏漏和不妥之处在所难免,恳请读者批评指正。

编 者
2010 年 10 月

第一版前言

本书是全国卫生职业教学新模式研究课题组根据现代医学对物理学的基本需求,结合教学实践和教改经验而编写的一本教改教材。

在本书的编写中,我们坚持"贴近学生,贴近社会,贴近岗位"的基本原则,把教材的科学性和实用性相统一。既注重对物理基本知识、基本规律的阐释,又注重适当联系医学实际;既注重介绍经典物理的基本理论,又注重反映物理科学的新成就。力求使本书更加适合卫生高等职业教学的要求。

本书力求体现"浅、宽、新、用"的特点。所谓"浅",即在讲述物理理论时力求讲清物理理论的意义,不求数学的严格推导,做到概念明确、深入浅出。所谓"宽",即在物理知识的选取上,尽量做到知识面宽,为此书中增加了许多"链接"内容,以使学生对物理学有一个更系统立体的认识。所谓"新",即注重介绍物理新技术在医学中的应用,如激光技术、CT技术等。所谓"用",即在知识的选取上,注重选取和医学联系密切的应用性强的内容,如我们开篇即从振动与波动讲起,而不再重复牛顿定律的讲授等。

本教材是我们进行卫生职业教学新模式研究的初步成果,是医用物理教学改革的新尝试。在编写中得到了课题组成员单位领导的关心和大力支持,得到参与教学改革的各校学生的大力配合。本书插图绝大部分由韩继广同志电脑绘制。在编写过程中我们还应用了许多专家、学者的研究成果,其文献俱附于后。在此,对所有为本书编写提供帮助的专家、学者、领导、学生及其他人员表示衷心的感谢。

由于编写水平有限,时间仓促,错误和不妥之处在所难免,恳请读者批评指正。

编　者
2003 年 7 月

目　　录

绪论 …………………………………………………………………………………… (1)

第1章　人体力学的基础 ………………………………………………………… (2)

第1节　刚体转动 …………………………………………………………………… (2)

第2节　应力与应变 ………………………………………………………………… (4)

第3节　弹性模量 …………………………………………………………………… (5)

第4节　骨与肌肉的力学特性 ……………………………………………………… (6)

第2章　振动、波动和声波 ……………………………………………………… (10)

第1节　简谐振动 …………………………………………………………………… (10)

第2节　阻尼振动、受迫振动和共振 ……………………………………………… (12)

第3节　简谐振动的合成 …………………………………………………………… (13)

第4节　机械波 ……………………………………………………………………… (15)

第5节　波的能量 …………………………………………………………………… (16)

第6节　惠更斯原理 ………………………………………………………………… (17)

第7节　波的干涉 …………………………………………………………………… (18)

第8节　波的衍射 …………………………………………………………………… (20)

第9节　声波 ………………………………………………………………………… (20)

第10节　多普勒效应 ……………………………………………………………… (22)

第11节　超声波及其在医学中的应用 …………………………………………… (23)

第3章　流体的运动 ……………………………………………………………… (28)

第1节　理想流体与稳定流动 ……………………………………………………… (28)

第2节　伯努利方程 ………………………………………………………………… (29)

第3节　黏滞流体的运动规律 ……………………………………………………… (31)

第4节　血液在循环系统中的流动 ………………………………………………… (33)

第5节　液体的表面现象 …………………………………………………………… (34)

第4章　静电场 …………………………………………………………………… (39)

第1节　电场、电场强度和电势 …………………………………………………… (39)

第2节　电偶极子和电偶层 ………………………………………………………… (45)

第3节　心电知识 …………………………………………………………………… (46)

第5章　直流电 …………………………………………………………………… (49)

第1节　基尔霍夫定律 ……………………………………………………………… (49)

第2节　RC电路的充放电过程 …………………………………………………… (51)

第3节　生物膜电势 ………………………………………………………………… (52)

第6章　电磁现象 ………………………………………………………………… (56)

第1节　磁感应强度 ………………………………………………………………… (56)

第2节　电流的磁场 ………………………………………………………………… (58)

第3节　磁场对电流的作用 ………………………………………………………… (60)

第4节　磁场的生物效应 …………………………………………………………… (62)

第5节　电磁感应定律 ……………………………………………………………… (63)

第 6 节　电磁波 ……………………………………………………………………（67）

第 7 章　光的波动性 ……………………………………………………………（73）
第 1 节　光的干涉 …………………………………………………………………（73）
第 2 节　光的衍射 …………………………………………………………………（75）
第 3 节　光的偏振 …………………………………………………………………（80）
第 4 节　双折射与旋光现象 ………………………………………………………（81）

第 8 章　光的粒子性 ……………………………………………………………（83）
第 1 节　光电效应 …………………………………………………………………（83）
第 2 节　康普顿效应 ………………………………………………………………（85）
第 3 节　光的波粒二象性 …………………………………………………………（86）
第 4 节　光的吸收 …………………………………………………………………（86）

第 9 章　几何光学 ………………………………………………………………（91）
第 1 节　球面折射 …………………………………………………………………（91）
第 2 节　透镜 ………………………………………………………………………（92）
第 3 节　眼睛 ………………………………………………………………………（95）
第 4 节　几种医用光学仪器 ………………………………………………………（97）

第 10 章　原子核与放射性 ……………………………………………………（104）
第 1 节　原子及原子核的基本性质 ……………………………………………（104）
第 2 节　原子核的衰变类型及衰变规律 ………………………………………（108）
第 3 节　放射性核素在医学上的应用 …………………………………………（110）
第 4 节　基本粒子简介 …………………………………………………………（111）

第 11 章　激光 …………………………………………………………………（115）
第 1 节　激光的产生 ……………………………………………………………（115）
第 2 节　激光的特性与生物效应 ………………………………………………（116）
第 3 节　激光在医学上的应用 …………………………………………………（118）

第 12 章　X 射线 ………………………………………………………………（120）
第 1 节　X 射线的产生 …………………………………………………………（120）
第 2 节　X 射线的吸收 …………………………………………………………（122）
第 3 节　X 射线的医学应用及防护 ……………………………………………（124）
第 4 节　X 射线 CT ………………………………………………………………（126）

第 13 章　磁共振成像 …………………………………………………………（130）
第 1 节　磁共振的基本概念 ……………………………………………………（130）
第 2 节　磁共振成像原理 ………………………………………………………（131）
第 3 节　磁共振成像系统 ………………………………………………………（133）
第 4 节　磁共振的应用 …………………………………………………………（134）

实验部分 …………………………………………………………………………（136）
实验 1　刚体转动实验 …………………………………………………………（136）
实验 2　液体黏滞系数的测定 …………………………………………………（138）
实验 3　示波器的使用 …………………………………………………………（141）
实验 4　透镜焦距的测量 ………………………………………………………（146）
实验 5　单缝衍射实验 …………………………………………………………（148）
实验 6　钠光谱(D)线波长的测定 ………………………………………………（149）

参考文献 …………………………………………………………………………（153）

物理学教学大纲(草案) …………………………………………………………（154）

绪　　论

没有今日的基础科学,就没有明日的科技应用……可以想象,我们现在的基础科学将怎样地影响 21 世纪的科技文明。

——李政道

一、物理学的研究对象

在所有的自然科学中,物理学是关于自然界最基本运动形态的科学。它研究的是物质运动的基本规律及其内部结构,研究物质间相互作用和运动转化的普遍规律。由于物理学所研究的规律在自然界中具有最基本、最普遍的意义,因此,物理学知识成为研究其他自然科学不可缺少的基础。在自然科学尚未分类的时代,物理学几乎就是全部的自然科学。随着科学的发展,逐步出现了许多与物理学相关的分支学科,而物理学成为近代科学的基础和带头学科。

医用物理学是物理学的重要分支学科,它是现代物理学与医学相结合形成的交叉学科,是物理知识和规律在生命科学中的应用和发展。

二、物理学的研究方法

物理学是一门实验科学,物理学的基本规律无一不是实验事实的归纳与总结,物理学家任何新思想的正确与否无一不需要经过实验的检验。物理学的研究遵循由实践到理论,再由理论到实践这样循环往复的一般研究规律。从伽利略和牛顿时代到今天的物理学发展,实验对物理学的发展做出了重要贡献。

物理学的研究方法包括观察、实验、假说和理论等环节,以客观原型实验事实为依据,通过简化抽象出反映问题本质属性的物理模型,如质点、点电荷、薄透镜等,这样处理不仅使问题的研究大为简化,而且使得出的结论具有更广泛的适用性。当然,许多重大理论的发现,绝非简单实验结果的总结,它需要直觉和想象力、大胆的猜测和假设,需要深刻的洞察力、严谨的数学推理和逻辑思维,所有这些构成了物理学的研究方法。

物理学的研究方法对人类的思维方式产生了深刻的影响。伽利略被誉为"科学之父",由他开始的物理学的归纳、分析、比较、观察的实验方法,成为其他科学的基本方法。在教学中,物理学思想已成为启迪学生创新思维、培养创造型人才的火种。

三、物理学与医学科学的关系

随着医学科学的发展,医学科学已从对生命的宏观形态的研究进入到微观机制的研究,从细胞水平的研究上升到分子水平的研究,生命科学的理论逐步建立在了精确的物理学基础之上,揭示生命现象的本质。物理学所提供的技术和方法正日益广泛地应用于生命科学、医学研究及临床医疗实践中。例如,光学显微镜、X 线透视、放射性检查等在医学中的应用早已为人们所熟知,而现代的 X-CT 技术、磁共振成像技术、光纤内镜技术等也变得越来越普遍,各种热疗、电疗、光疗、放疗、超声治疗、低温冷冻治疗等成了常用的辅助治疗手段。

总之,物理学在理论和技术上的进步,为生命科学和医学的发展提供了理论基础和技术方法。同时,生命科学和医学科学的发展,又向物理学提供了崭新的研究课题,使医学物理学的内容更加丰富多彩。正因为如此,医学物理学成为一门医学类专业必不可少的基础课程,通过对它的学习,我们不仅可以掌握必要的物理学的基本概念、基本规律、研究方法,而且可以为学习其他学科和技术打下坚实的基础。

第1章 人体力学的基础

1. 能说出刚体的转动定津,会描述角动量与角动量守恒。
2. 会描述应力与应变,能举例说明其在医学中的应用。
3. 能说出弹性与塑性的概念,会描述弹性模量与形变的关系。
4. 能举例说明骨和肌肉的力学特性在医学中的应用。

骨骼与应力

俗语"伤筋动骨一百天"说的是人们对骨伤愈合期的一种粗略经验,骨折手术后一般要经过15周到20周才能完全愈合。骨折愈合的前三四周是骨痂形成期,骨痂丰富了才能促成骨的再生和愈合,骨痂在应力的作用下才能产生,由于新生骨痂疏松,运动和应力过大又会损伤骨痂的固化和强化,为此需要对骨折部分进行固定并施加一定的压应力。由此看来,科学地使用应力刺激对临床上治愈骨折有重要的意义。

第1节 刚体转动

在外力作用下,形状和大小都不发生改变的物体叫刚体。实际上物体在力的作用下,都会发生形变,所以刚体是一种理想模型。当研究的重点是物体的转动属性时,在许多情况下,其形状和大小的变化可以忽略,可把物体近似看作刚体处理。

刚体运动有两种最基本的形式,即平动与转动。刚体平动时,在同一时刻刚体内各质点有完全相同的速度和加速度。因此刚体可当作一个质点来处理。刚体转动时,如果刚体各质点都绕一固定轴做圆周运动,我们将刚体的这种运动叫做刚体的定轴转动。刚体的一般运动可看做是平动和转动的叠加,例如车轮的滚动,可看做车轮中心的平动与整个车轮绕其中心轴转动的合运动。本节只限于讨论刚体的定轴转动。

一、刚体的定轴转动

刚体做定轴转动时,刚体上各点的速度、加速度以及在同一段时间内的位移各不相同,然而各点在同一时间内转动的角度却是相同的。所以可以用角量(角位移、角速度、角加速度)来描述整个刚体的转动。

如图 1-1-1 所示,P 为刚体中的某一点,过 P 点垂直于转动轴 AA' 的平面叫转动平面,交转轴于 O,则 P 点在转动平面上绕 O 做圆周运动。在此平面内,做垂直于转轴的参考线 OX,半径 OP 与 OX 的夹角 θ 就是决定刚体位置的角坐标,在任意 Δt 时间内角坐标的增量 $\Delta\theta=\theta_2-\theta_1$,叫做刚体的角位移,角位移 $\Delta\theta$ 的正负代表刚体转动的力向,在图 1-1-1 中,$\Delta\theta>0$,表示刚体逆时针转动,$\Delta\theta<0$,表示刚体顺时针转动。

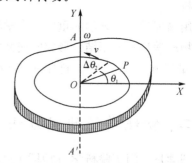

图 1-1-1 刚体的定轴转动

角坐标和角位移的单位为弧度(rad)。比值 $\frac{\Delta\theta}{\Delta t}$ 叫刚体的平均角速度,用 $\bar{\omega}$ 表示,$\bar{\omega}=\frac{\Delta\theta}{\Delta t}$,而

$$\omega = \lim_{\Delta t \to 0} \frac{\Delta\theta}{\Delta t} = \frac{d\theta}{dt} \qquad (1.1.1)$$

叫刚体的瞬时角速度,简称角速度,它的单位是弧度·秒$^{-1}$(rad·s^{-1})。角速度的正负与角位移相同。

如果 ω 不变,则刚体做匀速转动。如果 ω 随时间改变,则刚体做变速转动。刚体的平均角加速度为 $\bar{\beta}=\frac{\Delta\omega}{\Delta t}$,而角加速度为

$$\beta = \lim_{\Delta t \to 0} \frac{\Delta \omega}{\Delta t} = \frac{\mathrm{d}\omega}{\mathrm{d}t} = \frac{\mathrm{d}^2\theta}{\mathrm{d}t^2} \quad (1.1.2)$$

角加速度的单位为弧度·秒$^{-2}$（rad·s^{-2}）。角加速度的正负与角速度的增量相同。

刚体转动中的角位移、角速度、角加速度统称为角量。质点运动和刚体平动中的位移、速度和加速度称为线量。

二、转 动 定 律

在外力的作用下，刚体绕定轴转动，获得加速度。为了得到外力矩与角加速度的关系，首先讨论质量为 m 的质点的定轴转动。如图 1-1-2(a)所示，一个质量为 m 的质点，力 **F** 作用在质点上，并位于其转动平面内。质点在力 **F** 的作用下，围绕通过点 O 的轴做半径为 r 的圆周运动。

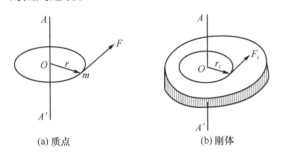

(a) 质点　　　　　(b) 刚体

图 1-1-2　转动定律

根据牛顿第二定律，$F = ma$，a 为质点的切向加速度。由于 $a = r\beta$，于是 $F = ma = mr\beta$，而力 F 对转轴 O 的力矩为 $M = Fr$，因此得到

$$M = (mr^2)\beta$$

上式表明，在外力矩作用下，质点的角加速度 β 的大小与力矩 M 的大小成正比。

刚体可以看成是由许多质点所组成的。在力 F 的作用下，每个质点受到一个力矩的作用，即 $M_1 = m_1 r_1^2 \beta$，$M_2 = m_2 r_2^2 \beta$，对于定轴转动的刚体，每个质点所受的力矩方向相同，刚体所受的总力矩就是各质点的力矩之和，即

$$M = \sum_i M_i = \left(\sum m_i r_i^2\right)\beta$$

式中：$\sum m_i r_i^2$ 为刚体的转动惯量 J，于是得到

$$M = J\beta \quad (1.1.3)$$

上式表明，刚体转动的角加速度与作用在刚体上的力矩成正比，与刚体的转动惯量成反比，这一定律称为刚体的转动定律。它相当于质点运动的牛顿第二定律。

链 接

一些物体的转动惯量的公式

① 圆环：质量 m、半径 R
　　转轴：过中心与环面垂直
$$J = \frac{1}{2}mR^2$$

② 薄圆盘：质量 m、半径 R
　　转轴：过中心与环面垂直
$$J = \frac{1}{2}mR^2$$

③ 球壳：质量 m、半径 R
　　转轴：沿直径
$$J = \frac{2}{3}mR^2$$

④ 圆环：质量 m、半径 R
　　转轴：沿直径
$$J = mR^2$$

⑤ 圆柱体：质量 m、半径 R
　　转轴：沿几何轴
$$J = \frac{1}{2}mR^2$$

⑥ 球体：质量 m、半径 R
　　转轴：沿直径
$$J = \frac{2}{5}mR^2$$

三、角动量与角动量守恒

1. 角动量　质量为 m 的质点在外力矩 **M** 的作用下，绕定轴转动，**r** 为转轴 O 到质点 P 的矢径，质点的动量为 $m\upsilon$。定义矢径 **r** 与动量 $m\upsilon$ 的矢量乘积为角动量，用 **L** 表示，即角动量的大小

$$L = m\upsilon r = mr^2\omega$$

角动量的方向与角速度的方向相同，其单位为 kg·m^2·s^{-1}。

刚体定轴转动的角动量应是其各个质点的角动量的总和，即

$$L = \sum m_i \upsilon_i r_i = \left(\sum m_i r_i^2\right)\omega$$

因为 $\sum m_i r_i^2 = J$ 是刚体的转动惯量，代入上式得

$$L = J\omega \quad (1.1.4)$$

转动定律 $M = J\beta$ 也可用角动量来描述，即

$$M = J\frac{\mathrm{d}\omega}{\mathrm{d}t} = \frac{\mathrm{d}(J\omega)}{\mathrm{d}t} = \frac{\mathrm{d}L}{\mathrm{d}t} \quad (1.1.5)$$

上式表示，对给定的轴，刚体所受到的力

学习笔记

矩等于刚体的角动量对时间的变化率,这是转动定律的另一种表达式,但它的适用范围更广。

2. 角动量守恒定律　由式(1.1.5)可知,如果刚体所受的合外力矩 $M=0$,即 $\dfrac{\mathrm{d}L}{\mathrm{d}t}=0$,也就是说刚体的角动量不随时间的变化而变化,刚体的角动量保持一常数,即此时刚体的角动量守恒。这就是刚体的角动量守恒定律。

第2节　应力与应变

一、应　　变

在弹性力学中,物体受到外力作用时,其形状和大小的改变称为形变。在外力去掉之后,根据形变能否恢复为原来的形状,形变又分为弹性形变和塑性形变。在一定的形变范围内,去掉外力后物体能够完全恢复原状的形变,称为弹性形变。为了反映物体受到外力作用时发生的形变程度,将物体的体积、长度和形状的变化与其原有值之比,称为应变。下面分别讨论物体在上述三种形变时应变的具体表现形式。

1. 线应变　如图1-2-1所示,一粗细均匀各向同性的细棒原长为 L_0,在外力作用下被拉长,长度伸长量为 ΔL,则长度的变化量 ΔL 与原长 L_0 的比值 $\dfrac{\Delta L}{L_0}$ 称为该物体的拉伸应变或张应变,用符号 ε 表示,即

$$\varepsilon = \frac{L-L_0}{L_0} = \frac{\Delta L}{L_0} \tag{1.2.1}$$

当物体在外力作用下被压缩时,应变仍用上式表示,但 ΔL 为负,应变 ε 为负值,此种应变称为压缩应变或压应变。拉伸应变和压缩应变统称为线应变。

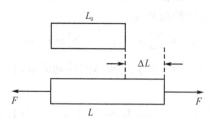

图 1-2-1　拉伸应变

2. 体应变　如果各向同性的物体在各个方向上受到的压力改变量相同时,物体的形状

不变,仅仅发生体积的变化,则体积的改变量 ΔV 与原体积 V_0 之比,叫做体应变,用符号 θ 表示,即

$$\theta = \frac{V-V_0}{V_0} = \frac{\Delta V}{V_0} \tag{1.2.2}$$

显然 $\Delta V > 0$ 时,θ 为正;$\Delta V < 0$ 时,θ 为负。

3. 切应变　物体在一对剪力作用下所产生的形变叫做剪切形变,所谓剪力就是指大小相等、方向相反而作用线不重合的一对力。如图1-2-2所示,在剪力的作用下,正方体的上下底面产生相对位移 Δx 而变成平行六面体,但体积没有变化。设上下底面垂直距离为 d,则比值 $\dfrac{\Delta x}{d}$ 叫做物体的切应变或剪应变,用符号 γ 表示,即

$$\gamma = \frac{\Delta x}{d} = \tan\varphi \tag{1.2.3}$$

图 1-2-2　剪应变

在形变很小时,切变角 φ 一般都很小,上式可以写成

$$\gamma \approx \varphi$$

三种应变都无量纲,没有单位。它们只是相对地表示形变程度,而与原来的长度、形状和体积都没有关系。气体、液体没有自身形状,所以它们没有线应变和切应变,只有体应变。固体则三种应变均有。

二、应　　力

以拉伸应变为例,对同一物体若施以不同的作用力,它将产生不同的应变,由此可见,形变的程度不仅与物体的性质有关,而且还与受力的大小有关。对于上面三种应变,下面具体分析物体内部的受力情况。

十分明显,弹性体受外力而产生形变时,微观粒子之间的位置发生了相对变化,其内部会出现因形变而产生的内力,从而使物体具有恢复原状的趋势。为了描述物体内各处内力的强度,引入应力概念。我们定义物体内部单

位面积上受到的内力叫做应力。

1. 正应力　如图 1-2-3 所示,在外力 F 作用下,物体被拉伸。在物体内任选一与外力垂直的截面 S,S 将物体分成左右两段。这两段物体将互相受到内力的作用,且分布于任一截面上的合力和物体两端受到的拉力相等。实验表明,物体的线应变一方面与物体所受到的内力大小成正比,另一方面又与物体的横截面积成反比。因此,定义物体内部单位面积上受到的内力,叫做拉伸应力或张应力,用符号 $\bar{\sigma}$ 表示,即

$$\bar{\sigma} = \frac{F}{S} \qquad (1.2.4)$$

上式为截面 S 上的应力平均值。如果求某一点的拉伸应力,则应采用求导数的方法,即

$$\sigma = \frac{dF}{dS}$$

如果物体受到的是压力作用时,应力称为压缩应力或压应力。线应变时,内力方向与截面正交,因而线应变产生的应力为正应力。

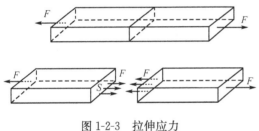

图 1-2-3　拉伸应力

2. 体应力　当物体受到外力作用,体积发生变化,而形状不变时,如果物体各向同性,则其内部在各个方向的截面上都有同样大小的压应力,或者说具有同样的压强。所以体应力可以用压强的增量 ΔP 来表示。

3. 切应力　当物体发生切应变时,物体上下两个界面受到与界面平行但方向相反的外力作用。在物体内任一与界面平行的截面将把物体分成上、下两部分。上部分对下部分有一与界面方向相反的内力的作用。它们都是平行于截面的切向内力。切向内力 F 与截面积 S 之比,称为切应力或剪应力,用符号 $\bar{\tau}$ 表示,即

$$\bar{\tau} = \frac{F}{S} \qquad (1.2.5)$$

对某一点的切应力为

$$\tau = \frac{dF}{dS}$$

在国际单位制中,应力的单位是帕斯卡 (Pa),$1\text{Pa} = 1\text{N} \cdot \text{m}^{-2}$。

总之,应力就是作用在单位截面积上的内力,与截面正交的正应力称为法向应力,切应力则是与截面平行的应力,称为切向应力。在复杂形变中,截面上各处的应力不一定相等,方向可以与截面成一定的角度。因此,正应力和切应力可以同时存在。

链接

骨骼具有良好的自身修复能力,并可随力学环境的变化而改变其性质与外形。应力的增加使骨骼中的基质呈碱性,这使基质中的带有碱性的磷酸盐沉淀下来,骨骼中的无机盐成分因此而增加,骨骼的密度、抗压性就得到增加;相反,如应力减少,则骨骼中基质呈酸性,它将溶解骨中的一部分无机盐,并将这些无机盐搬出体外,使骨骼萎缩,产生骨质疏松。

第3节　弹性模量

一、弹性与塑性

实验表明,物体在外力作用下将产生应变,切应变的大小随着应力的变化而变化。对于不同材料其变化情况虽然不同,但它们具有一个共同的变化趋势。如图 1-3-1 所示为典型的展性金属应力-应变关系曲线。由原点到 a 点应力和应变成正比关系,但从 a 点起,直线开始弯曲,标志着应力和应变成正比的关系被破坏了,因此 a 点叫做正比极限。由 a 到 b 点应力和应变不再成正比。但在这一范围内去掉外力时,材料仍能恢复原状,超过 b 点后,撤去外力材料不能完全恢复原状,将产生永久形变,因此 b 点叫弹性极限。超过 b 点就进入塑状,材料表现出永久变形。当应力达到 c 点时,材料断裂,c 点叫断裂点。断裂点的应力称为极限强度。拉伸时,断裂点的极限强度称为被试材料的抗张强度;压缩时,断裂点的极限强度称为被试材料的抗压强度。不同材料的极限强度不同,同种材料的抗张强度和抗压强度也不同,它们表征材料的强度特性。如果材料的 ε_b 与 ε_c 差值较大,说明这种材料能产

生较大的塑性形变,表示它具有展性;如果材料的 ε_b 与 ε_c 差值较小,则材料表现出脆性。

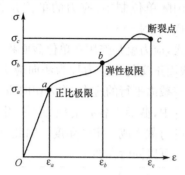

图 1-3-1　展性金属的应力-应变曲线

二、弹性模量

从应力-应变曲线可以看出,在正比极限范围内应力与应变成正比,这一规律即是著名的虎克定律。对于同一种材料,应力与应变的比值是一定的,它是反映材料自身弹性强弱的物理量,叫做该物体的弹性模量。虎克定律可写成

应力＝弹性模量×应变

弹性模量是材料的重要特征,它表示材料抵抗外力变形作用的能力。

在拉伸或压缩情况下,弹性模量称为杨氏模量;在体变情况下,弹性模量叫做体变模量;在切变情况下,弹性模量称为切变模量。

1. 杨氏模量　在拉伸或压缩情况下,弹性模量称为杨氏模量,用符号 E 表示。即

$$E = \frac{\dfrac{F}{S}}{\dfrac{\Delta L}{L_0}} = \frac{FL_0}{S\Delta L} \qquad (1.3.1)$$

对于均匀材料(如钢)拉伸、压缩时的 E 是相同的,对于非均匀材料(混凝土、骨骼等)拉伸、压缩时的 E 是不相同的。杨氏模量的单位是 Pa。表 1-3-1 列出了一些常见材料的杨氏模量、弹性限度和极限强度。

当细棒被纵向拉长时将发生横向收缩。实验表明:横向线度的相对缩短与纵向线度的相对伸长成正比。用 d 表示横向线度(如果横断面是圆形,d 为其直径),Δd 表示其变化量,则

$$\frac{\Delta d}{d} = \mu \frac{\Delta l}{l_0} \qquad (1.3.2)$$

式中:μ 是材料的特征常数(纯数),称为泊松比。

表 1-3-1　一些常见材料的杨氏模量、弹性限度和极限强度(单位:Pa)

材料	杨氏模量	弹性限度	抗张强度	抗压强度
不锈钢	19.7×10^{10}	30×10^7	50×10^7	—
熟铁	19.0×10^{10}	17×10^7	33×10^7	—
铜	12.6×10^{10}	20×10^7	40×10^7	—
铝	6.8×10^{10}	18×10^7	20×10^7	—
玻璃	5.5×10^{10}	—	5×10^7	110×10^2
花岗石	5.0×10^{10}	—	—	20×10^3
砖	2.0×10^{10}	—	—	4×10^7
木材	1.0×10^{10}	—	—	10×10^7
骨(拉伸)	1.6×10^{10}	—	12×10^7	
骨(压缩)	0.9×10^{10}	—		17×10^7
腱	0.2×10^8	—		
橡胶	0.01×10^5			
血管	0.002×10^8			

例 1-3-1　弹跳蛋白是一种存在于跳蚤的弹跳机构和昆虫的飞翔机构中的蛋白,其杨氏模量接近于橡皮。今有一截面积为 $30cm^2$ 的弹跳蛋白,加 270N 的力后长度为原长的 1.5 倍,求其杨氏模量。

解:由 $E = \dfrac{FL_0}{S\Delta L}$,

得 $E = \dfrac{270\times L_0}{0.5L_0\times30\times10^{-4}} = 1.8\times10^5 (\text{Pa})$

弹跳蛋白的杨氏模量为 $1.8\times10^5 \text{Pa}$。

2. 体变模量　在体变情况下,弹性模量叫做体变模量,用符号 K 表示,即

$$K = -\frac{\Delta P}{\theta} = -\frac{\Delta PV_0}{\Delta V} \qquad (1.3.3)$$

式中:负号表示体积缩小时,压强是增大的。将体变模量的倒数称为压缩率,用符号 κ 表示,即

$$\kappa = \frac{1}{K} = -\frac{\Delta V}{\Delta PV_0}$$

第 4 节　骨与肌肉的力学特性

一、骨的力学特性

骨骼系统的主要作用是保护内脏、提供坚实的动力交接和肌肉联结,便于肌肉和身体的

活动,骨组织是一种特殊的结缔组织,它既有一定的结构形状及力学特性,又有很强的自我修复功能与力学适应性。

从功能上看,骨最主要的机械性能是其强度和硬度,由应力-应变曲线可获其相关信息。图1-4-1是皮质骨、玻璃、金属的机械性能。可以看出,当变形较小时,骨骼为线形弹性体,但当变形大于一定值后,表现出明显的塑性。

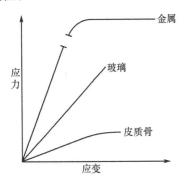

图1-4-1 不同材料的应力-应变曲线

不同性质的骨结构各有其机械性能:皮质骨较松质骨硬,能承受较大的应力,但在破坏前仅能有较小的应变。体外实验表明,松质骨在应变超过75%才会折断,而皮质骨在应变超过2%就会破坏。工程力学中称最大应变小于5%的材料为脆性材料。图1-4-2是两种骨材料破坏时的断裂面示意图。

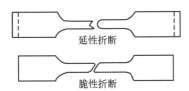

图1-4-2 脆性材料与延性材料的断裂面

力学实验表明,骨骼是典型的非线性弹性体,图1-4-3是密质骨的拉伸实验曲线。显然在曲线的开始部分,非线性程度较低,可近似认为骨骼是线性弹性体,即在有限单向载荷作用下,其应力-应变关系满足虎克定律。与一般的金属材料不同,骨骼在不同方向载荷作用下表现出不同的力学性能(各向异性)。图1-4-4是人股骨标准试样在不同方向拉伸时的刚度和强度变化曲线,可以看出,在纵轴方向上加载时,试样的刚度和强度最大,而在横轴方向上最小。骨骼的变形、破坏与其受力方式有关。人体骨骼受力

形式多种多样,可根据外力和外力方向,将骨骼的受力分为拉伸、压缩、弯曲、剪切、扭曲和复合载荷6种。

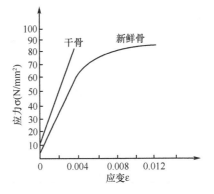

图1-4-3 骨骼的单项拉伸曲线

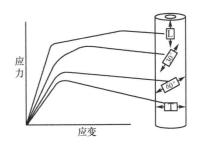

图1-4-4 骨骼不同方向的拉伸曲线

二、肌肉的力学特性

可兴奋细胞——肌纤维是肌肉的主要成分。肌纤维的直径为$10\sim60\mu m$,它由直径为$1\mu m$左右的许多肌原纤维组成,肌原纤维又是由直径更小的许多蛋白微丝组成。这些蛋白微丝之间可以相互作用,使肌肉发生收缩或伸长。肌原纤维发生伸缩的基本单元为肌节,肌节的长度是变化的,充分缩短时长约$1.5\mu m$,放松时为$2.0\sim2.5\mu m$,而完全伸长时可达$1mm$左右。肌肉的功能是将化学能转变为机械能。目前关于肌肉力学性质的研究结果大部分都是针对骨骼肌进行的。

1. 肌肉的力学模型 与一般材料特性不同,肌肉收缩时产生的张力变化主要依赖于肌肉内结构的变化,图1-4-5给出了一根肌纤维的张力-长度曲线。可以看出,在肌节处于休息长度时张力最大,但当肌节长度达到$3.6\mu m$后,主动张力却变为零。肌纤维具有主动收缩性,此外,肌纤维及其周围的结缔组织还可以被动承载,因此整块肌肉伸缩时的张力应为主动张力与被动张力之和,如图1-4-6

学习笔记

所示。

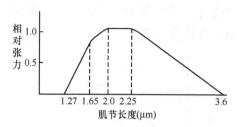

图 1-4-5　肌纤维长度-主动张力曲线

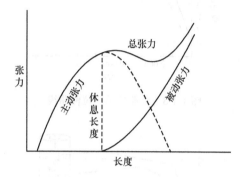

图 1-4-6　整块肌肉的力学特性

整块肌肉的力学特性较为复杂,为研究方便,可将其表示为图 1-4-7 所示的三单元模型。图中收缩元代表肌肉中有活性的主动收缩成分,当肌肉兴奋时可产生张力,其张力的大小与其微观结构有关,骨骼肌处于静息状态时,收缩元对张力没有贡献,并联弹性元代表肌肉被动状态下的力学性质,主要与主动收缩单元周围的结缔组织有关;串联弹性单元主要代表主动收缩单元的固有弹性及与之相串联的部分结缔组织。

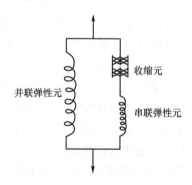

图 1-4-7　肌肉的三单元模型

整块肌肉可认为是由许多这样的模型混联在一起构成的,模型的串联构成肌肉的长度,模型的并联构成肌肉的厚度,因此,可以把肌肉看成由多个模型串联和并联而成。由多个模型串联而成的肌肉,各个收缩元产生相同的收缩力,每个模型受到的外力相等,

也等于整个肌肉两端的外力,而肌肉的伸长或缩短的总长度却等于各个模型伸长或缩短之和。由此可见,肌肉长度的增加,对其收缩速度有良好影响,但不影响它的收缩力。在多个模型并联而成的肌肉的一个断面上,各个模型产生同样的变形与相同的收缩速度,而肌肉两端的作用力是各个模型对其两端的作用力之和。因此,肌肉生理横断面的增加会导致肌肉收缩力的增加,但不会影响肌肉收缩速度。

2. Hill 方程　前面的内容表明,肌肉的收缩速度与收缩力之间存在相关关系,对此,Hill 进行了详细的阐述。Hill 取青蛙的缝匠肌为试样,两端夹紧,保持长度 L_0 不变,以足够高的频率和电压加电刺激,使之挛缩产生张力 P_0,然后将其一端松开,使其张力下降为 P,在张力变化过程中测量张力(P)与速度(v),并同时测定肌肉收缩时产生的热量与维持挛缩状态需要的热量。考虑肌肉收缩时,一方面对外做功(记为 W),另一方面对外释放热量(记为 H),由能量守恒原理,肌肉收缩时对外释放的能量为

$$E = W + H \qquad (1.4.1)$$

肌肉对外所做的功等于负荷 P 和肌肉缩短距离 x 的乘积,即

$$W = Px \qquad (1.4.2)$$

另外,从实验发现,肌肉收缩时释放的热量 H 与肌肉缩短距离成正比,即

$$H = ax \qquad (1.4.3)$$

比例因子 a 表示肌肉收缩单位长度所释放的热量,具有力的量纲。

将关系式(1.4.2)和关系式(1.4.3)代入关系式(1.4.1),即得肌肉收缩时所释放能量 E 的表达式:

$$E = (P + a)x \qquad (1.4.4)$$

若将上式对时间求导数,考虑到距离的导数就是速度,我们有:

$$\frac{\mathrm{d}E}{\mathrm{d}t} = (P + a)v \qquad (1.4.5)$$

实验表明,当肌肉收缩时,对外释放能量 E 的时间变化率随负荷减小而增大,且与肌肉能提起的最大负荷 P_0 和实际负荷 P 之差成正比,假定比例系数为 b,那么有:

$$(P + a)v = b(P_0 - P) \qquad (1.4.6)$$

这便是 Hill 导出的肌肉力-速度关系方

学习笔记

程,经简单代数运算后,Hill 方程可改写为

$$(P+a)(v+b)=(P_0+a)b$$

$$(1.4.7)$$

这个方程的右侧为常数,与双曲线方程相似,这说明肌肉力与其收缩速度成反比。

本章讲述了人体力学的基础知识,阐明了角动量、应力、应变、弹性模量等基本概念,研究了刚体定轴转动的规律:

$$M=J\beta$$

即刚体转动的角加速度与作用在刚体上的力矩成正比,与刚体的转动惯量成反比,这一定律称为刚体的转动定律。本章还介绍了骨与肌肉的力学特性。

小 结

目〈标〉检〈测

一、名词解释

1. 刚体　2. 角动量　3. 应变和应力

4. 弹性和塑性

二、简答题

1. 若刚体转动的角速度很大,作用于刚体的力一定很大吗?

2. 形变是怎样定义的? 它有哪些形式?

3. 肌纤维会产生哪几种张力? 整体肌肉的实际张力与这些张力有何关系?

三、计算题

1. 飞轮由静止开始做匀加速转动,前 2min 转了 3600 转,求飞轮的角加速度和第二分钟末的角速度。

2. 质量为 200g,半径为 15cm 的水平转盘以 5rad/s 的角速度旋转,一质量为 20g 的虫子掉在盘心并沿矢径方向向外爬行。求当虫子爬到盘边缘时,圆盘旋转的角速度。

3. 在骨试样的拉伸试验中,测出长度为 10cm、截面积为 $4cm^2$ 的试样的杨氏模量 $E=16\times10^9 N/m^2$,若断裂应变 $\dfrac{\Delta l}{l}=0.01$,求使骨试样断裂的最小力。

4. 松弛的二头肌,伸长 5cm 时所需的力为 25 N,而当这条肌肉处于紧张状态时,产生同样伸长则需 500 N 的力,如将此肌肉看成是一条长 0.2m、横截面积为 $50cm^2$ 的圆柱体,求上述两种状态的杨氏模量。

5. 某人体重 60kg,其腿骨长 1.2m,平均横截面积 $3cm^2$,求此人站立时腿骨骼缩短了多少? 骨的杨氏模量按 $1\times10^{10} N/m^2$ 计算。

（张怀岑）

第2章 振动、波动和声波

1. 会描述简谐振动的基本规律，能说出两个同频率、同方向的振动合成的结果。
2. 会描述波的传播规律，能说出波的干涉、衍射现象的一些基本规律。
3. 能举例说明超声波的特性及在医学中的应用。

案例

次声波

次声波是一种振动频率低于20Hz的机械波，传播距离远，穿透能力强，人的耳朵听不见。当使用次声波武器对有生力量杀伤时，在毫无知觉的情况下次声波已悄悄进入人体，人体各器官就会不由自主地随之共振不止。轻者头痛、恶心、眩晕，次重者肌肉痉挛、全身颤抖、呼吸困难、神经错乱，严重者脱水休克、失去知觉、血管破裂、内脏损伤而迅速死亡，并且从外观上看无任何痕迹。所以，有人称它是"杀人不见血的新式武器"。

1968年4月的一个傍晚，在法国马赛附近的一户12人家庭正在吃晚饭，突然间一个个莫名其妙地失去知觉，短短几十秒后12人全部死亡，与此同时，还在田间干活的另一家农民，10个人也当场毙命。这是什么原因造成的呢？后来经调查，才知道坐落在16km外的国防部次声实验所正在进行次声武器试验，由于技术上的疏漏，次声波泄露出来，造成了这一杀人不见血的惨案。

第1节 简谐振动

微风中树叶的颤动给人以美的享受，人体中心脏的跳动给人以生命的支撑。大千世界的这种"颤动"和"跳动"——一种看似简单，周而复始的运动，构成了多彩世界的美妙音符。物理学上我们把物体或物体的一部分在某一位置（平衡位置）附近来回地做周期性运动叫做机械振动，简称振动。振动现象是多种多样的，其中最简单最基本的振动是简谐振动，一切复杂的振动都可以分解成若干个简谐振动。

一、简谐振动及简谐振动方程

将一质量可忽略的弹簧，一端固定，另一端系一一定质量的物体，放在光滑的水平面上。其中弹簧和物体相连组成弹簧振子，如图 2-1-1所示。

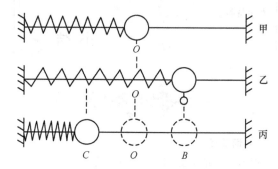

图 2-1-1 弹簧振子的简谐运动

当弹簧处于自然状态时，作用在振子上的合力为零，这个位置称为平衡位置。将物体从平衡位置向右拉到位置 B 后放开，物体就在平衡位置附近振动。

仔细观察物体的运动，我们可以看到物体被拉到 B 位置时，弹簧由于伸长而产生一个向左指向平衡位置的弹力即回复力，放开振子以后，振子就在这个弹力的作用下向左做加速运动。当物体到达平衡位置 O 时，它所受到的合力为零，加速度也为零，但速度并不为零，由于惯性，它将继续向左运动，此后弹簧被压缩，被压缩的弹簧产生一个向右指向平衡位置的弹性回复力，该力与运动方向相反，因此物体将做减速运动，直至到达位置 C，速度减小为零。此后物体又在回复力的作用下向右加速返回平衡位置，跟前面所述情况相似，振子到达平衡位置后仍然不停下来，而是通过该位置，到达位置 B。这样振子就完成了一个全振动，如此周而往复下去。

设弹簧的劲度系数为 k，物体的质量为 m，忽略各种阻力，取弹簧原长（平衡位置）O 处为坐标原点，X 坐标轴指向右为正。物体位置坐标为 x，所受弹性回复力 F 可表示成

$$F = -kx \qquad (2.1.1)$$

上式表明,弹性回复力的大小总是和位移大小成正比,方向和位移方向相反,总是指向平衡位置。

利用式(2.1.1)结合牛顿第二运动定律和微分方程的知识,我们可以求得振动物体位移的时间函数(这里不做详细推导)为

$$x = A\cos(\omega t + \varphi) \qquad (2.1.2)$$

因 $\cos(\omega t + \varphi) = \sin(\omega t + \varphi + \frac{\pi}{2})$,故令

$\phi' = \varphi + \frac{\pi}{2}$,则上式还可写成

$$x = A\sin(\omega t + \phi') \qquad (2.1.3)$$

即振动物体的运动方程既可写成余弦函数的形式,又可写成正弦函数的形式。

像这种运动物体的位移随时间按正弦或余弦规律变化的振动称为简谐振动,式(2.1.2)就称为简谐振动的振动方程,其中 A、ω、φ 为常数。它们的物理意义和确定方法将在后面讨论。

二、简谐振动的特征量

1. 振幅　从式(2.1.2)可以看出,因为 $\cos(\omega t + \varphi)$ 的最大值是1,故振动物体离开平衡位置的最大位移的大小是 A,通常我们把 A 称为振幅。它反映了振子振动范围的大小,也表示了振动的强弱。振幅的大小一般由起始条件决定。

2. 周期和频率　振动物体完成一次全振动所用的时间称为振动的周期,通常用 T 表示,单位是秒(s),周期和频率反映了物体振动的快慢程度。

因 $\cos(\omega t + \varphi)$ 的周期为 2π,即:

$$\cos(\omega t + \varphi) = \cos(\omega t + 2\pi + \varphi)$$
$$= \cos\left[\omega\left(t + \frac{2\pi}{\omega}\right) + \varphi\right]$$

所以简谐振动的周期 T:

$$T = \frac{2\pi}{\omega} \qquad (2.1.4)$$

对弹簧振子而言有:

$$T = 2\pi\sqrt{\frac{m}{k}} \qquad (2.1.5)$$

在振动中我们把物体在1s内振动的次数称为频率,用 γ 表示,其国际单位为赫兹(Hz),根据频率的定义,显然

$$\gamma = \frac{1}{T} = \frac{\omega}{2\pi} \text{ 或 } \omega = 2\pi\gamma \qquad (2.1.6)$$

由式(2.1.6)可以看出 ω 表示 2πs 内物体振动的次数,称为简谐振动的圆频率(或角频率)。

链接

做简谐振动的物体在任一时刻的速度 $v = \frac{dx}{dt} = -A\omega\sin(\omega t + \varphi)$,在任一时刻的加速度 $a = \frac{dv}{dt} = -A\omega^2\cos(\omega t + \varphi)$。

3. 相位　我们发现,当做简谐振动的物体的振幅和角频率都一定时,物体在任意时刻 t 的位移、速度、加速度都是由 $\omega t + \varphi$ 来决定的,即 $\omega t + \varphi$ 一定,则物体的运动状态就确定了。我们把 $\omega t + \varphi$ 叫做简谐振动的相位(或位相),用来表示物体在某一时刻的运动状态。不同的相位表示不同的运动状态。常量 φ 是 $t = 0$ 时的相位,叫做初相位,简称初相,表示物体在初始时刻的运动状态。

设有两个频率相同的简谐振动,它们的运动方程分别为

$$x_1 = A_1\cos(\omega t + \varphi_1)$$
$$x_2 = A_2\cos(\omega t + \varphi_2)$$

则 $(\omega t + \varphi_2) - (\omega t + \varphi_1) = \varphi_2 - \varphi_1$ 称为第二个简谐振动与第一个简谐振动间的相位差,这里就等于初相差。如果 $\varphi_2 - \varphi_1 > 0$,我们称第二个简谐振动的相位超前于第一个简谐振动的相位;反之,则第二个简谐振动的相位落后于第一个简谐振动的相位。

两个频率相同的简谐振动,当它们的初相差为零或 2π 的整数倍时,两个振动物体将同时到达位移的最大值和最小值,即两振动的步调完全一致,我们称这样的两个振动为同相;当它们的初相差为 π 或 π 的奇数倍时,则一个物体到达正的最大位移时,另一个物体到达负的最大位移,之后,它们将同时回到平衡位置,但方向相反,即两振动的步调完全相反,我们称这样的两个振动为反相。

三、简谐振动的矢量图表示法

对于一个简谐振动,我们既可以用位移的时间函数来表示,也可以用 x-t 图像来表示,还可以用一个旋转矢量来表示。如图 2-1-2

所示,在 x 轴上任取一点 O 为原点,自 O 点起做一矢量 $\overrightarrow{OM}$。若矢量 $\overrightarrow{OM}$ 以匀角速 ω 绕原点 O 逆时针旋转,则矢量末端 M 在 x 轴上的投影点 P 在 x 轴上的运动规律就是简谐振动。因为若设在 $t=0$ 时,$\overrightarrow{OM}$ 与 x 轴的夹角为 φ,则经过时间 t 后,$\overrightarrow{OM}$ 与 x 轴的夹角变为 $\omega t+\varphi$,则投影点 P 相对于原点 O 的位移为 $x=A\cos(\omega t+\varphi)$,所以 P 点在 x 轴上的运动规律为简谐振动。

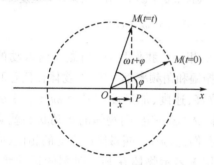

图 2-1-2　简谐振动的矢量图表示法

由以上分析可知:我们可以用一个旋转矢量末端在 x 轴上投射点的运动来表示简谐振动,这种用旋转矢量描述简谐振动的方法,称为简谐振动的矢量图表示法。

四、简谐振动的能量

下面来研究图 2-1-1 所示弹簧振子做简谐振动时的能量。

分析弹簧振子的受力情况,我们可以知道弹簧振子系统的机械能在运动过程中是守恒的,即

$$E=E_k+E_p=\frac{1}{2}KA^2 \qquad (2.1.7)$$

由上式可以看出,简谐振动系统的总机械能与振幅的平方成正比,振幅越大,简谐振动的总机械能也越大。这一结论具有一定的普遍意义。

第2节　阻尼振动、受迫振动和共振

一、阻尼振动

简谐振动是一种理想的振动,是不考虑阻力情况下的自由振动。而实际上,振动物体总要受到各种阻力的作用,振动物体在克服阻力

做功的过程中,使得机械能不断转化为其他形式的能,如转化成热能而耗散、转化为周围介质的能量以波的形式向外传播,结果使振幅逐渐减小,最后完全停止下来。像这种因为阻力的作用而使振幅越来越小的振动称为阻尼振动,如图 2-2-1 所示。

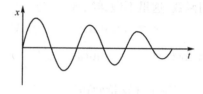

图 2-2-1　阻尼振动

二、受迫振动

一般情况下,由于阻尼总是客观存在的,所以实际物体的振动若没有能量的不断补充,振动最后总要停下来。为了获得稳定的振动,通常会对振动系统加一周期性外力,如小孩打秋千,另一个人用周期性的外力推秋千,则秋千便可持续不停地做等幅振动,这个周期性外力叫做策动力,物体在策动力作用下发生的振动称为受迫振动。

实验表明:受迫振动开始时非常复杂,但经过一段时间后系统就达到稳定状态,如果外力按简谐振动规律变化,那么系统达到稳定状态时的受迫振动就是简谐振动,且振动的振幅保持恒定不变。

下面我们来分析一下受迫振动的频率由什么决定。钟摆做等幅振动,是由于被卷紧的发条把能量周期性地传给了摆,使摆做等幅受迫振动,其振动频率就是策动力的频率;小孩打秋千做受迫振动时,其振动频率也等于策动力的频率。所以,物体做受迫振动的频率等于策动力的频率,而跟物体的固有频率无关。

进一步研究表明:受迫振动振幅的大小不仅与周期性外力的大小有关,而且还和外力的频率以及系统无阻尼自由振动时的固有频率有关。

三、共　振

在受迫振动状态下,物体在受到策动力作用的同时仍然受到回复力和阻尼力的作用。一般情况下,在受迫振动的一个周期内,外力

学习笔记

的方向与物体运动的方向（即振动速度方向）有时一致，有时相反。方向一致时，外力对物体做正功，供给物体能量，方向相反的，外力做负功，使物体能量减少。只有在外力的频率与振动物体的固有频率相等时，即外力的周期性变化能够和物体的固有振动"合拍"配合的情况下，外力的方向才能在整个周期内和物体运动方向始终保持一致，外力在整个周期内才能对物体做正功，这时外界所供给的能量最多，受迫振动的能量也达到最大值，表现为受迫振动的振幅最大，这一现象称为共振。图 2-2-2 为受迫振动物体的速度与外力频率的关系。

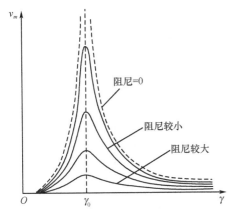

图 2-2-2　受迫振动物体的速度与外力
频率关系

从图中可以看出，在外力频率 γ 等于系统固有频率 γ_0 时发生共振，速度振幅达到最大值。还可以看到，在给定幅值的周期性外力作用下，振动时的阻尼愈小，共振现象的速度峰值愈为尖锐，速度振幅的极大值也愈高。阻尼趋于零时，速度振幅的极大值将趋于无限大。事实上，此时振动系统在未达到稳定状态以前，就可能因振动过于激烈而导致破坏。

链接

约 1700 年前的东汉末期，有一户人家有个铜盘，不知什么原因每天早晚两次自己就响起来。当时的科学家张华告诉这家说，铜盘的声调和皇宫里的钟的声调相同，宫里早晚两次敲钟，铜盘也就随着响起来（即发生共振），只要把铜盘磨薄一些（现在我们知道，这是改变其固有频率），它就不会自己再响了。这户人家照办后铜盘果然不再自鸣了。

共振现象在物理学、工程技术中有广泛的应用，在近代医疗技术方面起了重大作用，例

如，激光、磁共振等。

声音的共振叫做共鸣，人发音时，口、喉、鼻腔等空气腔起着共鸣作用；人耳的外耳道一端敞开，另一端封闭，其空腔的共振作用，使人耳最容易听到频率为 1000～3000 Hz 的声音。共鸣对叩诊和听诊也有一定的价值。

共振现象也能对人体产生危害。如人体全身的共振频率为 3～14 Hz，当外界与人体产生共振时，可刺激前庭器官和内脏，将出现恶心、呕吐、头昏，以及血压降低等现象，严重者还可损坏脏器以致死亡。

第 3 节　简谐振动的合成

在实际问题中，常会遇到一个质点同时参与两个振动的情况。例如，当两个声波同时传到某一点时，该处空气质点就将同时参与两个振动，这时质点的振动实际上是两个振动的合成。本书只介绍同方向的两个简谐振动的合成。

一、两个同方向同频率简谐振动的合成

设一质点在一直线上同时参与两个独立的同频率的简谐振动，若取这一直线为 x 轴，质点的平衡位置为坐标原点，则在任意时刻，这两个振动的位移分别为

$$x_1 = A_1\cos(\omega t + \varphi_1)$$
$$x_2 = A_2\cos(\omega t + \varphi_2)$$

式中：A_1、A_2 和 φ_1、φ_2 分别表示两个振动的振幅和初位相。显然成运动的合位移 x 仍在同一直线上，并且为上述两个位移的代数和，即

$$\begin{aligned}x = x_1 + x_2 &= A_1\cos(\omega t + \varphi_1) + A_2\cos(\omega t + \varphi_2)\\ &= (A_1\cos\varphi_1 + A_2\cos\varphi_2)\cos\omega t -\\ &\quad (A_1\sin\varphi_1 + A_2\sin\varphi_2)\sin\omega t\end{aligned}$$

令　$A_1\cos\varphi_1 + A_2\cos\varphi_2 = A\cos\varphi$
　　$A_1\sin\varphi_1 + A_2\sin\varphi_2 = A\sin\varphi$

代入上式，整理得

$$\begin{aligned}x &= A\cos\varphi\cos\omega t - A\sin\varphi\sin\omega t\\ &= A\cos(\omega t + \varphi)\end{aligned}\qquad(2.3.1)$$

可见两个同方向同频率的简谐振动的合成运动仍为简谐振动，合成振动的频率与原来的简谐振动频率相同，合成简谐振动的振幅为

A，初相为 φ，且有

$$A = \sqrt{A_1^2 + A_1^2 + 2A_1A_2\cos(\varphi_2 - \varphi_1)}$$

$$\tag{2.3.2}$$

$$\tan\varphi = \frac{A_1\sin\varphi_1 + A_2\sin\varphi_2}{A_1\cos\varphi_1 + A_2\cos\varphi_2}\tag{2.3.3}$$

由式（2.3.2）可以看出，合成简谐振动的振幅不仅与 A_1、A_2 有关，而且和原来两个简谐振动的初相差有关。

现在来讨论振动合成的结果。

（1）当 $\Delta\varphi = \varphi_2 - \varphi_1 = 2k\pi$ 时，$k = 0, \pm1, \pm2, \cdots$

$$A = \sqrt{A_1^2 + A_1^2 + 2A_1A_2} = A_1 + A_2$$

即合振幅等于原来两个简谐振动振幅之和，合振幅最大。

（2）当 $\Delta\varphi = \varphi_2 - \varphi_1 = (2k+1)\pi$ 时，$k = 0, \pm1, \pm2, \cdots$

$$A = \sqrt{A_1^2 + A_1^2 - 2A_1A_2} = |A_1 - A_2|$$

即合振幅等于原来两个振动的振幅之差，合振幅最小。

若 $A_1 = A_2$，则 $A = 0$，就是说振动合成的结果是使质点处于平衡状态。

（3）若 $\varphi_2 - \varphi_1$ 取以上两种情况以外的其他值时，则

$$|A_1 - A_2| < A < A_1 + A_2$$

即合振幅介于两个振动的振幅之和与振幅之差之间。

二、两个同方向不同频率的简谐振动的合成

如果两个方向相同、频率不同的简谐振动进行合成，这时合成运动不再是简谐振动，这一点可以用旋转矢量的方法加以说明。

两个同方向不同频率的简谐振动，分别表示为

$$x_1 = A_1\cos(\omega_1 t + \varphi_1)$$
$$x_2 = A_2\cos(\omega_2 t + \varphi_2)$$

为了简单起见，假定两个简谐振动的初相皆为零。由于这两个简谐振动的频率不相等，代表它们的旋转矢量 A_1 和 A_2 的角速度不相等，因此它们的夹角 $(\omega_2 - \omega_1)t$ 是随时间变化的，如图 2-3-1 所示。

这样，A_1 和 A_2 的合矢量 A 的大小也是随时间变化的，且以不恒定的角速度旋转。由

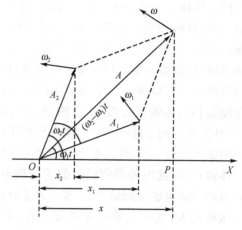

图 2-3-1　两个同方向不同频率简谐振动的合成

于合矢量 A 沿 X 轴的投影 $x = x_1 + x_2$ 就代表两个简谐振动的合成运动，故合成运动虽是振动，但不是简谐振动。

图 2-3-2 表示频率比为 1∶3、振幅一定的两个简谐振动合成的结果。虚线和点状线分别代表分振动，实线代表它们的合振动。图 2-3-2（a）、（b）、（c），分别表示三种不同的初相位差所对应的合振动，由于初相位差不同，造成合成的结果不一样。由图可以看出，合振动不再是简谐振动，但仍然是周期性振动，合振动的频率与分振动中的最低频率相等。当然，振

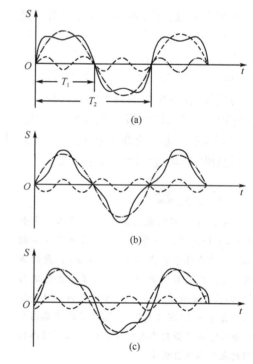

(a)

(b)

(c)

图 2-3-2　频率比为 1∶3、振幅一定的两个简谐振动的合成

动合成的结果是由分振动的频率、振幅及初相位差所决定的。对两个以上的简谐振动合成时,若它们的频率都是某最低频率的整数倍,上述结论仍然正确。其中最低的频率称为基频,其他分振动的频率称为倍频。

第4节　机　械　波

许多振动系统都不是孤立存在的,它们的周围常有其他物质,当某个物体(系统)振动时,它将带动其周围与它有一定联系的物体随之一起振动,这样依次带动下去,就形成了该物体的振动向周围物质传播出去的过程,即波动的过程。

一、机械波的产生

机械振动在弹性媒质中的传播称为机械波。机械波的产生要满足两个条件,一是要有作机械振动的物体作为波源,二是要有能够传播这种机械振动的弹性媒质。在弹性媒质中,各质点之间都有弹性回复力的作用,由于各质点间这种弹性力的联系,波源的振动就会引起它邻近质点的振动,而邻近质点的振动又会引起它相应邻近质点的振动,这样依次带动,就使振动以一定的速度由近及远地传播出去,从而形成机械波。若波源的振动为简谐振动,则在媒质中传播的就是简谐振动,此时媒质中传播的波即为简谐波。

根据媒质中各质点振动的方向与波传播方向之间的关系,我们可将波分为两类:一类是质点的振动方向与波的传播方向相互垂直,这种波我们称为横波,如绳波。另一类是质点的振动方向与波的传播方向平行,这种波我们称为纵波,如声波。无论横波还是纵波,仔细观察,我们都会发现,波动只是振动状态在媒质中的传播,在传播过程中,媒质中的各质点并不随波前进,仅在各自的平衡位置附近振动。

链接

如图2-4-1所示,绳的后端固定,另一端握在手中并不停地上下抖动,我们可以看到一个接一个的波形沿着绳索向固定端传播,形成绳索上的横波。

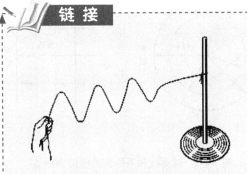

图2-4-1　绳波(横波)

如图2-4-2所示,将一根相当长的大弹簧水平地悬挂着,在其左端沿水平方向把弹簧左右拉推使该端做左右振动时,可以看到该端的左右振动状态沿着长弹簧的各个环节从该端向右方传播,使长弹簧的各部分呈现由左向右移动的、疏密相间的纵波波形。

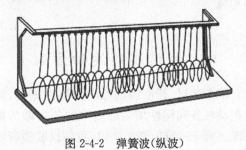

图2-4-2　弹簧波(纵波)

二、波面与波线

在波的传播过程中,通常我们把在某一时刻媒质中振动相位相同的点组成的面称为波面(或波阵面)。在某一时刻,波传播达到的最前面的波面称为该时刻的波前。波面为球面的波叫球面波,波面为平面的波叫平面波。点波源在各向同性均匀媒质中向各方向发出的波就是球面波,其波面是以点波源为球心的球面。沿波的传播方向做一些带箭头的线,叫做波线,波线的指向表示波的传播方向。在各向同性均匀媒质中,波线恒与波面垂直。平面波的波线是垂直于波面的平行直线,球面波的波线是沿半径方向的直线。球面波和平面波的波前和波线如图2-4-3所示。

三、波速、波长

我们知道,波动实质上就是波源振动的传播过程。我们把单位时间内振动传播的距离称为波速,用u表示。在波源振动一个周期T

学习笔记

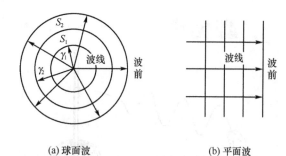

(a) 球面波　　　　　　(b) 平面波

图 2-4-3　球面波和平面波的波前和波线

的时间内,振动传播的距离称为波长,用 λ 表示。显然有

$$\lambda = uT \qquad (2.4.1)$$

或

$$u = \frac{\lambda}{T} \qquad (2.4.2)$$

由于频率 γ 是周期 T 的倒数,故上式又可写成

$$u = \lambda\gamma \qquad (2.4.3)$$

四、简谐波的波动方程

前面学过,若波源的振动为简谐振动,则该振动在各向同性均匀媒质中的传播即为简谐波。对于一维简谐波来说,我们设波源所在的位置为坐标原点,如图 2-4-4 所示,波的传播方向为 x 轴的正方向,质点的振动方向为 y 轴的方向(设为横波),设在 x 轴上任一点 P 距原点的距离为 x,设波的传播速度为 u,则原点 O 的振动经时间 $t = \frac{x}{u}$ 才能传到 P 点。若波源的振动方程为

$$y = A\cos(\omega t + \varphi)$$

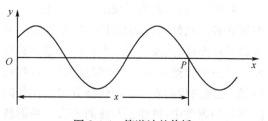

图 2-4-4　简谐波的传播

则 P 点的振动方程应为

$$
\begin{aligned}
y &= A\cos\left[\omega\left(t - \frac{x}{u}\right) + \varphi\right] \\
&= A\cos\left[\omega\left(t - \frac{xT}{\lambda}\right) + \varphi\right] \\
&= A\cos\left[2\pi\left(\frac{t}{T} - \frac{x}{\lambda}\right) + \varphi\right]
\end{aligned}
$$

$$= A\cos\left[2\pi\left(\gamma t - \frac{x}{\lambda}\right) + \varphi\right] \quad (2.4.4)$$

因 P 为一任意质点,故上式表示任一质点任一时刻质点的振动情况,我们称其为波动方程。

在波动方程中,含有 x 和 t 两个变量,对于给定的时刻 t 来说,质点振动的位移 y 仅是 x 的函数,这时波动方程表示在 t 时刻,在直线 Ox 上各质点振动的分布情况,即该时刻的波形。对于给定的距离 x 来说,位移 y 仅是时间 t 的函数,这时波动方程表示该点在各时刻的振动情况,即表示该质点的振动情况。若 x,t 都在变化,波动方程表示沿波的传播方向上,各个质点在不同时刻的位移,反映波的传播情况。

若波沿 x 轴的负方向传播,则波动方程可变为

$$y = A\cos\left[\omega\left(t + \frac{x}{u}\right) + \varphi\right] \quad (2.4.5)$$

例 2-4-1　一波源以 $y = 0.04\cos 2.5\pi t$ (m)的形式做简谐振动,并以 $100\mathrm{m \cdot s^{-1}}$ 的速度在某种介质中传播。试求:(1)波动方程;(2)在波源起振后 1.0s,距波源 20m 处质点的位移。

解:(1)根据题意,波动方程为

$$y = 0.04\cos 2.5\pi(t - x/100) \;(\mathrm{m})$$

(2)在 x = 20m 处质点的振动为

$$y = 0.04\cos 2.5\pi(t - 0.2) \;(\mathrm{m})$$

在波源起振后 1.0s,该处质点的位移为

$$y = 0.04\cos 2.0\pi = 4 \times 10^{-2} \;(\mathrm{m})$$

链接

该处质点振动的速度为

$$
\begin{aligned}
v &= \mathrm{d}x/\mathrm{d}t = -\omega A\sin 2.5\pi(t - 0.2) \\
&= -2.5\pi \times 0.04\sin 2.0\pi(\mathrm{m \cdot s^{-1}}) = 0
\end{aligned}
$$

由此可见,质点的振动速度与波的传播速度是两个完全不同的概念。

第 5 节　波　的　能　量

当机械波传播到媒质中的某处时,该处原来不动的质点开始振动起来,因而系统具有动能,同时该处的媒质也将产生形变,因而系统又具有势能。波动传播时,媒质由近及远地一

学习笔记

层接着一层地振动,即能量一层接着一层地传播出去,所以波的传播过程也是能量传播的过程。这是波的重要特征。

一、波的能量密度

设一平面简谐波,以速度 u 在密度为 ρ 的均匀媒质中传播,其波动方程用式(2.4.4)表示。可以证明在时刻 t,在任意位置 x 处取体积元 ΔV,该处的动能 E_k 和势能 E_p 为

$$E_k = E_p = \frac{1}{2}\rho\Delta V A^2 \omega^2 \sin^2\left[\omega\left(t-\frac{x}{u}\right)+\varphi\right]$$
$$(2.5.1)$$

即该体积元的动能和势能完全相同,都是时间 t 的周期函数,并且大小相等,位相相同。体积 ΔV 中的总能量为

$$E = E_k + E_p = \rho\Delta V A^2 \omega^2 \sin^2\left[\omega\left(t-\frac{x}{u}\right)+\varphi\right]$$
$$(2.5.2)$$

单位体积介质中的波动能量,称为波的能量密度,即

$$\omega = \frac{E}{\Delta V} = \rho A^2 \omega^2 \sin^2\left[\omega\left(t-\frac{x}{u}\right)+\varphi\right]$$
$$(2.5.3)$$

能量密度在一个周期内的平均值,称为平均能量密度。

$$\bar{\omega} = \frac{1}{T}\int_0^T \omega\, \mathrm{d}t = \frac{1}{2}\rho A^2 \omega^2 \quad (2.5.4)$$

二、波 的 强 度

波动的过程也是能量传播的过程,即在波动中,能量是随波传的。设在介质中垂直于波速的平面上取面积 S,则在一个周期内通过该面的平均能量等于体积为 uTS 的媒质中的能量,即 $\bar{\omega}uTS$。单位时间内通过与波线垂直的单位面积的平均能量,称为波的强度,用 I 表示

$$I = \frac{\bar{\omega}uTS}{TS} = \bar{\omega}u = \frac{1}{2}\rho A^2 \omega^2 u$$
$$(2.5.5)$$

I 的单位是 $\mathrm{W\cdot m^{-2}}$。上式表明,波的强度与振幅的平方、角频率的平方成正比。

三、波 的 衰 减

机械波在传播时,它的强度随传播距离的

增加而减弱,振幅也随之减小,这种现象称为波的衰减。导致波衰减的主要原因有以下几方面。

(1)由于波面扩大造成单位截面积上通过的波的能量减少,称为扩散衰减。

(2)由于散射使沿原方向传播的波的强度减弱,称为散射衰减。

(3)由于介质的黏滞性(内摩擦)等原因,使波的能量随传播距离的增加逐渐转化为其他形式的能量,这种现象称为介质对波的吸收。一般情况下,波的吸收按指数规律衰减,即

$$I_x = I_0 \mathrm{e}^{-\mu x} \qquad (2.5.6)$$

式中:I_0 是入射波在 $x=0$ 处的强度;I_x 是入射波在 $x=x$ 处的强度;μ 为比例系数,与介质的性质、波的频率有关,称为介质的吸收系数。

第 6 节　惠更斯原理

水面波传播时,在没有遇到障碍物的情况下,波前的形状将保持不变。但是如果用一块钻有小孔的隔板挡在波的前面,我们发现,只要小孔的孔径比波长小得多,则不论原来的波前形状如何,通过小孔后的波前都将变成以小孔为中心的圆形,就好像小孔是一个新的点波源一样,如图 2-6-1 所示。

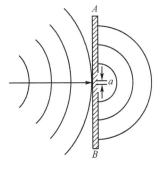

图 2-6-1　水面波通过小孔的传播

惠更斯通过观察和研究大量的类似现象,于 1690 年提出了一条有关波的传播特性的重要原理,其内容如下:行进中的波面上的任意一点,都可以看作是发射子波的次波源,在其后的任一时刻,这些子波所形成的包络面决定了新的波面,这就是惠更斯原理。根据惠更斯原理,我们只要知道了某一时刻的波面,就可

以用几何作图的办法决定以后任意时刻的波面,从而在很广的范围内解决了波的传播问题。

下面举例说明惠更斯原理的应用。

图 2-6-2(a)为球面波传播的示意图。波动从波源 O 开始,以波速 u 在均匀的各向同性媒质中传播,经时间 t 波前是半径为 $R_1 = ut$ 的球面 S_1,根据惠更斯原理,S_1 上各点都可以看作是发射次波的次波源,再经过 Δt 时间,以 S_1 上各点为中心,以 $r = u\Delta t$ 为半径,画出一系列半球形子波,再做公切于这些子波的包络面,就得到了新的波前 S_2。图 2-6-2(b)所示为平面波传播的情况。根据惠更斯原理,用与上面同样的方法,也可得到了新的波前 S_2。显然此波面仍然是平面。

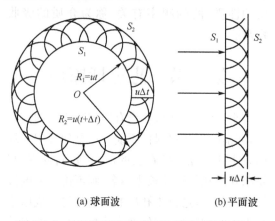

(a) 球面波　　　　(b) 平面波

图 2-6-2　惠更斯原理在球面波和平面波传播中的应用

第7节　波的干涉

一、波的叠加原理

当几列波同时在同一媒质中传播时,如果这几列波在空间某处相遇,通过观察和研究总结出以下规律。

(1)几列波在传播过程中在空间某处相遇后再行分开,各波仍保持自己原有的特性(频率、波长、振动方向等)不变,继续沿原来的传播方向前进,即各波互不干扰,这称为波传播的独立性。

(2)相遇处任一质点的振动为各波单独存在时所引起的分振动的合振动,即在任一时刻该点处质点的位移是各波单独存在时在该点引起的分位移的矢量和,这一规律称为波的叠加原理。应当指出,波的叠加原理并不是在

任何情况下都普遍成立的,实践证明,通常只在波的强度不很大时,叠加原理才成立。

二、波的干涉

观察用水波盘做的演示实验(图 2-7-1),我们可以发现,两个振动频率相同,相位差恒定的点波源 S_1、S_2 各自在水面上激起一列振动方向垂直于水面的圆形波,这两列圆形波相遇而叠加,叠加的结果是:有的地方合振动始终较强,有的地方合振动始终较弱。这种在波叠加区域中各点合振动的强弱形成稳定分布的现象,称为波的干涉。

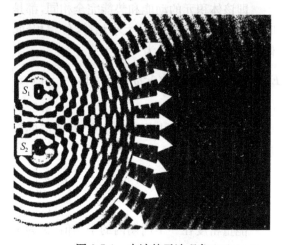

图 2-7-1　水波的干涉现象

下面来对波的干涉作一分析。如图 2-7-2 所示,设有两个频率相同、振动方向相同(垂直于图面)、相位差恒定的波源 S_1 和 S_2,它们的振动方程分别为

$$y_1 = A_1 \cos(\omega t + \varphi_1)$$
$$y_2 = A_2 \cos(\omega t + \varphi_2)$$

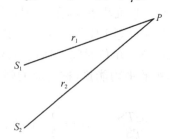

图 2-7-2　波的干涉分析图

两波源发出的波在 P 点相遇,P 点到 S_1、S_2 的距离分别为 r_1 和 r_2。则两波传到 P 点后,在 P 点分别单独引起的振动为

$$y_1 = A_1 \cos(\omega t + \varphi_1 - 2\pi r_1/\lambda)$$

$$y_2 = A_2\cos(\omega t + \varphi_2 - 2\pi r_2/\lambda)$$

$$\text{(2.7.1)}$$

从上式可以得出这两列波在 P 点的相位差为

$$\Delta\varphi = \varphi_2 - \varphi_1 - 2\pi(r_2 - r_1)/\lambda$$

$$\text{(2.7.2)}$$

由于这两个分振动的振动方向相同，根据同方向同频率振动的合成，P 点处质点的合振动仍为简谐振动，振动方程为

$$y = y_1 + y_2 = A\cos(\omega t + \varphi)$$

$$\text{(2.7.3)}$$

式中 A 为合振动的振幅，其表达式为

$$A = \sqrt{A_1^2 + A_1^2 + 2A_1 A_2\cos\Delta\varphi}$$

$$\text{(2.7.4)}$$

由此可知，合振动的振幅 A 是由两列波传到 P 点引起分振动的振幅 A_1、A_2 和相位差 $\Delta\varphi$ 决定，我们把式中 $2A_1 A_2\cos\Delta\varphi$ 一项称为干涉项，因为该项决定了各处合振幅的大小，并反映干涉的结果。可以看出，对于空间给定点 P，由于波程差 $r_2 - r_1$ 是恒定的，两波源的初相差 $\varphi_2 - \varphi_1$ 也是恒定的，故两波在 P 点的相位差 $\Delta\varphi$ 也将保持恒定。即空间各点的干涉项不会随时间改变，也就是说各点的合振动的振幅是稳定的，所以会产生波的干涉现象。

由以上分析可知发生波的干涉的条件是：两列频率相同，振动方向相同，波源振动有恒定相位差的简谐波叠加时，可产生波的干涉。满足这三个条件的波列是相干波，相应的波源称为相干波源。

由式(2.7.2)和式(2.7.4)看出：

(1) 当 $\Delta\varphi = \pm 2k\pi$ 时，$(k=0,1,2,\cdots)$

$$A = A_1 + A_2 \qquad \text{(2.7.5)}$$

此处合振幅最大，振动加强。称为发生了相长干涉。

(2) 当 $\Delta\varphi = \pm(2k+1)\pi$ 时，$(k=0,1,2,\cdots)$

$$A = |A_1 - A_2| \qquad \text{(2.7.6)}$$

此处合振幅最小，振动减弱，称为发生了相消干涉。

又由式(2.7.2)可知，若两波源的初相相同，则相位差 $\Delta\varphi$ 只决定于波程差 $\Delta r = r_1 - r_2$，此时有

$$\Delta\varphi = \frac{2\pi(r_1 - r_2)}{\lambda} = \frac{2\pi}{\lambda}\Delta r$$

上式表示，由波程差引起的相位差等于波程差乘以 $\frac{2\pi}{\lambda}$。

利用这个结果可知，若波源振动的初相位相同，则：

(1) 当 $\Delta r = \pm k\lambda(k=0,1,2,\cdots)$ 时，$\Delta\varphi = \pm 2k\pi$

$$A = A_1 + A_2 \qquad \text{(2.7.7)}$$

即波程差为波长的整数倍处，有相长干涉。

(2) 当 $\Delta r = \pm(2k+1)\dfrac{\lambda}{2}(k=0,1,2,\cdots)$ 时，$\Delta\varphi = \pm(2k+1)\pi$

$$A = |A_1 - A_2| \qquad \text{(2.7.8)}$$

即波程差为半波长的奇数倍处，有相消干涉。

式(2.7.5)～式(2.7.8)称为干涉加强、减弱，或干涉相长、相消的条件。

由此可知，对图 2-7-1 中的水波干涉现象。因 S_1、S_2 为同相相干波源，所以水面上任一点 P 的合振幅完全由波程差 Δr 决定。凡是波程差为波长整数倍的地方，其合振幅最大；凡是波程差为半波长奇数倍的地方，其合振幅最小。

例 2-7-1　两个同频率的波源 S_1 和 S_2 相距 $\dfrac{\lambda}{4}$，两波源振动的初相差为 $\varphi_1 - \varphi_2 = \dfrac{\pi}{2}$。在通过 S_1 和 S_2 的连线上，S_2 外侧各点的合振幅为多大？S_1 外侧各点的合振幅又为多大？设两列波在 $S_1 S_2$ 连线上各点的振幅不随传播距离变化，都等于 A_0。

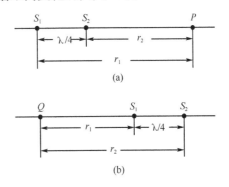

图 2-7-3　例 2-7-1 图

解：设 S_2 外侧的任一点 P 距 S_1、S_2 的距离分别为 r_1 和 r_2［图 2-7-3(a)］，则在 P 点两波传来振动的相位差

$$\Delta \varphi = \varphi_2 - \varphi_1 - \frac{2\pi(r_2 - r_1)}{\lambda}$$

因 $\varphi_2 - \varphi_1 = -\frac{\pi}{2}$，$r_2 - r_1 = -\frac{\lambda}{4}$，故 $\Delta\varphi$

$= -\frac{\pi}{2} + \frac{\pi}{2} = 0$

即两列波在任一 P 点的振动都是同相的，故在 S_2 外侧任一点的合振幅

$$A = 2A_0$$

在两波源连线上向 S_2 外侧传播的波叠加后是一列加强了的波。

在 S_1 外侧，取任一点 Q[图 2-7-3(b)]，同样求两列波在 Q 点的相位差 $\Delta\varphi$，由于这里 $r_2 - r_1 = \frac{\lambda}{4}$，可得

$$\Delta \varphi = -\frac{\pi}{2} - \frac{\pi}{2} = -\pi$$

即两列波传到 S_1 外侧任一点的振动都是反相的，且振幅相等，故合振幅

$$A = 0$$

即在两波源连线上没有向 S_1 外侧传播的波。

第8节 波的衍射

河中的水波，遇到突出水面的芦苇、小石等，会绕过它们，继续传；隔着墙壁喊人，声音可以绕过墙壁传给对方。当波在传播过程中遇到障碍物时，其传播方向发生改变，并能绕过障碍物的边缘继续向前传播，这种现象就称为波的衍射现象，或称波的绕射。

波的衍射现象是如何发生的呢？应用惠更斯原理，我们就可以定性地解释波的衍射现象，如图 2-8-1 所示。

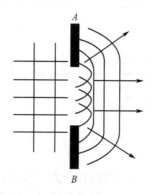

图 2-8-1 波的衍射原理

当一平面波到达障碍物 AB 上的一条狭缝时，根据惠更斯原理，缝上的各点都可看做是发射次波的新的次波源，作出这些的包络面，就得到了新的波前。此时的波前已不再是原来那样的平面了，在靠近障碍物的边缘处，波前发生了弯曲，也就是波的传播方向发生了改变，波绕过障碍物继续向前传播。

衍射现象是波的重要特征之一。一切波都能发生衍射。在什么条件下，才能发生明显的衍射现象呢？我们用水波槽观察水波通过孔的情形来做进一步的研究。在图 2-8-2 所示的两次实验中，水波的波长相同，孔的宽度不同。

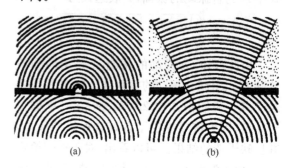

图 2-8-2 孔的大小对衍射现象的影响

在孔的宽度跟波长差不多的情况下[见图 2-8-2(a)]，孔后的整个区域里传播着以孔为中心的圆形波，即发生了明显的衍射现象。在孔的宽度比波长大好多倍的情况下[图 2-8-2(b)]，在孔的后面，水波是在连接波源和孔边的两条直线所限制的区域里传播的，只是在离孔比较远的地方，波才稍微绕到"影子"区域里。用障碍物代替小孔，也有类似的情况发生。

由此可见，当小孔或障碍物的大小比波长大得多时，波的衍射现象不明显。只有当小孔或障碍物的大小跟波长差不多或比波长更小时，波的衍射才明显。

第9节 声 波

在弹性媒质中，如果波源所激起的纵波的频率在 $20 \sim 20000\text{Hz}$ 之间，就能引起人的听觉。在这个频率范围内的振动称为声振动，声振动在弹性媒质中的传播称为声波。频率高于 20000Hz 的机械波叫做超声波，频率低于 20Hz 的机械波叫做次声波。声波能在气体、液体和固体中传播，但不能在真空中传播。在

学习笔记

不同媒质中,声波的传播速度也各不相同。它的强度会随着离开声源距离的增加而减弱,在空气中衰减得很快。

一、声压、声强

为了描述声波在媒质中各点的强弱,常用到声压和声强两个物理量。

1. 声压　媒质中有声波传播时,媒质的密度做周期性变化,稠密时压强大,稀疏时压强小,在某一时刻,媒质中某一点的压强与无声波通过时的压强差,称为该点的瞬时声压,其单位为 $N \cdot m^{-2}$。显然,由于媒质中各点声振动的周期性变化,声压也在做周期性变化,对于平面简谐波来说,可以证明声压幅值 p_m 为

$$p_m = \rho u A \omega \qquad (2.9.1)$$

式中:ρ 是媒质密度;u 是声速;A 是声振动的振幅,声压的幅值通常简称声幅,ω 是声振动的频率。

2. 声强　声强即声波的强度,亦即单位时间内通过垂直于声波传播方向的单位面积的声波能量,用 I 表示,国际单位是 $J/(m^2 \cdot s)$ 或 W/m^2,可以证明声强 I 为

$$I = \frac{1}{2} \rho u A^2 \omega^2 = \frac{1}{2} \frac{p_m^2}{\rho u} \qquad (2.9.2)$$

令 $Z = \rho u$,则 $I = \frac{p_m^2}{2Z}$　　　　(2.9.3)

Z 通常称为媒质的声阻抗,单位是 $kg \cdot m^{-2} \cdot s^{-1}$。声阻抗是反映媒质声学特性的一个重要物理量。

3. 声强级　能够引起人们听觉的声波,除对频率有要求外,还要求声强必须在一定的范围内,声强太弱或声强太强,都不能引起听觉。例如,频率为 1000Hz 的声波,能引起听觉的下限声强为 10^{-12} W/m^2,上限声强为 $1W/m^2$,两者相差一万亿倍。可见,用声强进行量度很不方便。因此,采用声强级来表示声音的强弱。通常规定 $I_0 = 10^{-12}$ W/m^2 为基准声强,用声强 I 与基准声强 I_0 之比的常用对数来表示声音的强弱,称为 I 的声强级,用符号 L 表示,即

$$L = \lg \frac{I}{I_0} \text{(B)} \qquad (2.9.4)$$

L 的单位是贝尔,简称贝(B)。贝太大,常用分贝(dB)作单位,$1B = 10dB$,所以有

$$L = 10 \lg \frac{I}{I_0} \text{(dB)} \qquad (2.9.5)$$

例 2-9-1　50dB 声强级的声音,若要再增加 10dB 声强级,即 60dB,问声强应增加多少?

解:已知 $L_1 = 50dB$,$L_2 = 60dB$

$$L_1 = 10 \lg \frac{I_1}{I_0} = 50 \text{(dB)}$$

即　$\lg I_1 - \lg I_0 = 5$

得　$I_1 = 10^5 \times 10^{-12} = 10^{-7} (W/m^2)$

$$L_2 = 10 \lg \frac{I_2}{I_0} = 60 \text{(dB)}$$

即　$\lg I_2 - \lg I_0 = 6$

得　$I_2 = 10^6 \times 10^{-12} = 10^{-6} (W/m^2)$

所以　$\Delta I = I_2 - I_1 = 10^{-6} - 10^{-7} = 9 \times 10^{-7} (W/m^2)$

二、乐　　音

由周期性振动的声源所发出的声音称为乐音,如乐器的演奏声、歌唱家的歌声,听起来悦耳动听。乐音具有音调、响度和音品三方面的特性,称为乐音的三要素。

1. 音调　音调是指声音的高低。客观上音调的高低决定于声源振动频率的高低。一般地,儿童的音调比成人高;女人的音调比男人高。

2. 响度　响度是人们主观感觉到声音的强弱,它决定于客观的声强,声强越大,响度越大;声强越小,响度越小。$20 \sim 20000Hz$ 范围内的声波,声强相同频率不同的声音,对人耳产生的响度不相同。

3. 音品　在乐器演奏中,各种不同乐器所发出的声音,即使它们的音调和响度都相同,我们还是可以把它们区分开,就是因为有了第三个特征——音品。取几种乐器,例如音叉、钢琴、黑管使它们发声。音叉的振动是简谐振动,所发出的声音听起来比较单纯,这种由做简谐振动的声源所发出的声音,叫做纯音。钢琴、黑管发出的声音,就不像音叉所发出的声音那样单纯。用专门的仪器来分析,发现它们都是由若干个频率和振幅不同的纯音组成,这种由许多纯音组成的声音,叫做复音。复音是由基音和泛音组成的。复音中所含的频率最低的纯音叫做基音,其余的叫做泛音。复音的频率等于基音的频率。

实验指出,发声体常常不只是一种频率的

学习笔记

振动而是包括许多种频率同时在振动,除了最低的频率(基音)外,还有一些比基音频率高一定倍数的振动(泛音)存在,如图2-9-1所示。

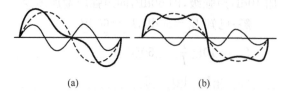

(a)   (b)

图 2-9-1 基音与泛音的合成

虽然这两个声波的基音(用虚细线表示)相同,但是由于泛音(用细实线表示)不同,其合成波——复音(用粗实线表示)的波形就不同。因此,人耳仍然能分辨出这两个声音的音品。

从上面的研究可以知道,乐音的音品,是由泛音的多少以及各泛音的频率和振幅所决定的。

乐音能促进人的身心健康,有些患者通过音乐治疗,能增进食欲、增强免疫系统功能和调节自主神经系统功能。近年来由于它在治疗心血管系统、神经系统的一些疾病上有一定的效果而被称为"音乐医生"。

4. 噪声 从物理性质上来分析,噪声是由声源做无规则、非周期性振动时所产生的。例如电锯、搅拌机、卡车等发出的声音都是噪声。从公共卫生角度来分析,还要考虑人的生理和心理状态,通常把一切影响人们正常生活、工作、休息的声音(包括乐音)都列在噪声的范畴。噪声与三废(废水、废气、废渣)污染一样,已成为当今社会的又一大公害。

噪声对人是一种不良刺激,有损于人体健康。噪声超过 45dB,人们就感到厌烦,注意力分散,影响正常工作和休息。如果长期处在 80dB 以上的噪声环境里,会损害听力,导致其他疾病。超过 120dB 的噪声会使人头晕、恶心、呕吐,超过 140dB 的噪声,在短时间内就会使人的听觉器官发生急性外伤,并且使整个机体受到严重损伤,引起鼓膜破裂、脑震荡、语言紊乱、神志不清、休克甚至死亡。

然而噪声并非全对人体有害。在 55dB 以下的噪声环境中,对健康人都无伤害,相反可克服一些人的隔绝感,比如,在太空飞行器中,随时用录音机播放一些轻的声音,对宇航员克服隔绝感有一定的帮助。

为了人类的健康必须防止和消除有害人体的噪声,防止噪声的方法有三:一是控制噪声源,使达到我国现行的噪声标准;二是控制噪声的传播,如用隔音墙或封闭的隔音间、种植树木和花草等来控制噪声的传播;三是个人防护,如使用耳塞、防声棉、佩戴耳罩和头盔等。

第 10 节 多普勒效应

生活中我们经常发现,当列车鸣笛从我们身旁疾驶而过时,汽笛的音调发生了显著的变化。当火车鸣笛而来时,音调变高;当火车鸣笛而去时,音调变低。这种因波源或观测者相对于媒质运动,而使观察者观测的频率与波源频率不同的现象,称为多普勒效应。

为简单起见,我们假设波源、观察者的运动方向与波的传播方向共线,设波源相对于媒质的运动速度为 v_s,观察者相对于媒质的运动速度为 v_o,波在该媒质中的传播速度为 u,波源频率为 γ,周期为 T,波源静止时发出波的波长为 $\lambda = u/\gamma = uT$,观察者观测到的频率为 γ'。

一、波源静止,观察者以速度 v_o 相对于媒质运动($v_s = 0$,$v_o \neq 0$)

假设观察者向着波源运动,在这种情况下,如图 2-10-1 所示,相当于波以 $u' = u + v_o$ 的速度通过观察者。观察者在每秒钟内所接受的完全波的数目,即观测到的频率为

$$\gamma' = \frac{u + v_o}{\lambda} = \frac{u + v_o}{uT} = \left(1 + \frac{v_o}{u}\right)\gamma$$

$$(2.10.1)$$

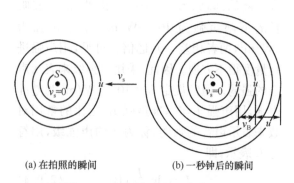

(a) 在拍照的瞬间   (b) 一秒钟后的瞬间

图 2-10-1 波源不动,观察者运动

因此观察者向着波源运动时,接收到的频

率大于波源的频率。

同理，若观察者离开波源运动时，式(2.10.1)仍然适用，只不过 v_o 要取负值，这时观察者接收到的频率小于波源的频率。即

$$\gamma' = \left(1 - \frac{v_o}{u}\right)\gamma \qquad (2.10.2)$$

二、观察者不动，波源以速度 v_s 相对于媒质运动（$v_s \neq 0, v_o = 0$）

我们知道波速决定于媒质的性质，与波源的运动与否无关。波源的运动，只会影响波在媒质中的分布，振动一旦从波源发出，它就在各向同性的均匀媒质中以球面波的形式向周围扩展，球心就在发出该振动时波源所在位置上。

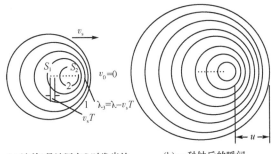

(a) 波前1是波源在S_1时发出的，波前2是波源在S_2时发出的。在拍照的瞬间，波源在S_2处

(b) 一秒钟后的瞬间

图 2-10-2　波源运动，观察者不动

由于波源的运动，当下一个完整振动从波源发出时，波源已移动了 $v_s T$ 的距离，即下个波阵面的球心移动 $v_s T$ 的距离。以后波源的每个振动形成的波阵面，其球心都依次移动 $v_s T$ 的距离，如图 2-10-2 所示。当波源向着观察者运动即向右移动时，对观察者来说相当于波长缩短了 $v_s T$ 变成 λ'：

$$\lambda' = \lambda - v_s T = uT - v_s T = (u - v_s)T$$

此时波的传播速度仍为 u，这样观测者接收到的频率 γ' 为

$$\gamma' = \frac{u}{\lambda'} = \frac{u}{(u - v_s)T} = \frac{u}{u - v_s}\gamma$$

$$(2.10.3)$$

此时观察者接收到的频率变高。

若波源远离观察者而去时，即向左运动时，式(2.10.3)仍然适用，只不过 v_s 要取负值，这时观察者接收到的频率变低。即

$$\gamma' = \frac{u}{u + v_s}\gamma \qquad (2.10.4)$$

三、波源和观察者同时相对于媒质运动

综合以上两种情况，由于观察者运动，所接收的完全波的数目发生变化，即相当于波以速度 $u' = u + v_o$ 通过观察者，由于波源的运动，相当于波的波长有所变化，即

$$\lambda' = \lambda - v_s T = (u - v_s)T$$

所以此时观察者所接收的频率为

$$\gamma' = \frac{u'}{\lambda'} = \frac{u + v_o}{(u - v_s)T} = \frac{u + v_o}{u - v_s}\gamma$$

$$(2.10.5)$$

上式中观察者向着波源运动时，v_o 取正值，离开时取负值；波源向着观察者时，v_s 取正值，离开时取负值。

例 2-10-1　火车鸣笛匀速行驶，观测者在铁路旁，测得火车驶来时汽笛声频为 440Hz，火车驶去时汽笛声频为 392Hz，试计算火车速度(此时空气中声波的波速为 330m/s)。

解：观察者静止 $v_o = 0$，设火车的速度为 v_s，汽笛声频为 γ，则火车驶来时接收的频率为

$$\gamma_1' = \frac{u}{u - v_s}\gamma \qquad (1)$$

火车驶去接收的频率为

$$\gamma_2' = \frac{u}{u + v_s}\gamma \qquad (2)$$

由式(1)、(2)，$\dfrac{\gamma_1'}{\gamma_2'} = \dfrac{u + v_s}{u - v_s}$

即　　$\dfrac{440}{392} = \dfrac{330 + v_s}{330 - v_s}$

解得 $v_s = 19(\text{m/s})$

第 11 节　超声波及其在医学中的应用

超声波是指频率高于 20kHz 以上的声波，目前能够获得的超声波频率最高可达 10^{12} Hz。由于超声波的特性，目前已被广泛应用于工业、农业、科技、军事及医学等领域。超声诊断技术从 20 世纪 40 年代开始，在医学上的应用有了重大发展，现已成为临床诊断中不可缺少的一种手段。产生超声波的方法很多，目前医用超声仪器主要是利用结构上不对称的晶体(如石英等)的压电效应来获得。压电效

应包括正压电效应和逆压电效应。利用逆压电效应可发射超声波,利用正压电效应可接收超声波。

一、超声波的特性

超声波和声波都是机械波,因此它具有声波的通性,但由于超声波的频率比声波的频率高、波长短,它还具有如下的特性。

1. 超声波的方向性好　由于超声波的波长比一般声波的波长要短得多,所以超声波在媒质中是近似直线传播的,因而容易得到定向而集中的超声波束。

2. 超声波的声强大　由于波的强度正比于频率的平方,所以在振幅相同的情况下,超声波比普通声波具有大得多的能量。同样振幅的 5000kHz 的超声波与 1kHz 的声波相比,前者的强度要比后者大 25 万倍。

3. 超声波的穿透本领较大　实验指出,超声波在空气中传播衰减得很快,但在液体中能够传播得很远,如使其强度减弱一半,在液体中的传播距离约为空气中的 1000 倍。在人体中,超声波容易穿透吸收系数 μ 值小的水、脂肪和软组织,而不容易穿透吸收系数 μ 值较大的空气、骨骼和肺组织。

超声波碰到媒质中的杂质或媒质分界面时可产生显著反射,如工业铸件中的气泡、人体组织中的病变,都能引起明显的反射(这种反射波又称回声)。在超声诊断中,正是这种反射回声形成了超声图像。

由于超声波具有以上特性,因而它成为诊断、定位等技术的重要工具。

二、超声波对媒质的作用

人们在实践中发现超声波对物质有许多特殊的作用,下面介绍几种主要的作用。

1. 机械作用　高频超声波通过媒质时,能使媒质中的粒子做受迫高频机械振动,这种激烈的受迫振动能够破坏媒质中粒子的结构。利用这种超声技术可以进行超声焊接、钻孔、除尘等。

2. 空化作用　高频大功率超声波通过液体时,液体中产生极为剧烈的疏密变化,密区受压,疏区受拉。液体在受拉时,由于液体耐受拉力的能力较差,特别是在含有杂质和气泡

处,液体将被拉断,形成微细空腔,而微细空腔又受紧接而来的正声压的作用,使空腔迅速消灭,在空腔消灭的过程中,产生局部高压、高温和放电现象,这种现象称为空化作用。

空化作用是发生在液体中的一个复杂过程,也是超声波对物质的重要作用,可用于促进化学反应、杀灭细菌、制造乳剂等方面。

3. 热作用　超声波在媒质中传播时,将有一部分能量被媒质吸收而转化为热能,引起媒质温度升高。这种热作用可应用于超声理疗中,超声波的强度愈大,产生的热作用愈强。

三、超声波在医学中的应用

超声波在医学中有超声诊断、超声治疗和生物组织超声特性研究三个方面的应用。其中超声诊断技术发展最快,超声诊断的物理基础主要是超声波在媒质分界面上要形成不同的反射。体内不同组织和脏器的声阻抗不同,超声波在界面上形成的反射波(回波)就不同。脏器发生变形或有异物时,由于形状、位置和声阻抗变化,回波的位置、强弱也发生变化,在超声诊断中,正是这种回波形成了超声图像,临床上就可以根据超声图像进行诊断。如图 2-11-1 是超声诊断仪的原理结构方框图。

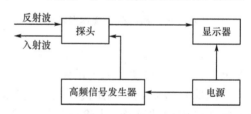

图 2-11-1　超声诊断仪的原理结构方框图

超声诊断仪通常由高频脉冲信号发生器、探头、显示器与电源四个基本部分组成。探头即换能器,主要是由压电晶体组成,兼有发射与接收超声波的功能。探头向人体发射的超声波是脉冲式的,它在发射间隙可接收人体反射回来的回波。高频脉冲信号发生器供给探头发射超声波所需的超声频交变电压,这个电压是脉冲式的。探头接收到的回波信号转换成电信号,经放大在显示器上显示出波形或图像。超声诊断仪又分为 A 型、B 型、M 型、C 型等多种类型,简称 A 超、B 超、M 超、C 超等,它们的基本原理相同,工作方式有差异,下面简要讨论其工作原理。

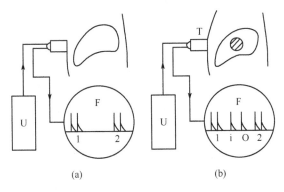

图 2-11-2　A 型超声诊断仪工作原理图

1. A 型超声诊断仪　如图 2-11-2 所示，探头 T 发射脉冲式超声波束（探头垂直接触体表，与体表之间涂有导声耦合剂，以减少超声波能量损失），进入体内射向待查组织器官（如肝）。正常组织密度较为均匀，超声通过其内部不发生反射，只有进入和透出时，在器官组织的界面上发生反射，产生回波，回波透出体表被探头接收。此时探头充当超声接收器，受回波的作用产生交变电压。经放大输送给示波器（加在垂直偏转板上），在荧光屏上显示出波形，如图 2-11-2（a）所示。波形 1、2 分别表示进入与透出器官组织时的回波，波形的幅度表示回波的强弱，波形 1、2 的位置及间距表示器官组织的位置及尺寸。荧光屏横坐标表示时间，也表示距离，并直接刻度；纵坐标表示回波的强度。图 2-11-2（b）表示器官组织内有病变部分。由于病变组织与正常组织的声阻不同，在病变组织的界面上发生反射，出现回波。相应地在示波器的荧光屏上出现 i、O 波形，分别表示进入和透出病变部位的回波。根据 i、O 波形的位置和间距可确定病变部位的位置与大小。由于回波的强弱与病变组织的声阻有关，据 i、O 波形的幅度，可在某种程度上推测病变组织的物理性质（囊性的、实质性的还是含气性的）。但是回波与病变的原因无关，要结合临床经验与其他检查才能确诊。

综上所述，A 型超声诊断仪探查人体内部时，接收的回波信号以脉冲幅度的形式，按时间先后在荧光屏上显示出来，所以 A 型又称为幅度调制型。它所获得的是沿超声波束行进方向上的体内一维信息，不能显示整个器官的形状。

由 A 超的原理可以看到，利用超声能够很方便地测示距离、确定位置。超声测距技术

不但在医学上，在其他领域也有广泛应用，例如舰船的声呐系统。超声最早的应用就是测距定位技术。

2. B 型超声诊断仪　B 超是在 A 超的基础上发展起来的，基本原理相同。B 超可以在显示器上得到器官或组织的断面影像。B 超能显示二维图像，并且能对运动脏器进行实时动态观察。它与 A 超的不同之处有以下两点。

链接

许多断层显像仪中，采用数字扫描转换器，扫描切面中各点的脉冲回波信号经模/数转换器变为像素值，建立起数字图像，送入数字存储器中储存。存储器中的数字信号经处理器进行各种处理和分析，最后经数/模转换器把数字图像信号变为视频图像显示。大多数系统都允许观察者根据需要选择像素值范围，并把它转换到全灰度标进行显示，以控制图像的对比度。采用数字扫描转换器后，断层显像仪的功能大大增强。

第一，回波转换的电信号输送到显示器（加在示波管的栅极上），荧光屏上显示的不是波形而是光点。光点的辉度随回波强度的变化而变化。B 超就是应用辉度调制的原理进行工作，所谓 B 型即辉度调制型。

第二，B 超显示的是二维超声断层图像，用 B 超检查人体时，B 超探头的位置不是固定于体表，而是垂直接触体表沿某一方向移动，对被检部位进行扫描。扫描可以是手动的、机械的或电子控制的。探头边移动边发射超声并接收回波，探头在每个位置都接收若干超声探查方向上的回波，在荧光屏上显示一列光点。随着探头的移动，荧光屏上出现许多列光点，组成二维图像，即被检部位的断面影像。该断面是由超声行进方向线与探头移动方向线所决定的平面，与超声行进方向平行，称为纵断面。改变探头位置与移动方向，就可以得到不同位置、不同方向上的纵断面影像。相当于将体内的器官或组织一层层纵向切开进行观察，这种显示方式又称为超声断面显像技术。它能得到人体内部脏器和病变的二维断层图像，并且能对运动脏器进行实时动态观察。

3. M 型超声诊断仪　M 型超声诊断仪也

属于辉度调制型,与 B 型的不同之处在于探头固定在某一探测点不动,示波管的水平偏转板上加一慢扫描锯齿波电压,使深度扫描线沿水平方向缓慢移动,因此,水平轴代表时间。若所探查处内部组织界面运动,深度随时间改变,则得到深度-时间曲线。M 型超声诊断仪一般用于观察和记录脏器的活动情况,特别适用于检查心脏功能,称为超声心动图。

4. C 型超声诊断仪 C 型超声诊断仪与 B 型不同,它显示的不是体内器官或组织的纵断面影像,而是垂直超声行进方向的横断面影像。C 超利用电子技术,只选取某一时刻的回波信号,并采用辉度调制得到某一深度处的横断面的图像。

超声成像技术用于诊断正在不断改进与发展中,透射型、全息型、综合型等新型超声诊断仪还处于实验阶段。

5. 多普勒超声血流仪 图 2-11-3 是利用多普勒效应测量血流速度的原理图。

图中 v 是血流速度,θ 是超声波传播方向与血流方向之间的夹角。探头由两块压电晶片组成,其中一块向血管发射超声波,超声波被血液中的红细胞反射后,被另一块所接收。在这一过程中声源是静止的而红细胞是运动的。设作为静止声源的探头发射的超声波频率为 γ,血管中随血流以速度 v 运动着的红细胞接收到的频率 γ' 为

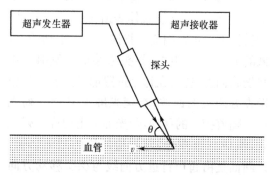

图 2-11-3 利用多普勒效应测量血流速度原理图

$$\gamma' = \frac{u + v\cos\theta}{u}\gamma \qquad (2.11.1)$$

式中:u 为超声波在人体中的传播速度。

由红细胞反射回来的超声波被静止的探头接收,这些红细胞相当于以速度 v 运动着的声源,探头接收到的频率 γ'' 为

$$\gamma'' = \frac{u}{u - v\cos\theta}\gamma' \qquad (2.11.2)$$

将式(2.11.1)代入式(2.11.2)得

$$\gamma'' = \frac{u + v\cos\theta}{u - v\cos\theta}\gamma \qquad (2.11.3)$$

探头发出的超声波频率与接收的回波频率之差,即多普勒频移

$$\Delta\gamma = \gamma'' - \gamma = \frac{2v\cos\theta}{u - v\cos\theta}\gamma \qquad (2.11.4)$$

因为 $u \gg v\cos\theta$,式(2.11.4)可改为

$$\Delta\gamma = \gamma'' - \gamma = \frac{2v\cos\theta}{u}\gamma \qquad (2.11.5)$$

即

$$\gamma = \frac{u}{2v\cos\theta}\Delta\gamma \qquad (2.11.6)$$

根据式(2.11.6)就可以计算出血流的速度。

血液流速可由显示器直接读出。这是一种无损伤的测量技术,不像有些测量血液流速的方法,需要切开皮肤,分离血管或在血管中插入导管,因此具有一定的优越性。

6. 超声波的其他医疗应用 超声波还可用于透热治疗。它的能量被人体组织吸收后,可以使局部温度升高,对腰肌痛、扭伤、关节周围炎等疾病有较好的疗效。在治疗时要适当控制强度,避免由于温度过高或空化作用而使组织受到损害。

利用超声波可使药物雾化,使它容易被吸入咽、喉、支气管、肺泡中,用于治疗急慢性咽炎、喉炎、支气管炎。超声波还用于击碎结石、破坏细胞组织、清洗医疗器械等。

简谐振动是机械振动最简单最基本的一种,它可以表示为

$$x = A\cos(\omega t + \varphi)$$

两个同方向同频率的简谐振动合成的结果仍为简谐振动;振动在媒质中的传播形成机械波,波的传播过程是一种能量的传播过程,最简单的波动形式为一维简谐波,可表示为 $y = A\cos\left[\omega\left(t - \frac{x}{u}\right) + \varphi\right]$;两列相干波在媒质中相遇可产生干涉现象;声波是一种特定频率范围的机械纵波,超声波因其传播特性和对媒质的作用而在医学上有广泛的应用。

小结

1. 沿 x 轴做简谐振动的物体,振幅为 5.0×10^{-2}m,频率为 2.0Hz,在时间 $t = 0$ 时,振动物体经平衡位置处向 x 轴正方向运动,求振动方程。

2. 一个运动物体位移与时间的关系为 $x = 0.10\cos(2.5\pi t + \frac{\pi}{3})$m,求:(1)周期;(2)角频率、频率;(3)振幅;(4)初位相。

3. 两个同方向、同频率简谐振动的方程为

$$x_1 = 4\cos\left(3\pi t + \frac{\pi}{3}\right)$$

$$x_2 = 3\cos\left(3\pi t - \frac{\pi}{6}\right)$$

试求它们的合振动方程。

4. 机械波在通过不同媒质时,它的波长、频率和速度中哪些会发生变化?哪些不会改变?

5. 试分析振动与波有何区别与联系。

6. 一列横波沿绳子传播时的波动方程为

$$y = 0.050\cos(10\pi t - 4\pi x)$$

式中 y、x 以米为单位,t 以秒为单位,求:

(1)此波的振幅、波速、频率及波长;

(2)$x = 0.20$m 处的质点在 $t = 1.0$s 时的相位,是原点处哪一时刻的相位?

7. 一列平面简谐波在直径为 0.14m 的圆柱形玻璃管中传播,波的强度为 1.8×10^{-2} W·m^{-2},频率为 300Hz,波速为 300m·s^{-1}求:

(1)波的平均能量密度是多少?

(2)相位差为 2π 的两个相邻截面间的能量是多少?

8. 用多普勒效应来测量心脏壁运动时,以 5MHz 的超声波直射心脏壁(即入射角为 0°),测得接收与发出的波频差为 500Hz。已知波在软组织中的速度为 1500m·s^{-1},求此时心壁的运动速度。

（肖　蓉　徐龙海）

第3章 流体的运动

1. 能说出理想流体的概念,能写出理想流体作稳定流动的连续性方程。
2. 会表述伯努利方程,能说出伯努利方程的应用。
3. 能描述层流、湍流的概念,知道黏性流体的运动规律。
4. 知道心脏的泵血功能,会计算心脏做功量。
5. 说出表面张力及影响表面张力的因素,知道气体栓塞的成因及预防措施。

液体和气体都没有固定的形状,只要受很小力的作用,各部分之间就产生相对运动。因此,我们把液体和气体统称为流体。研究流体运动规律的力学,称为流体力学。

流体力学的原理不仅在航空、航海和水利建设等方面都有广泛的应用,而且在医学中也是研究血液循环、呼吸运动所必须具备的基础知识。本章我们将介绍流体运动的一些基本规律,以及这些规律在医学上的应用。

案例

气体栓塞

血液在血管中的流动就是流体的运动。在血液中,氧和血红蛋白结合,氮以气态溶于血液中,其溶解度和氮分压成正比。如迅速减压,则氮的溶解度变小,从血液中析出,会引起气栓。氦的溶解度是氮的 10 倍,因此潜水员吸入的是高压氦氧混合气体,同时潜水员从深水处上来,必须有一个逐渐减压的过程,以免发生气体栓塞。人体的毛细血管中出现气栓,会造成部分组织、细胞坏死,甚至危及生命。

第1节 理想流体与稳定流动

一、理 想 流 体

流体的流动非常复杂,影响其流动的因素也很多,如实际液体是可以压缩的,但液体的压缩性很小,水在 10℃ 时每增加一个大气压,体积的减小只不过是原来体积的两万分之一;再如气体虽然压缩性较大,但它的流动性很

大,只要有很小的压强差,就可以使它迅速流动起来,使密度较大处的气体流向密度较小的地方,使密度趋于一致,因此在很多问题中,流体的压缩性是可以忽略的。另外,实际液体流动时,内部流层之间存在着阻碍相对运动的摩擦力,流体的这种性质叫做黏滞性。有些液体(如甘油)的黏滞性很大,但大多数液体(如水、乙醇等)的黏滞性很小,气体的黏滞性就更小,因此在一般问题中流体的这种黏滞性也是可以忽略不计的。

我们把绝对不可压缩、完全没有黏滞性的流体称为理想流体。

二、稳 定 流 动

流体流动时,流体的质点流过空间中的任一固定点时,速度不随时间而变化,我们把流体的这种流动叫做稳定流动,简称稳流。流速不快的河水、自来水管中的水流、输液时吊瓶中的药液,都可以近似地看成稳流。人体正常血液循环也可看成稳流。

流体流动时,各个流体质点都有自己的运动轨迹。一般情况下在同一时刻,各处流体质点的速度大小和方向并不同,在液体流过的空间可以作一些曲线,使这些曲线上任何一点的切线方向和通过该点时流体质点的速度方向一致。这些曲线就称为流线,如图 3-1-1 所示。

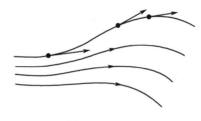

图 3-1-1 流线

显然,流线是不会相交的,我们知道了某一时刻的流线分布图,也就知道了该时刻运动流体各质点运动的大致情况。显然稳定流动时,流线在空间的位置和形状是保持不变的,并且和流体质点的运动轨迹相重合。

学习笔记

在运动的流体中取一个截面 S,经过它四周的流线围成的细管叫做流管,如图 3-1-2 所示。流管内的液体不能流出管外,管外的液体也不能流入管内。如果流体在固定管中稳定流动,则该管也称为流管。

图 3-1-2　流管

三、连续性方程

当液体在流管中连续流动时,因为液体不可能从管子的侧壁流入和流出,所以对于做稳流的理想流体来说,单位时间内流经每一横截面的流体体积一定是相等的,如图 3-1-3 所示。即

$$S_1 v_1 = S_2 v_2 \qquad (3.1.1)$$

或

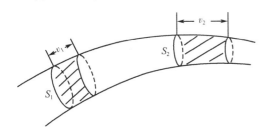

图 3-1-3　液体在流管中的连续流动

$$\frac{v_1}{v_2} = \frac{S_1}{S_2} \qquad (3.1.2)$$

这个式子称为流体稳流的连续性方程。

一般,我们把 $S_1 v_1$ 或 $S_2 v_2$ 即单位时间流过某一截面的流体体积叫做流体在该截面处的流量,符号用 Q 表示。

$$Q = Sv \qquad (3.1.3)$$

在国际单位制中,流量的单位是米³/秒,符号是 m^3/s。

连续性方程表明:不可压缩的流体在作稳流时,流速与截面成反比。即管子粗处,截面大,流速小;管子细处,截面小,流速大。输液时针尖处药液的流速比吊瓶中药液的流速大得多,就是因为针尖处的横截面积比吊瓶的横截面积小得多的缘故。在河道中河面窄、河底浅的地方水流得较快,在河面宽、河底深的地方水流得慢,也是这个缘故。

血液循环也基本符合此规律。血液在主动脉中的平均流速约为 22cm/s,流至毛细管时,由于毛细管的总截面积约为主动脉面积的 750 倍,血流速度减慢,为 $0.05\sim0.1$cm/s,为主动脉流速的 $0.2\%\sim0.47\%$。当血液流入静脉时,总面积逐渐减小,流速逐渐增大,流到上、下腔静脉时,血流速度已接近 11cm/s。

第 2 节　伯努利方程

一、伯努利方程

水在重力作用下总是从高处往低处流;管子两端的压强差越大,水的流速越快。那么理想流体做稳流时,流体各处的压强、流速和高度之间有何关系呢?

图 3-2-1 所示表示密度为 ρ 的理想液体在一粗细不均匀的管道中做稳定流动。我们取流管中 ab 段流体作为研究对象,经过 Δt 时间后,该段液体流到 $a_1 b_1$ 位置,就 ab 段液体来说,a 截面所受的外力是该处压强和截面的乘积,即 $F_1 = p_1 S_1$,而外力对这段液体做的功是 $p_1 S_1 v_1 \Delta t$。

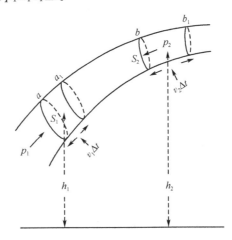

图 3-2-1　理想液体的流动

同理,b 截面所受的外力 $F_2 = p_2 S_2$,方向和位移方向相反,所以做的功是负值,即 $-p_2 S_2 v_2 \Delta t$。

外力实际对 ab 段液体所做的功是 $p_1 S_1 v_1 \Delta t - p_2 S_2 v_2 \Delta t$。式中,$S_1 v_1 \Delta t$ 和 $S_2 v_2 \Delta t$ 分别是 aa_1 之间和 bb_1 之间的液体体积,由于液体不能流出管外,又不可压缩,所以这两部分体积是相等的。即

$$S_1 v_1 \Delta t = S_2 v_2 \Delta t = V$$

因此,外力对 ab 段液体所做的功为 p_1V-p_2V。

就 ab 和 a_1b_1 这两段液体来说,在 a_1b 之间的液体的能量并没有什么变化,因为流动是稳定的。在我们选取的这段液体中,截面 a 与 a_1 之间的液体不见了,出现的是截面 b 与 b_1 之间的液体(质量都为 m),所以能量的变化仅仅由这两段液块的总机械能之差来决定。这两段流体的机械能分别为 $\frac{1}{2}mv_1^2+mgh_1$ 及 $\frac{1}{2}mv_2^2+mgh_2$,根据功能原理,外力所做的功应该等于物体能量的变化,因此

$$p_1V-p_2V=\left(\frac{1}{2}mv_2^2+mgh_2\right)-\left(\frac{1}{2}mv_1^2+mgh_1\right)$$

移项得

$$\frac{1}{2}mv_1^2+mgh_1+p_1V=\frac{1}{2}mv_2^2+mgh_2+p_2V$$

上式两边都除以 V,并由 $\rho=\dfrac{m}{V}$ 可得

$$\frac{1}{2}\rho v_1^2+\rho gh_1+p_1=\frac{1}{2}\rho v_2^2+\rho gh_2+p_2$$

$$(3.2.1)$$

上式称为伯努利方程。它表明:对于做稳定流动的理想流体而言,在流管中任何两截面处,每单位体积流体的动能、势能和压强之和都是相等的。

在上式中,压强 p 和单位体积流体的动能 $\frac{1}{2}\rho v^2$、势能 ρgh 都有相同的物理意义,因此可以把 p 看成是单位体积液体的压强能。

伯努利方程还可以写成为如下的形式,即

$$\frac{1}{2}\rho v^2+\rho gh+p=恒量 \quad (3.2.2)$$

它说明:对于做稳定流动的理想流体而言,在流管中任何截面处,单位体积液体的动能、势能和压强能三者之和是一恒量。

伯努利方程是流体动力学的基本定律,它适用理想液体做稳定流动的情形。应用于不易压缩和黏滞性较小的液体,是很接近于事实的。

伯努利方程虽然反映的是理想液体的流动规律,但对具有流动性的气体的运动,在不受压缩的情况下,也同样可以应用。

二、伯努利方程的应用

1. 空吸作用　如果液体在水平管中流

动,即 $h_1=h_2$,伯努利方程可简化成

$$\frac{1}{2}\rho v_1^2+p_1=\frac{1}{2}\rho v_2^2+p_2 \quad (3.2.3)$$

由上式得出,流速小处压强较大,流速大处压强较小。结合流体连续性原理,我们可以得出这样的结论:在水平流管中截面积大的地方,流速小,压强大;截面积小的地方,流速大,压强小。

在管子的狭窄部分,当流速很大时,可以出现压强小于大气压的负压,具有吸入外界液体或气体的作用,称为空吸作用,如图 3-2-2 所示。水流抽气机、喷雾器(图 3-2-3)、内燃机中的汽化器等都是根据空吸作用的原理制成的,临床上常用雾化吸入器把药液喷向咽喉,对呼吸道的疾病进行治疗,这些都是利用空吸作用来实现的。

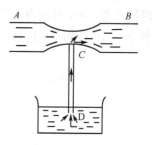

图 3-2-2　空吸作用

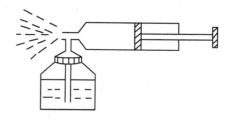

图 3-2-3　喷雾器

链接

飞机的升力

飞机之所以能够升上天空自由地飞行,与气流对它的升力有关。

图 3-2-4 表示飞机机翼的截面和其上下气流的流线。

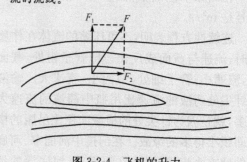

图 3-2-4　飞机的升力

学习笔记

飞机水平前进时,机翼的前缘微微向上与水平方向有一定的夹角 α ,从而使机翼上面的流线较密,下面的流线较疏。由 $p+\frac{1}{2}\rho v^2=$ 恒量可知,机翼上方气流流速快,压强小,机翼下方气流流速较慢,压强大,机翼上下方形成一个向上的压强差,机翼受到向上且稍微偏后的压力 F ,我们把这个 F 分解为水平方向和竖直方向的两个分力。竖直向上的分力叫做升力 (F_1) ,正是这个升力使飞机上升或保持飞机悬浮在空中飞行。水平分力是飞机飞行的正面阻力 (F_2) 。

2. 汾丘里流量计 如图 3-2-5 所示,一段截面不均匀的主管,在已知截面为 S_1 及 S_2 处各装有一竖直支管,这种装置叫汾丘里流量计,它可以测管道中流体的流速和流量。

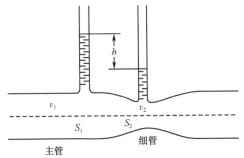

图 3-2-5 汾丘里流量计

当液体流过时, S_1 处的支管中液面比 S_2 处液面高出 h ,由伯努利方程与连续性方程:

$$p_1+\frac{1}{2}\rho v_1^2=p_2+\frac{1}{2}\rho v_2^2$$

$$S_1 v_1=S_2 v_2$$

消去 v_2 可得

$$\frac{1}{2}\rho\left[\frac{S_1^2}{S_2^2}-1\right]v_1^2=p_1-p_2=\rho gh$$

即
$$v_1=S_2\sqrt{\frac{2gh}{S_1^2-S_2^2}} \qquad (3.2.4)$$

流量为 $Q=S_1 v_1=S_1 S_2\sqrt{\frac{2gh}{S_1^2-S_2^2}}$

$$(3.2.5)$$

正压和负压

我们把高于当时当地的大气压的那部分压强叫正压,低于当时当地的大气压的那部分压强叫负压。血压、眼压都是用高于大气压的部分

来表示的,如收缩压 16.0kPa 是表示收缩压比大气压高 16.0kPa,胸膜腔内压通常比大气压低,如腔内压强为 $-1.33kPa$,则表示比大气压低 1.33kPa。正负压的知识在医学上应用很广,如静脉输液、吸氧、高压氧舱都是利用正压将药液和氧气输入人体的,而拔火罐、引流器、吸痰器、电动洗胃器等都是利用负压来进行治疗的。

第3节 黏滞流体的运动规律

一、层 流

前面学过理想流体没有黏滞性,但实际上任何流体都是有黏滞性的。在一支垂直的滴定管中,先倒入一些无色甘油,再在上面倒入一层着了色的甘油,然后打开滴定管下边的活塞,让甘油缓慢流出,可以看到两种甘油的分界面逐渐变成舌形弯曲面。这说明管中甘油各部分流动的速度不是一致的,管轴处甘油的速度最大,从管轴到管壁流速逐渐减小到零(图 3-3-1)。这种现象说明,管内液体是分层流动的,各层之间不相混杂,黏滞液体的这种流动状态叫做层流。

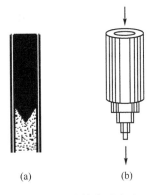

(a)　　　　　(b)

图 3-3-1 液体分层流动

二、牛顿黏滞定律

黏滞性液体在水平管中做层流时,相邻两液层做相对滑动就会产生相互作用力,流速较慢的流层对流速较快的流层施加向后的阻力,流速较快的流层对流速较慢的流层施以向前的拉力,这一对沿截面的切向力称为内摩擦力。由于内摩擦力的存在而具有相互牵制的

性质,这种特性叫做液体的黏滞性。

为了表示黏滞性液体做层流时速度逐层变化的快慢程度,我们引入速度梯度这一物理量。

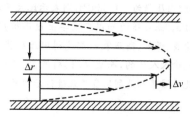

图 3-3-2 黏滞性液体的流动

如图 3-3-2 所示,设相距为 Δr 的两液层的速度差为 Δv,则比值 $\dfrac{\Delta v}{\Delta r}$ 表示这两液层之间流速的变化率,称为速度梯度。速度梯度越大,层与层的速度变化也就越大。实验证明,内摩擦力 F 的大小与两液层的接触面积 S 及速度梯度成正比,即

$$F = \eta S \frac{\Delta v}{\Delta r} \qquad (3.3.1)$$

$$\eta = \frac{F/S}{\Delta v/\Delta r} \qquad (3.3.2)$$

比例系数 η 叫做液体的黏滞系数,即黏度。在国际单位制中,其单位为帕·秒(Pa·s)。液体的黏滞系数取决于液体的性质,并和液体的温度有关,同种液体的黏滞系数一般随温度升高而减小,表 3-3-1 列出了不同温度下一些液体的黏滞系数。

表 3-3-1 不同温度下一些液体的黏滞系数值

物质	温度(℃)	黏滞系数(Pa·s)
水	0	1.8×10^{-2}
水	37	0.69×10^{-2}
水	100	0.3×10^{-2}
蓖麻油	17.5	122.5×10^{-2}
蓖麻油	50	122.7×10^{-2}
乙醇	20	1.6×10^{-2}
血液	37	$2.5 \sim 3.5 \times 10^{-2}$
血浆	37	$1.0 \sim 1.4 \times 10^{-2}$
血清	37	$0.9 \sim 1.2 \times 10^{-2}$

公式(3.3.1)又称为牛顿黏滞定律,凡符合这一关系式的流体就称为牛顿流体,不符合这一关系式的流体称为非牛顿流体,水和血浆都是牛顿流体,血液为非牛顿流体。

三、泊肃叶公式

由于实际液体在流动时,各层之间存在着内摩擦力,在流管两端只有存在压强差,才能克服内摩擦力,使实际液体匀速流动。管道中层流的流量和管子两端的压强差及管子的长短、粗细到底是什么关系呢?

1846 年法国医生泊肃叶首先通过实验得出,黏滞液体在管中做层流时,流量与管两端的压强差、管半径的四次方成正比,与管的长度、液体的黏度成反比。这一规律被命名为泊肃叶定律。

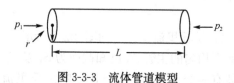

图 3-3-3 流体管道模型

在图 3-3-3 中,设水平放置的圆形管道的管长为 L,半径为 r,两端压强差 Δp,管中液体的黏滞系数为 η,由泊肃叶定律所得泊肃叶公式为

$$Q = \frac{\pi r^4 \Delta p}{8 \eta L} \qquad (3.3.3)$$

如果用 $\dfrac{1}{R}$ 代表泊肃叶公式中的 $\dfrac{\pi r^4}{8 \eta L}$,则泊肃叶公式可改写成下面的形式:

$$Q = \frac{\Delta p}{R} \qquad (3.3.4)$$

这个公式和欧姆定律相似,式中 R 对液体的流动起阻碍作用,叫做流阻,它的大小决定于液体的黏滞系数和管子的几何形状。R 在生理学上又叫做外周阻力,在医学上常用式(3.3.4)来分析血液循环中的心排血量,血压和外周阻力之间的关系。

四、湍流和雷诺数

1. 湍流 实际流体在流速不大时做层流,符合泊肃叶公式。但如果管道的截面突然加大或流体平均压强差加大,流体的流速将超过一定的数值,流体将不再保持分层流动,这时,外层的流体将不断进入内层而形成漩涡,流体的运动极不规则并发出声音,这种流动称为湍流。例如自来水的快速流动就是湍流。

在人体内心脏瓣膜附近,由于瓣膜的启闭将造成局部血流突然高速流动而引起湍流。

学习笔记

正常情况下心血管系统及其他部位是不会有湍流产生的。人在静息状态时,主动脉血流平均速度为 0.25m/s,是层流,但当人剧烈运动时,心排血量可以是静息时的 4～5 倍,这时主动脉将有湍流产生。瓣膜狭窄、动静脉短路等疾病也可能造成血流加快而产生湍流;发高烧使血液黏滞系数减小也可能产生湍流。湍流区别于层流的特性之一是它能发出声音,这种声音医生能够用听诊器来辨别血流情况是否正常,这对诊断疾病有一定的价值。

2. 雷诺数　雷诺通过大量实验研究得出,流体从层流过渡到湍流主要取决于速度、流体的密度、黏滞系数和管子的半径:$Re=\rho v r/\eta$,Re 叫做雷诺数,是一个无量纲的值,当 $Re<1000$ 时为层流;$Re>2000$ 时为湍流;$1000<Re<2000$,可能做层流,也可能做湍流。

第 4 节　血液在循环系统中的流动

一、心脏做功

心血管系统是一个封闭的管道系统,血液在其中反复地循环流动。血液在循环中要不断克服内摩擦力做功,消耗能量,而心脏起着压力泵的作用,不断地周期性做功来补偿血液的能量消耗,维持着血液循环的进行。人体血液循环分为体循环和肺循环,如图 3-4-1 所示。

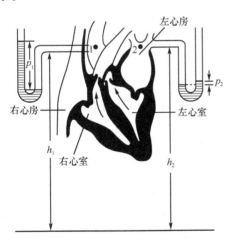

图 3-4-1　心脏做功示意图

从左心室射血于大动脉中,从右心室射血

于肺动脉中。设 $p_1+\rho h_1+\frac{1}{2}\rho v_1^2$ 是单位体积血液离开左心室的能量,$p_2+\rho h_2+\frac{1}{2}\rho v_2^2$ 是单位体积血液刚流入右心房的能量,显然两者的差值就是左心室每单位体积血液所做的功 W_1。

$$W_1=(p_1-p_2)+\rho g(h_1-h_2)+\frac{1}{2}\rho(v_1^2-v_2^2)$$

由于 h_1 和 h_2 很接近,血液进入右心房的速度很小,可以忽略,p_2 接近大气压,于是

$$W_1=(p_1-p_0)+\frac{1}{2}\rho v_1^2$$

其中 p_1-p_0 约等于主动脉平均压强,而右心室做的功大约为

$$W_2=\frac{1}{6}(p_1-p_0)+\frac{1}{2}\rho v_1^2$$

整个心脏输出单位体积(1ml)血液的功是

$$W=W_1+W_2=\frac{7}{6}(p_1-p_0)+\rho v_1^2$$

$$(3.4.1)$$

W 乘以每搏量叫做每搏功。

设动脉血的平均速度为 0.4m/s,主动脉平均血压为 13.3kPa,则

$$W=\frac{7}{6}\times13.3+1\times0.4^2=1.55(\text{J})$$

假设心脏每分钟血的输出量为 5000ml,则每分钟做功为

$$1.55\times5000\times10^3=77.5(\text{J})$$

心脏做功量是判定心脏泵血功能的重要指标。

二、血液的黏度

1. 表观黏度　由牛顿黏滞定律我们得知液体的黏度

$$\eta=\frac{F/S}{\Delta v/\Delta r}$$

我们把单位液体面积上的切向力 F/S 即切变率用 τ 表示,速度梯度 $\Delta v/\Delta r$ 用 γ 表示,则

$$\eta=\tau/\gamma \qquad (3.4.2)$$

对牛顿液体来说,在温度压力恒定的条件下,τ/γ 的比值是一个常数。对非牛顿液体来说,η 随 τ 和 γ 的变化而变化。η 称流体的表观黏度。

2. 血液的黏度　血液的黏度很大,约为水的 4～5 倍。血液的黏度主要来源于悬浮的血细胞。红细胞的数量多少是影响血液黏度的主要

学习笔记

因素。当红细胞的数量增加时,血液黏度变大,当红细胞数减少时,血液的黏度变小。此外,血液的黏度还和速度梯度、血管口径、温度有关。

测定血液的黏度可以帮助诊断疾病。如贫血患者血液的黏度较正常人小,而冠心病、高血压、脑血管病、糖尿病患者血液的黏度较正常人高,因此降低血液的黏度、改善血液流变学的异常,对于这些病的治疗无疑是有益的。

链接

血 压

血压是指血液流动时对血管壁的侧压强。形成血压的基本要素是心脏射血,心室肌收缩时释放的能量,一部分用于推动血液流动,提供了血液的动能,另一部分形成对血管壁的侧压,并使血管壁扩张。

由于血液是黏滞性液体,血液从心室流向心房的过程中要克服内摩擦力做功,不断消耗能量,故血压呈曲线下降。临床上常用主动脉压来作为诊断的依据,心室收缩时,主动脉急剧升高,称收缩压;心室舒张时,主动脉压降低,称舒张压。我国健康青年人收缩压为 100～120mmHg,舒张压为 60～80mmHg(1mmHg≈133.3Pa)。

第5节　液体的表面现象

一、表 面 张 力

1. 表面张力　我们取一个铜丝做成一圆环,将棉线的两端系在圆环上,把环浸入肥皂液中取出,环上就蒙上一层肥皂膜,这时薄膜的棉线是松弛的,如图3-5-1(a)所示。如果用热针刺破棉线左侧的薄膜,由于右侧薄膜表面的收缩,棉线就向右收缩成弧形,如图3-5-1(b)所示。如果刺破右侧的薄膜,棉线就向左收缩成弧形,如图3-5-1(c)所示。

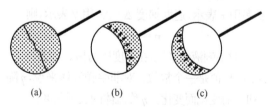

(a)　　　(b)　　　(c)

图 3-5-1　表面张力

以上实验说明,液体表面就像张紧的橡皮膜一样,具有收缩的趋势。

液体跟气体接触的表面形成一薄层,叫做表面层。研究表明,表面层里的分子要比液体内部稀疏些,也就是说表面层里的分子间距要比液体内部的分子间距大些。在液体内部分子间既存在着引力,又存在着斥力,通常条件下可以认为它们是大小相等的。在表面层里由于分子间的距离较液体内部大,引力和斥力都减小,斥力减小得更快,故分子间的作用力表现为引力,因此,液面总是具有收缩的趋势。

假设我们在表面层液面上划一条长为 L 的分界线,就会把液面分成相邻的两部分,这两部分液面间相互都有引力作用。液体表面张力就是指液体表面层任意相邻两部分液体间相互作用的引力。研究表明:表面张力的方向总是与液体表面相切,且垂直于分界线指向液膜的内侧;表面张力的大小与分界线的长度 L 成正比,即

$$f = \alpha L \qquad (3.5.1)$$

2. 表面张力系数　公式(3.5.1)中,α 叫做表面张力系数,它是施于液体表面分界线单位长度上的表面张力,单位是 $N \cdot m^{-1}$。同一温度下,不同的液体,α 值不同;同一种液体,温度升高,α 值减少。下面是几种液体与空气界面的 α 值。

表3-5-1　几种液体与空气界面的 α 值

液体	T(K)	$\alpha(\times 10^{-3}$ $N \cdot m^{-1})$	液体	T(K)	$\alpha(\times 10^{-3}$ $N \cdot m^{-1})$
乙醇	293	22	正常尿	293	66
肥皂	293	40	黄疸患者尿	293	55
甘油	293	65	水	273	75.6
水银	293	540	水	293	72.8
血浆	293	60	水	373	58.9

3. 表面能　表面张力产生的原因与分子力密切相关。液体内部液体分子受四周分子引力的合力为零,而在表面层的液体分子一方面受到液面外气体分子的作用,它是很小的,可以忽略不计。另一方面受到液体内部分子的作用,这样,表面层的液体分子就受到一个指向液体内部的合力作用,从而产生表面张力,使表面积收缩。由此可见,要把液体分子从内部移到表面层就必须反抗上述合力做功,这样,就增加了表面层分子的势能,这个势能称为表面能。表面积越大,则势能越大。

二、表面活性物质

1. 表面活性物质 前面我们已经学过，液体的表面张力与液体本身的性质和温度有关。另外，还与液体的纯度有关，在液体中掺入少量杂质就可以使液体的表面张力系数发生很大的变化。例如，在一小杯水中加入一滴肥皂液，就可以使它的表面张力系数减低一半以上。像这样能使液体表面张力系数减小的物质叫做表面活性物质，又称表面活性剂。水的表面活性剂常见的有胆盐、肥皂、有机酸、蛋黄素、酚、酮等。

2. 表面吸附 液体中加入了表面活性物质后，减少了溶液的表面张力，也就是说减少了溶液的表面能，增大了系统的稳定性。因此，表面活性物质将从溶液内部向溶液表面聚集，使表面层的浓度远大于溶液内部的浓度，这种表面活性物质自动聚集在表面层伸展成薄膜的现象称为表面吸附。由于表面活性物质绝大部分都集中在表面层，因此，只要在液体内加入少量的表面活性物质，就能显著地减少溶液的表面张力系数。

固体表面对气体、液体分子也有吸附作用，我们常用多孔的活性炭来吸附空气中、水中的有害气体。

三、浸润和不浸润现象

把一块干净的玻璃片浸入水中再取出来，可以看到玻璃片的表面有一层水，在干净玻璃片上滴上一滴水，水就沿着玻璃表面向外扩展，附着在玻璃上，形成薄层。这种固体跟液体接触时，接触面趋于扩大，且相互附着的现象叫做浸润现象。能够浸润固体的液体叫做浸润液体。

如果把涂了石蜡的玻璃板浸入水中再取出来，水就不附着在它上面。水银在玻璃板上总是显球形。这种固体跟液体接触时，接触面趋于缩小且相互不附着的现象，叫做不浸润

现象。不能浸润固体的液体叫做不浸润液体。

水能浸润玻璃，但不能浸润石蜡。水银能浸润锌板，但不能浸润玻璃。液体盛在容器里，如果液体是浸润器壁的，液体在靠近器壁处向上弯曲，在内径很小的管中，液面成凹的弯月面，如果液体是不浸润器壁的，液体靠近器壁处向下弯曲。在内径很小的管中液面就呈凸形，如图 3-5-2 所示。

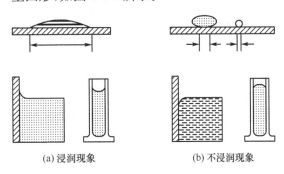

(a) 浸润现象　　(b) 不浸润现象

图 3-5-2　浸润和不浸润现象

浸润和不浸润现象是分子力作用的表现。当液体和固体接触时，在接触处形成一个液体薄层，叫做附着层。附着层里的液体分子既受到液体内部分子的吸引力（内聚力），又要受到固体分子的吸引力（附着力）。如果附着力大于内聚力，附着层里分子就比液体内部更密。这样，附着层就出现液体分子间相互排斥的力，这时，液体跟固体接触的液体表面就有扩张的趋势，形成浸润现象。相反，如果附着力小于内聚力，附着层里分子就比液体内部更稀疏。这样，附着层就出现跟表面张力相似的收缩力，这时，液体跟固体接触的液体表面就有缩小的趋势，形成不浸润现象。

四、弯曲液面的附加压强

静止液体的自由表面，一般是平面。其表面张力也是水平的，它们处于平衡状态，合力等于零，不产生垂直于液面的分压力，所以在液面上、下两侧的压强相等（$p_内 = p_外$），如图 3-5-3(a) 所示。

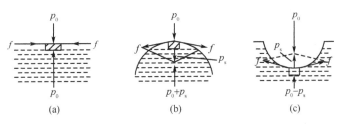

(a)　　　　　(b)　　　　　(c)

图 3-5-3　弯曲液面的附加压强

如果液面是向上凸弯月面,如图 3-5-3 (b)所示。则表面张力的合力垂直指向液体内部,形成附加压 p_s,若用 p_0 表示大气压,则液面下的压强 $p_内=p_0+p_s$。若液面是向上凹的弯月面,如图 3-5-3 (c)所示,则表面张力的合力垂直指向液面上方,则弯液面下的压强 $p_内=p_0-p_s$。综上所述,弯月液面有附加压强产生,方向指向球心所在的一侧。

理论推导证明,弯月液面的附加压强与液体表面张力系数 α 和弯曲液面的半径 r 的关系为

$$p_s=\frac{2\alpha}{r} \qquad (3.5.2)$$

上式表明,弯曲液面的附加压强的大小与液体的表面张力系数成正比,与弯曲液面半径成反比。

学习弯曲液面的附加压强,对于理解肺泡的正常功能有一定的帮助。肺是由大小不等、无数多的肺泡组成的,肺泡膜上有肺泡孔,肺泡孔之间可以相通。肺泡内是气体,其内壁覆盖着一层黏性液体。为什么大小不同的互相通气的肺泡能处于平衡状态,而不会出现小肺泡萎缩,大肺泡胀破的现象呢? 这是由于肺泡内壁液体中含有磷脂类表面活性物质,它在液膜面上的浓度随着肺泡的扩张和收缩而变化,当肺泡缩小时,表面积减小,表面活性物质浓度变大,使表面张力系数减小;反之,当肺泡变大时,表面活性物质浓度变小,使表面张力系数变大。液膜内气体的附加压强不仅与液膜半径成反比,而且与液体表面张力系数成正比。因此,大小肺泡内气体的附加压强能够达到平衡,不至于使小肺泡过度萎缩,大肺泡过度扩张。如果表面活性物质缺乏,则很多肺泡将因大小不等而无法稳定,表面张力增大,功能发生障碍,易于发生肺不张症。子宫内胎儿的肺为黏液所覆盖,使肺泡完全闭合。临产时,肺泡壁分泌表面活性物质以降低黏液的表面张力系数。但新生儿仍需大声啼哭的强烈动作进行第一次呼吸来克服肺泡的表面张力。

五、毛 细 现 象

如图 3-5-4 所示,把几根内径不同的玻璃管插入水中,可以看到这些管子里的水面比容器里的水面高,管子的内径越小,它里面的水

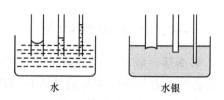

图 3-5-4　毛细现象

面越高;如果把这些玻璃管插入水银中,现象正好相反,管里的水银面比容器里的低些,管子的内径越小,它里面的水银面越低。像这样浸润液体在细管里上升、不浸润液体在细管中下降的现象称为毛细现象,能够发生毛细现象的管子称为毛细管。

浸润液体为什么能在毛细管中上升呢? 由于浸润液体与毛细管的内壁接触时,引起液面弯曲,使液面变大,而表面张力的收缩作用使液面减小,于是管内液体随着上升,以减小液面。直到表面张力向上的拉引作用和管内升高的液柱的重量达到平衡时,管内液体停止上升,稳定在一定的高度。同理可解释不浸润液体在毛细管中下降的现象。

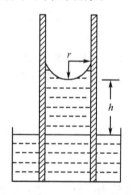

图 3-5-5　浸润液体在毛细管中上升

如图 3-5-5 所示,设毛细管的内径为 r,液体在毛细管中上升的高度为 h,则液面和管壁的接触线的长度为 $2\pi r$。半径为 r,高度为 h 的液柱受到向上的作用力为液体表面张力

$$F=2\pi r\alpha$$

液柱受到向下的作用力为液柱自身的重力 G

$$G=\rho g\pi r^2 h$$

液柱处于平衡状态,故

$$\rho g\pi r^2 h=2\pi r\alpha$$

所以

$$\frac{2\alpha}{r}=\rho gh$$

$$h = \frac{2\alpha}{\rho g r} \tag{3.5.3}$$

此时说明浸润液体在毛细管中上升的高度与表面张力系数成正比,与毛细管的半径和密度成反比。此结论也完全适用于不浸润液体,不过 h 为液体在毛细管中下降的高度。

毛细现象在日常生活中经常遇到,如土壤提升地下水;卫生纸、棉布的吸水;植物的吸收运输水分都与毛细现象密切相关,常用的药棉是经过脱脂处理后利用棉花纤维的毛细作用来擦洗创面的。

有时毛细现象又要力求避免,如外科手术线是经过蜡处理的,其目的是封闭手术线中的毛细管,堵住细菌进入体内的通道,杜绝细菌感染。

六、气体栓塞

液体在细管中流动时,如果管中有气泡,

液体的流动将会受到阻碍,气泡多时可造成栓塞,这种现象叫做气体栓塞现象。气体栓塞现象是由弯曲液面的附加压强产生的。

如图 3-5-6 所示,细管中被气泡分隔的一段液体,左右两个曲面的曲率半径相等,对液柱的附加压强相等,方向相反,所以液柱不动,为了使液柱向右流动,当在它的左边加上一个较小的压强 Δp 时,则两边液面的曲率将发生变化,左端的曲率半径变小,向左的附加压强变大,右端的曲率半径变大,向右的附加压强变小,于是液柱产生了一个向左的压强差 Δp_s 阻碍液柱向右流动,只有当外加压强 $\Delta p > \Delta p_s$ 时,液柱才会向右流动。如果管中有 n 个气泡时,则左端压强必须比右端压强大 $n\Delta p_s$,液体才会移动,否则这一段液柱就不会移动,从而发生气体栓塞现象。

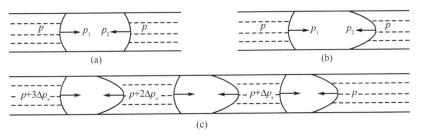

图 3-5-6 气体栓塞现象

人体的毛细血管中出现气泡容易引起气栓,从而造成部分组织、细胞坏死,甚至危及生命。所以在临床输液、静脉注射时一定要把输液管中、注射器中的气泡全部排除掉。低压血管如颈静脉受伤,破口也可能吸入空气造成栓塞。

> 理想流体是绝对不可压缩、完全没有黏滞性的流体,当它做稳定流动时,满足连续性方程和伯努利方程这两个基本定律。实际流体在流速不大时做层流,流速很大时做湍流。由于表面张力的作用,液体的表面积有收缩到最小的趋势,表面张力与液体的性质和温度有关,还与液体的纯度有关。浸润液体在细管里上升,不浸润液体在细管中下降。在临床输液时一定要把气泡全部排除掉,以免发生气体栓塞。

 小结

 目标检测

一、名词解释

表观黏度、内摩擦力、牛顿流体、空吸作用、伯努利方程、浸润和不浸润、表面张力、毛细现象、气体栓塞现象。

二、简答题

1. 简述心脏的泵血功能。
2. 稳流中流体各点的流速是否相同?同一固定点的流速在不同的时刻是否相同?
3. 一条河的两个宽窄不同的地方,如果水流的速度相同,试问这两处水的深度有何不同?
4. 气体栓塞是如何产生的,有何危害,作为护士在临床给患者输液时应注意什么?

三、计算题

1. 某人在静息时,主动脉压平均为 13.3kPa,左心室射血速度为 40cm/s,每搏量为 70ml,心律为每分钟 70 次,试求心脏排血每毫升血液的功、每搏功及每分功。
2. 设某人血液心排血量为 8.5×10^{-5} m/s,体循环的

 学习笔记

压强差是 15.0kPa，试求体循环的总流阻。

3. 静脉注射 50ml 葡萄糖，所用针筒的截面积是 5cm²，针尖的截面积为 0.005cm²，若护士手推速度是 0.3×10^{-3}m/s，则葡萄糖进入静脉的速度是多少？需要多少时间打完？

4. 一输液装置如题图 3-1 所示，输液瓶的截面积为 S_1，针孔截面积为 S_2，当液面距注射针口的高度为 h 时，求药液从针口射出的速度。

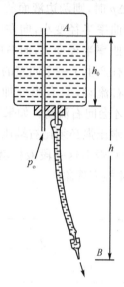

题图 3-1　输液装量

5. 如题图 3-2 所示，把一流量计水平地接在自来水管上，已知水平管粗细不同的两段横截面 S_1、S_2 分别为 2cm² 和 5cm²，测得二铅直压强计管中水平面高度差为 10cm，求水流经 S_2 处的速度和管中的流量。

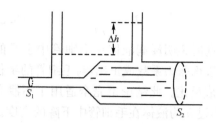

题图 3-2　用流量计测速度和流量

6. 比托管是一种常见的流速计，它由连在一起的两个弯成直角的玻璃管组成，可用来测量液体或气体的流速。其中一个开口 A，迎着流来的液体（气体），另一个开口 B 在侧面与液体（气体）流动方向平行。将比托管放入流动的液体或气体中，液体（气体）在管口 A 处受阻，流速减为零，这时根据 A、B 二管中的压强差就可以求出液体或气体的压强。如题图 3-3 所示，设 A、B 二管的水柱高度差为 0.1m，如果空气的密度为 1.29kg/m³，求风速。（比托管很细，A 管和 B 管的高度差可以忽略不计）

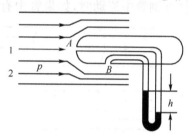

题图 3-3　测气体流速的比托管

（肖　蓉　陈小蕾）

第4章 静 电 场

学习目标

1. 说出点电荷的概念,明确点电荷是一个理想模型。

2. 会用库仑定律解决简单问题。

3. 知道点电荷的电场强度的概念,理解点电荷的电势。

4. 说出什么是电偶极子,理解电偶极子电场的电势。

5. 知道什么是心电场、心电图,能说出心电偶的电性质。

任何带电体的周围都存在着电场,静电场是指相对于观察者静止的电荷所产生的电场。本章从点电荷相互作用的库仑定律出发,引入描写静电场的两个基本物理量:电场强度和电势。并通过实例来说明这些原理在医学上的应用。

案例

心电图仪

1780年,意大利解剖家伽伐尼发现,用微弱电流刺激肌肉会引起肌肉抽搐。受其启发,1848年德国生理学家艾米尔用实验证明了生物电的存在。现在科学家已经知道,电流可以引发肌肉的生化反应,促使它收缩运动。在体内所能测到的最强电流是引发心肌收缩的电流,这种电流随着心跳的节律而升降,再传到身体表面皮肤,这时电流已经很微弱了,而且皮肤又是绝缘体,在体外一般很难测出这一电流。然而只要采用适当的方法就可测出这一电流的变化。这种仪器就是心动电流描记仪。由于它描记下来的是一种曲线图形,所以俗称心电图仪。

第1节 电场、电场强度和电势

一、库仑定律

电荷最基本的性质是与其他电荷相互作用,电荷之间相互作用的规律是电现象最基本的规律。法国工程师库仑(1736－1806)通过实验确定了点电荷与点电荷之间相互作用的规律,叫做库仑定律。

1. 点电荷 当两个物体带电时,它们之间就有相互作用力。静止带电体之间的相互

作用力,叫做静电力。根据实验知道,对于任意两个带电体,它们之间静电力的大小和方向不但与它们所带的电荷量以及相互之间的距离有关,而且与它们的形状有关。具体地讲,当任一带电体稍有变化时,静电力的大小和方向就会改变。这实际上反映出,静电力与电荷在带电体上的分布状况有关,所以,影响静电力的因素是很复杂的。

但是,进一步的实验指出,当两个带电体相距足够远,以致带电体本身的几何线度比起两者之间的距离来可以忽略不计时,静电力的大小将与带电体的形状无关,仅由两者的带电荷量以及相互间的距离决定。根据这一事实,我们抽象出点电荷的概念,即当带电体间的距离比它们的大小大得多时,带电体的形状和电荷在其中的分布对相互作用力的影响可以忽略不计,就跟电荷全部集中在一点一样,此时就可以把带电体看成是点电荷。

2. **库仑定律** 库仑定律可以表述如下:两个点电荷之间相互作用的静电力的大小与它们带电荷量乘积成正比,与它们之间距离的平方成反比;作用力的方向沿着它们的连线;同性电荷相斥,异性电荷相吸。

如图 4-1-1 所示,若两个点电荷的带电量分别是 q_1、q_2,两者间的距离为 r,相互作用力分别为 $\boldsymbol{F}$、$-\boldsymbol{F}$,则

$$F \propto \frac{q_1 q_2}{r^2}$$

写成等式有

$$F = k \frac{q_1 q_2}{r^2} \qquad (4.1.1)$$

图 4-1-1 两个点电荷之间的相互作用力

用 $\boldsymbol{r}$ 表示由 q_1 到 q_2 单位矢量,则可将库仑定律用矢量式表示:

$$\boldsymbol{F} = k \frac{q_1 q_2}{r^2} \boldsymbol{r}$$

当 q_1、q_2 同号时，q_1 和 q_2 的乘积为正，F 与 r 同向，为排斥力；当 q_1、q_2 异号时，q_1、q_2 的乘积为负，F 与 r 反向，为吸引力。

实验测定比例系数 k 的值为

$$k = 8.9875 \times 10^9 \text{N} \cdot \text{m}^2 \cdot \text{C}^{-2}$$
$$\approx 9.0 \times 10^9 \text{N} \cdot \text{m}^2 \cdot \text{C}^{-2}$$

例 4-1-1 试比较氢原子中电子与原子核之间的静电力和万有引力的大小。

解： 在氢原子中，电子与原子核之间的距离 $r = 0.529 \times 10^{-10} \text{m}$，而电子和原子核的直径都在 10^{-15}m 以下，所以可以把电子和原子核都看作是点电荷。

电子的电荷量是 $-e$，氢原子核的电荷量是 $+e$，$e = 1.6 \times 10^{-19} \text{C}$，所以它们之间的静电力是引力，其大小为

$$F_e = k \frac{e^2}{r^2} = 9.0 \times 10^9 \times \frac{(1.60 \times 10^{-19})^2}{(0.529 \times 10^{-10})^2}$$
$$= 8.2 \times 10^{-8} (\text{N})$$

电子的质量 $m_e = 9.1 \times 10^{-31} \text{kg}$，氢原子核的质量为 $m_p = 1.67 \times 10^{-27} \text{kg}$，所以它们之间的万有引力的大小为

$$F_G = G \frac{m_e m_p}{r^2} = 6.67 \times 10^{-11}$$
$$\times \frac{9.1 \times 10^{-31} \times 1.67 \times 10^{-27}}{(0.529 \times 10^{-10})^2}$$
$$= 3.6 \times 10^{-47} (\text{N})$$

所以，静电力与万有引力之比为

$$\frac{F_e}{F_G} = 2.3 \times 10^{39}$$

由此可见，在原子内部静电力远远大于万有引力。同样，在原子结合成分子，原子或分子组成液体或固体等问题中，万有引力的作用都是十分微小的。

3. 静电力叠加原理 库仑定律所讨论的是两个点电荷之间的作用力，当考虑到两个以上点电荷之间的作用时，就必须补充另一个基本实验事实，即两个点电荷之间的相互作用力并不因第三个电荷的存在而有所改变。也就是说，n 个点电荷同时存在时，施于某一点电荷的静电力，等于各个点电荷单独存在时施于该电荷的静电力的矢量和，这个结论叫做静电力叠加原理。

如图 4-1-2 所示，在空间同时存在 3 个点电荷：q、q_1、q_2。

我们来考虑 q 所受静电力 F 的大小和方

向。设当 q_2 不存在，q_1 单独存在时，q_1 施于 q 的静电力为 F_1，再设 q_1 不存在，q_2 单独存在时，q_2 施于 q 的静电力为 F_2，则 q_1、q_2 同时存在时施于 q 的静电力为

$$F = F_1 + F_2$$

静电场力是矢量，力的大小是矢量的合成，方向如图 4-1-2 所示。

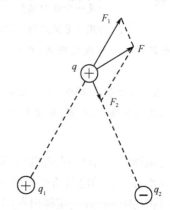

图 4-1-2 静电力叠加原理图

库仑定律和静电力叠加原理是关于电荷之间相互作用的两个基本实验定律，应用它们，原则上可以求出任意两个带电体之间的相互作用力。因为对于任一带电体，我们都可以把它分割成许许多多足够小的小块，以致每一小块都可以看成是点电荷，这样，整个带电体就可以看成许许多多点电荷的集合，而两个带电体间的相互作用力也就等于相应的两组点电荷之间总的相互作用力。

链接

电力究竟是怎样作用的呢？围绕着这个问题，历史上有过长期的争论。我们用手推桌子时，通过手和桌子的直接接触，把推力作用在桌子上；起重机吊重物时，通过吊钩与重物的直接接触，把拉力作用在重物上。在这些例子里，力都是发生在直接接触的物体之间，叫做接触作用或近距作用。然而，电力却能发生在两个相隔一定距离的带电体之间，而两个带电体之间甚至不需要有任何由分子、原子组成的实物做媒介。上述观点叫做超距作用观点，其主要内容是电力不需要任何媒介，也不需要传递时间就能从一个带电体作用到相隔一定距离的另一个带电体上。另一种观点认为电力也是近距作用的，如 19 世纪中普遍流行的观点，认为电力是通过一种充满空间的弹性媒质——"以太"来传递的。

二、点电荷的电场强度

近代物理学的发展告诉我们，凡是有电荷的地方，四周就存在着电场，即任何电荷周围的空间都伴存着电场，电场的基本性质是，它对于处于其中的任何电荷都有作用力，称为电场力。因此，电荷与电荷之间是通过电场作用的。

电场虽然不像由分子、原子组成的实物那样看得见摸得着，但物理学的发展证明，它具有一系列物质属性，如具有能量、动量，能施于电荷作用力，等等，因而能被我们所感知。因此，电场是一种客观存在，是物质存在的一种形式。实际上，电场只是普遍存在的电磁场的一种特殊情形，而电磁场的物质性在它处于迅速变化的情况下才能更明显地表现出来。

本章我们只研究相对于观察者静止的电荷所激发的电场，即静电场。为定量地研究静电场，要引入描述静电场的基本物理量——电场强度。

如图 4-1-3 所示，设空间存在着一个带电体 Q，则它将在其周围激发出电场。由于电场的基本性质是对其他电荷有作用力，所以我们可以引进一个电荷 q_0，通过观测 q_0 在电场中不同点的受力情况来研究电场的性质，这个被用来作为探测工具的电荷 q_0 叫做试探电荷。

图 4-1-3 点电荷的电场

实验表明，在电场中不同点，试探电荷所受电场力的大小和方向一般是不相同的；在电场中任一固定点 P，试探电荷所受的电场力 F 的大小与试探电荷的带电荷量 q_0 成正比，即

$$F \propto q_0$$

q_0 增大几倍，F 的大小也随着增大几倍，而 F 的方向不因 q_0 的增大而改变。

若把 q_0 换成等量异号电荷，则力的大小不变，方向相反。因此，对于电场中任一固定点 P，$\dfrac{F}{q_0}$ 的大小和方向都与 q_0 无关。可见它反映了电场在 P 点的性质，所以我们把它定义为 P 点的电场强度矢量，简称场强，用 E 来表示，即

$$E = \frac{F}{q_0} \qquad (4.1.2)$$

当 $q_0 = +1$ 时，由上式得 $E = F$。所以，可以把电场强度矢量的定义表述为：静电场中任一点的电场强度是一矢量，其大小等于带有单位电荷量的电荷在该点所受电场力的大小，其方向与正电荷在该点所受电场力的方向一致。

在 SI 中，力的单位是 N(牛)，电荷量的单位是 C(库)，所以，场强的单位应是 $N \cdot C^{-1}$ (牛/库)。

当空间中存在一组点电荷 $q_1, q_2, \cdots, q_n$ 时，如果引入一个试探电荷 q_0，以 $F_1, F_2, \cdots, F_n$ 分别表示 $q_1, q_2, \cdots, q_n$ 单独存在时的电场施于 q_0 的力，则根据静电力叠加原理，则有

$$F = F_1 + F_2 + \cdots + F_n$$

根据场强的定义，则可以得到

$$E = E_1 + E_2 + \cdots + E_n \qquad (4.1.3)$$

式中 $E_1 = \dfrac{F_1}{q_0}, E_2 = \dfrac{F_2}{q_0}, \cdots, E_n = \dfrac{F_n}{q_0}$ 分别代表 q_1, $q_2, \cdots, q_n$ 单独存在时的电场在 P 点的场强。

因此，与一组点电荷相伴存在的电场在某一点的场强，等于与各个点电荷单独存在时在该点场强的矢量和，这个结论叫做电场强度叠加原理，简称场强叠加原理。

例 4-1-2 求点电荷所激发电场的场强分布。

解：要求场强分布，只需要求出电场中任一点的场强即可。我们把点电荷所在处 O 称为源点，并取为坐标原点，把要研究的任意点 P 称为场点。

在 P 点放置一试探电荷 q_0。根据库仑定律，q_0 所受的电场力为

$$F = k \frac{q q_0}{r^2} r$$

所以，根据场强的定义，P 点的场强为

$$E = \frac{F}{q_0} = k \frac{q}{r^2} r$$

不论 q 是正电荷还是负电荷，上式都成立。当 $q > 0$ 时，P 点的场强沿径矢方向背离源点；当 $q < 0$ 时，P 点的场强沿径矢指向源点。

例 4-1-3 如图 4-1-4 所示，一对等量异号电荷 $\pm q$，相距 l，求两电荷连线的中垂线上任一点 P 处的场强。

解：根据例 4-1-2，$+q$ 和 $-q$ 单独在 P 点的场强 E_+ 和 E_- 大小相等，均为

$$E_+ = E_- = k\frac{q}{r^2+\left(\frac{l}{2}\right)^2}$$

方向如图示。根据场强叠加原理，$\pm q$ 在 P 点的合场强为

$$E = E_+ + E_-$$

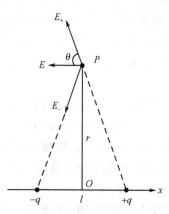

图 4-1-4　电偶极子场强

若以两电荷连线的中点 O 为原点取直角坐标系，则由对称性可知，E_+ 和 E_- 的 x 分量大小相等，方向一致，都沿 x 轴的负方向；而它们的 y 分量大小相等，方向相反，互相抵消。因而总场强 E 的 x 分量和 y 分量分别为

$$E_x = E_{+x} + E_{-x} = 2E_{+x} = 2E_+\cos\theta$$
$$E_y = E_{+y} + E_{-y} = 0$$

由图可见

$$\cos\theta = \frac{l/2}{(r^2+l^2/4)^{1/2}}$$

因此场强 E 的大小为

$$E = |E_x| = 2E_+\cos\theta = k\frac{ql}{(r^2+l^2/4)^{3/2}}$$

E 沿 x 轴的负方向。

当 $r \gg l$ 时，这样一对点电荷所构成的体系叫做电偶极子。从 $-q$ 引到 $+q$ 的径矢 l 叫做电偶极子的轴，乘积 ql 叫做电偶极矩，用 p 表示。由于 $r \gg l$，所以 $\left(r^2+\frac{l^2}{4}\right)^{\frac{3}{2}} \approx r^3$，这样，电偶极子中垂线上任一点的场强就是 $E = k\dfrac{p}{r^3}$。

三、点电荷的电势

前面我们从电场力的角度来研究了电场的性质，当电荷在电场中移动时，电场力就会对它做功，下面我们再从能量的角度来讨论电场的特点。首先我们从库仑定律和场强叠加原理出发，分析静电场力做功的特点，然后在此基础上引入描述静电场的另一个基本的物理量——电势。

1. 静电场力的功与路径无关

（1）单个点电荷的电场。如图 4-1-5 所示，静止的点电荷 q 位于 O 点。设想在 q 的电场中，把一个试探电荷 q_0 由 a 点沿任意路径移到 b 点，现在来计算电场力对 q 所做的功。

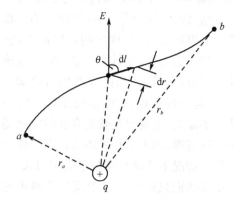

图 4-1-5　点电荷电场中静电场力的功

在 q_0 的一段元位移 dl 上，电场力所做的元功为

$$dA = \boldsymbol{F} \cdot d\boldsymbol{l} = F\cos\theta dl = Fdr = Eq_0 dr$$
$$= q_0\frac{1}{4\pi\varepsilon_0}\frac{q}{r^2}dr$$

在整个路径上的总功为

$$A_{ab} = \int_a^b dA = \frac{q_0 q}{4\pi\varepsilon_0}\int_{r_a}^{r_b}\frac{1}{r^2}dr = \frac{q_0 q}{4\pi\varepsilon_0}\left[-\frac{1}{r}\right]\Big|_{r_a}^{r_b}$$
$$= \frac{q_0 q}{4\pi\varepsilon_0}\left(\frac{1}{r_a}-\frac{1}{r_b}\right)$$

可见，电场力对移动电荷所做的功与路径无关，只与起点与终点的位置有关，并与移动电荷量 q_0 成正比。

（2）推广到任意带电体系的电场。由于任意带电体系都可以看作点电荷系，所以我们来研究点电荷系的电场。设有一组静止的点电荷 $q_1, q_2, \cdots, q_n$，在它们的电场中，将试探电荷 q_0 由 a 点沿任意路径移动到 b 点，如图 4-1-6 所示。

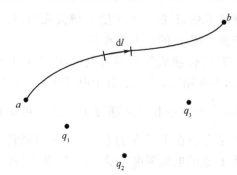

图 4-1-6　点电荷系的电场中静电场力的功

则在此过程中静电场力所做的功为

$$A_{ab} = \int_a^b \boldsymbol{F} \cdot \mathrm{d}\boldsymbol{l} = \int_a^b q_0 \boldsymbol{E} \cdot \mathrm{d}\boldsymbol{l}$$

据场强叠加原理,以 $\boldsymbol{E}_1, \boldsymbol{E}_2, \cdots, \boldsymbol{E}_n$ 表示 $q_1, q_2, \cdots, q_n$ 单独存在时电场的场强,则有

$$\boldsymbol{E} = \boldsymbol{E}_1 + \boldsymbol{E}_2 + \cdots + \boldsymbol{E}_n$$

所以有

$$\begin{aligned}
A_{ab} &= q_0 \int_a^b \boldsymbol{E} \cdot \mathrm{d}\boldsymbol{l} \\
&= q_0 \int_a^b \boldsymbol{E}_1 \cdot \mathrm{d}\boldsymbol{l} + q_0 \int_a^b \boldsymbol{E}_2 \cdot \mathrm{d}\boldsymbol{l} + \cdots \\
&\quad + q_0 \int_a^b \boldsymbol{E}_n \cdot \mathrm{d}\boldsymbol{l}
\end{aligned}$$

右方各项是各个点电荷单独存在时电场力对 q_0 所做的功,它们都与路径无关,所以总电场力所做的功也与路径无关。

结论:试探电荷在任意静电场中移动时,电场力所做的功只与起点和终点的位置有关,与路径无关;与移动电荷的带电荷量成正比。可见,静电力场与重力场一样是保守力场。

2. 点电荷的电势　既然静电力场是保守力场,我们就可以像在重力场中引入重力势能概念一样,在静电场中引入电势能的概念。

设在静电场中,将试探电荷 q_0 沿任意路径从 a 点移动到 b 点,静电场力所做的功为 A_{ab},则定义:静电势能的减少量等于静电场力所做的功,即

$$W_{ab} = A_{ab} = q_0 \int_a^b \boldsymbol{E} \cdot \mathrm{d}\boldsymbol{l}$$

可以看出,电势能差 W_{ab} 与 q_0 成正比,它反映电场在 a、b 两点的性质。根据这一事实,可定义静电场中 a、b 两点的电势差为

$$U_{ab} = \frac{W_{ab}}{q_0} = \int_a^b \boldsymbol{E} \cdot \mathrm{d}\boldsymbol{l} \quad (4.1.4)$$

即静电场中任意两点 a、b 间的电势差,等于把单位正电荷从 a 点沿任意路径移动到 b 点时,电场力所做的功。

> **链接**
>
> 电势差总是对电场中两点而言的,这正像高度差只对重力场中两点才有意义。不过,在日常生活中,我们除了说某两点的高度差是多少之外,也还常说某处的高度是多少。例如,"珠穆朗玛峰高 8844m"。在这样说的时候,实际上已选定了某一参考平面作为计算高度差的起点。例如,山高是从海平面算起的,塔高是从地平面算起的。总之,平时所说的高度,实际上仍是指某处与参考平面的高度差。

在讨论电势差时,通常我们也是选定电场中某一点作为计算电势差的参考点,规定参考点的电势为零,然后把场中任一点与参考点之间的电势差定为任一点的电势,在理论计算中,当带电体局限在有限空间时,通常规定无穷远处的电势为零,并选为计算电势的参考点。这样,静电场中任一点 a 的电势就定义为

$$U_a = U_{a\infty} = \int_a^\infty \boldsymbol{E} \cdot \mathrm{d}\boldsymbol{l} \quad (4.1.5)$$

即静电场中任一点的电势,等于把单位正电荷从该点沿任意路径移到无穷远处时电场力所做的功。另外,静电场中任一点的电势也就等于单位正电荷在该点的电势能。

从电势的定义式(4.1.4)可以看出,电势是标量,其单位是 $\mathrm{J \cdot C^{-1}}$(焦/库),它有个专门名称,叫做伏特,简称伏,用 V 表示,即

$$1 \mathrm{J \cdot C^{-1}} = 1 \mathrm{V}$$

在实用中,常取大地的电势为零。这样,任何导体接地后,就认为它的电势也为零。在电子仪器中,常取机壳或公共地线的电势为零,各点的电势值就等于它们与机壳或公共地线之间的电势差。只要测出这些电势差的数值,就很容易判断仪器工作是否正常。改变参考点,各点电势的数值将随着改变,但两点之间的电势差与参考点的选择无关。

> **链接**
>
> 电势只有相对的意义,重要的是电势差,选择无穷远处的电势为零,只是人为约定的。这样做的理由是,我们在实际中遇到的问题大都局限在有限空间内,带电荷量也是有限值,而一般带电体系的场强都随距离的一定的方次衰减。所以,给定了仪器的测量精度之后,总可以在较远的地方找到一点 $E=0$,由此往更远处,无电势差,是等电势区。因此,很自然地选等电势区为参考点。

现在我们根据电势的定义来计算由一个点电荷产生的电场电势,如图 4-1-7 所示。

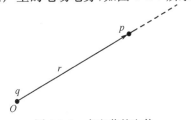

图 4-1-7　点电荷的电势

假定单位正电荷在点电荷 q 的电场中由 a 点移到无穷远处,则电场力在这一过程中所做的功是

$$A_{a\infty}=kq\left(\frac{1}{r_a}-\frac{1}{\infty}\right)=\frac{kq}{r_a}$$

按照定义,这也就是 a 点的电势。可见,点电荷电场中任一点的电势 U 可以表示为

$$U=\frac{kq}{r}$$

式中: r 是该点到场源电荷 q 的距离。

一般说来,静电场中每一点都有各自的电势值,但总有一些点的电势值彼此相等,电场中电势相等的点所构成的面,叫做等势面。

以点电荷的电场为例,由点电荷电场的电势公式可知,在点电荷的电场中,凡是到场源的距离 r 相等的点,都具有相同的电势值,所以等势面就是一个个以场源为中心的球面,不同的球面对应于不同的电势值。由上式可见,若 $q>0$,则半径越小的等势面,电势值越高。

3. 电势叠加原理 如图 4-1-8 所示,设空间有一组点电荷 $q_1,q_2,\cdots,q_n$,那么如何来计算电场中某一点 P 处的电势呢?

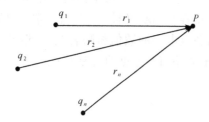

图 4-1-8 点电荷系的电势

根据电势的定义式(4.1.5), P 点的电势为

$$U_P=\int_P^\infty \boldsymbol{E}\cdot\mathrm{d}\boldsymbol{l}$$

式中 E 是点电荷系电场的场强。由场强叠加原理,有

$$\boldsymbol{E}=\boldsymbol{E}_1+\boldsymbol{E}_2+\cdots+\boldsymbol{E}_n$$

所以

$$\begin{aligned}U_P&=\int_P^\infty \boldsymbol{E}\cdot\mathrm{d}\boldsymbol{l}\\&=\int_P^\infty \boldsymbol{E}_1\cdot\mathrm{d}\boldsymbol{l}+\int_P^\infty \boldsymbol{E}_2\cdot\mathrm{d}\boldsymbol{l}+\cdots\\&\quad+\int_P^\infty \boldsymbol{E_n}\cdot\mathrm{d}\boldsymbol{l}\\&=U_{P_1}+U_{P_2}+\cdots+U_{P_n}\end{aligned}$$

式中

$$U_{P_1}=\int_P^\infty \boldsymbol{E}_1\cdot\mathrm{d}\boldsymbol{l}=k\frac{q_1}{r_1}$$

$$U_{P_2}=\int_P^\infty \boldsymbol{E}_2\cdot\mathrm{d}\boldsymbol{l}=k\frac{q_2}{r_2}$$

$$U_{P_n}=\int_P^\infty \boldsymbol{E}_n\cdot\mathrm{d}\boldsymbol{l}=k\frac{q_n}{r_n}$$

它们分别是 $q_1,q_2,\cdots,q_n$ 单独存在时 P 点的电势。上式表明:点电荷系所产生的电场中某一点的电势,等于与各个点电荷单独存在时在该点电势的代数和。这个结论就是电势叠加原理。

注意电势是一个标量。这一点与电场力及场强的叠加不同。

由上可见,当电荷分布已知时,可以用两种不同的方法计算电势。一种是先确定场强分布,然后根据电势的定义,用场强的线积分计算电势。另外也可以用点电荷的电势公式和电势叠加原理计算电势。

例 4-1-4 如图 4-1-9 所示,四个点电荷 $q_1=q_2=q_3=q_4=4.0\times10^{-9}$ C,分别放在一正方形的四个顶角上,各顶角到正方形中心 O 的距离为 $r=5.0$ cm,求:

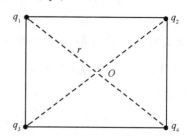

图 4-1-9 四个电荷电势的计算

(1) O 点的电势 U_O;

(2) 把试探电荷 $q_0=1.0\times10^{-9}$ C 从无穷远处移到 O 点,电场力所做的功。

解: (1) 点电荷 q_1 单独存在时, O 点的电势为

$$U_1=k\frac{q_1}{r}$$

根据电势叠加原理,四个点电荷同时存在时, O 点的电势为

$$\begin{aligned}U_O&=4U_1=4k\frac{q_1}{r}\\&=4\times9.0\times10^9\times\frac{4.0\times10^{-9}}{5.0\times10^{-2}}\\&=2.9\times10^3(\mathrm{V})\end{aligned}$$

(2) 根据电势差的定义式,在计算 U_O 时,将无穷远处取作电势零点,所以

$$A_{\infty O} = q_0(U_\infty - U_O)$$
$$= 1.0 \times 10^{-9} \times (0 - 2.9 \times 10^3)$$
$$= -2.9 \times 10^{-6}(J)$$

结果发现,电场力做负功,说明实际上需要外力克服电场力做功。

第2节 电偶极子和电偶层

因为原子、分子甚至心肌细胞等的电性质都可以等效为电偶极子,而电偶极子电场的电势分布是理解心电波形形成的不可缺少的物理基础。因此本节我们就来讨论对于人体生物电有着重要意义的这种典型电场——电偶极子的电场。

一、电偶极子的电矩

根据上节中的例题,我们可以知道:两个等量异号点电荷$+q$和$-q$相距很近时所组成的电荷系统称为电偶极子,如图4-2-1(a)所示。所谓"相距很近"是指这两个点电荷之间的距离比起要研究的场点到它们的距离是足够小的。从电偶极子的负电荷到正电荷作一矢径l,称为电偶极子的轴线。我们将电偶极子中的一个电荷的电量q与轴线的长度l的乘积定义为电偶极子的电偶极矩,简称为电矩。记作:

$$P = ql$$

P是矢量,其方向和矢径l的方向相同,是表征电偶极子整体电性质的重要物理量。

二、电偶极子的电势

为讨论电偶极子电场的电势分布,设电场中任一点M到$+q$和$-q$的距离分别是r_1和r_2,如图4-2-1(b)所示。

应用点电荷电场的电势公式,可以知道电偶极子在M点产生的电势分别是:

$$U_1 = \frac{kq}{r_1} \quad U_2 = \frac{kq}{r_2}$$

根据电势的叠加原理,M点的电势应是

$$U = U_1 + U_2 = kq\left(\frac{1}{r_1} - \frac{1}{r_2}\right) = kq\frac{r_2 - r_1}{r_1 r_2}$$

$$(4.2.1)$$

设r为点M到电偶极子轴线中心的距离,考虑到r_1、r_2和r都比电偶极子轴线长得多,故r_1、r_2和r各线与轴线l间的夹角可视

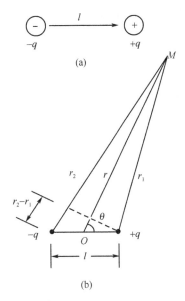

(a)

(b)

图4-2-1 电偶极子电场中的电势

为相等,均为θ角,因此可近似地认为

$$r_1 \cdot r_2 \approx r^2$$
$$r_2 - r_1 \approx l\cos\theta$$

将上述的近似关系式代入式(4.2.1),得

$$U = kq\frac{l\cos\theta}{r^2} = k\frac{P\cos\theta}{r^2} \quad (4.2.2)$$

式中的$P = ql$为电偶极矩,由此式可知,电偶极子电场的电势与电矩P成正比,与该点到电偶极子轴线中心的距离r的平方成反比,还与该点所处的方位有关。

当r和θ为定值时,电势的值只依赖于电偶极子的整体电特性P,即q与轴线l的乘积。当r为定值时,由式(4.2.2)可知,在电矩延长线上的电势最大,即

$$U = k\frac{P}{r^2}$$

在逆着电矩的方向的延长线上的电势最小,即

$$U = -k\frac{P}{r^2}$$

在电偶极子中垂线上的电势为零。

进一步分析还表明,处在电偶极子轴线的中垂面上各点的电势均为零,零势面将整个电场分为正负两个对称的区域,正电荷所在的区域电势为正,负电荷所在的区域电势为负。这种分布特点在实践中是很有用的。

三、电偶层的电势

在生物体中,电偶层是经常遇到的一种电荷

分布。所谓电偶层是指相距很近,互相平行且有等值异号的电荷面密度的两个带电体系构成的带电系统。计算电偶层电场中各点的电势时,可将电偶层看成由许多平行排列的电偶极子所组成。如图4-2-2所示是一电偶层的示意图。

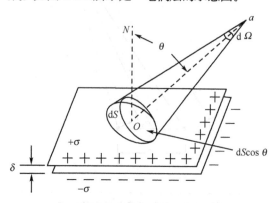

图 4-2-2　电偶层示意图

设两面间的距离为 δ,两带电面的电荷面密度分别为 $+\sigma$,$-\sigma$。在电偶层上取面积元 dS,该面元上的电量为 σdS。由于 dS 很小,该电偶层可看做是电偶极子,其电矩大小为 $\sigma dS \cdot \delta$,电矩方向与面元的法线方向一致。这一电偶极子单独产生的电场在 a 点的电势为

$$dU = k\frac{\sigma \cdot dS \cdot \delta \cos\theta}{r^2}$$

式中 r 为面元至 a 点的距离,θ 为面元法线与 r 间的夹角。令 $\tau = \sigma\delta$ 表示单位面积的电偶极矩,称为层矩,它表征电偶层的特性。$\dfrac{dS \cdot \cos\theta}{r^2}$ 为面元 dS 对 a 点所张立体角 $d\Omega$,则有

$$dU = k\tau d\Omega$$

如果从 a 点看到电偶层元带正电面,则 $d\Omega$ 取正值,相反情形 $d\Omega$ 取负值。整个电偶层在 a 点的电势为

$$U_a = \int_S dU = k\int \tau d\Omega$$

如果整个电偶层上层矩 τ 都相等,则上式可写成

$$U_a = k\tau\int d\Omega$$

式中 Ω 为各面元对 a 点所张立体角的代数和。上式表明:均匀电偶层在某点产生的电势只决定于层矩 τ 与电偶层对该点所张立体角 Ω,与电偶层的形状无关。

四、闭合曲面电偶层

人体中存在着电偶层构成的闭合曲面。如处

在静息状态下的心肌细胞,膜内带负电荷,膜外带正电荷,组成一个闭合的电偶层,如图4-2-3所示。

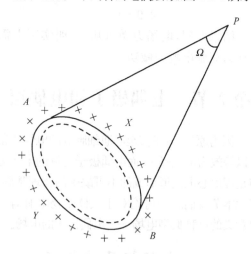

图 4-2-3　闭合曲面电偶层

若将整个闭合曲面分为 AXB 和 AYB 两部分,可见这两部分电偶层极矩方向相反,它们对 P 点所张的立体角相等。因此 AXB 电偶层在 P 点形成正电势。即

$$U_1 = k\tau\Omega$$

而 AYB 电偶层在 P 点形成负电势。即

$$U_2 = -k\tau\Omega$$

所以,P 处的总电势为

$$U = U_1 + U_2 = 0$$

如果由于某种原因,闭合曲面电偶层的电荷分布发生变化,例如,局部电偶层消失或部分电偶极矩方向反转,如除极过程或复极过程中的细胞膜,由外正内负变为外负内正,此时,P 点的电势就不为零了。

第3节　心电知识

一、心　电　场

心脏的跳动是由心壁肌肉有规律收缩产生的,而这种有规律的收缩又是电信号在心肌纤维传播的结果。心肌纤维是由大量心肌细胞组成的,讨论心脏的电学性质就必然要从心肌细胞入手。

心肌细胞与其他可激细胞一样,当处于静息状态时,在其膜的内、外两侧分别均匀聚集着等量的负、正离子,形成一均匀的闭合曲面电偶层。因此,在无刺激时心肌细胞是一个中性的带电体系,对外不显示电性,即外部空间

各点的电势为零。这一状态在医学上称为极化,如图 4-3-1(a)所示。

当心肌细胞受到某种刺激(可以是电的、化学的、机械的等)时,由于细胞膜对离子通透性的改变,致使膜两侧局部电荷的电性改变了符号,膜外带负电,膜内带正电。于是细胞整体的电荷分布不再均匀而对外显示出电性。此时正、负离子的电性可等效为两个位置不重合的点电荷,而整个心肌细胞类似一个电偶极子,形成一个电偶极矩。当某种刺激在细胞中传播时这个电矩是变化的,这个过程称为除极,如图 4-3-1(b)所示。当除极结束时,整个细胞的电荷分布又是均匀的,对外不显电性,如图 4-3-1(c)所示。当除极出现之后,细胞膜对离子的通透性几乎立即恢复原状,即紧随着除极将出现一个使细胞恢复到极化状态的过程,这一过程称为复极。复极的顺序与除极相同,先除极的部位先复极。显然,这一过程中形成一个与除极时方向相反的变化电矩,如图 4-3-1(d)所示。心肌细胞对外也显出电性。当复极结束时,整个细胞恢复到极化状态,又可以接受另一次刺激,如图 4-3-1(e)所示。

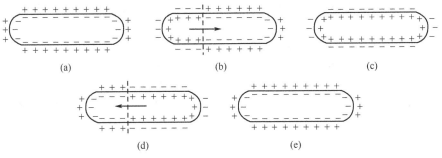

图 4-3-1　心肌细胞的电学模型

从上述内容可以看出,在心肌细胞受到刺激以及其后恢复原状的过程中,将形成一个变化的电偶极矩,在其周围产生电场,并引起空间电势的变化。

二、心电偶的电性质

在某种刺激下,一个心肌细胞会出现除极与复极。同样,对于大量心肌细胞组成的心肌,乃至整个心脏也出现除极与复极。因此,我们在研究心脏电性质时,可将其等效为一个电偶极子,称为心电偶。它在某一时刻的电偶极矩就是所有心肌细胞在该时刻的电偶极矩的矢量和,称为瞬时心电向量。心电偶在空间产生的电场称为心电场。

瞬时心电向量是一个在大小、方向上都随时间做周期性变化的矢量。我们对其箭头的坐标按时间、空间的顺序加以描记、连接成轨迹,则此轨迹称为空间心电向量环。它是瞬时心电向量的箭头随时空变动的三维空间曲线(箭头收在一点),瞬时空间心电向量环在某一平面上的投影称为平面心电向量环,如图 4-3-2 所示。

三、心　电　图

由空间心电向量环可以看到,心脏在空间

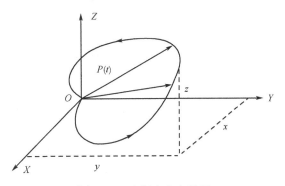

图 4-3-2　空间心电向量环

所建立的电场是随时间作周期性变化的。任一瞬时,在空间两点(如人体表面不同的两点左臂与右臂)的电势差或电压是确定的,且是可测量的。显然,这一测量值是随时间周期性变化的。于是我们可以根据人体表面两点间的电压描绘出一条曲线,这种曲线就称为心电图,如图 4-3-3 所示。

心电图的波形反映心肌传导功能是否正常,广泛用于心脏疾病的诊断。如心电图中可能存在着心肌传导阻滞的异常信号。若正常的窦房结信号没有传递到心室中,那么,来自房室结的冲动将以 30～50 次/s 的频率控制心跳,其值比正常人的心跳频率(70～80 次/s)低得多。由于这类心肌传导阻滞可能使患者半残

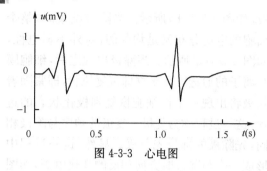

图 4-3-3　心电图

废,埋入一个心脏起搏器,就能使患者维持适当的正常生活。

今天,医生们常用心电图诊断心搏、心房和心室是否正常,以及诊断胸痛是心脏病还是其他疾病所致。对于心脏外科手术后的病人或其他危重病人,常用心电图来监视病情。心动电流描记仪在心脏病的诊断和研究上,担当着十分重要的角色。心电图目前也可以用计算机来进行数据分析。

链接

第一台心动电流描记仪是由奥古斯特斯·华尔在 1887 年发明的。开始的这种仪器只是一台微小的电流表而已,由两个线圈和附有电极的导体组成,可放在身体不同的位置上。其中,一个线圈的一端与充满硫酸的微小玻璃管相接,玻璃管又与水银容器相连,由心脏发出的变化电流,会造成水银与硫酸接触面随心跳而升降。水银的升降便可代表心脏的电流活动。

1903 年,荷兰生理学家爱因索文,用检流计改善了心动电流描记仪,使它具有更好的精确性。以后虽屡经改良,但并无很大变化。心动电流的变化,可用记录仪记录,也可以在阴极射线管的荧光屏上显示出来。这就是人们常说的心电图。

任何带电体都要在其周围激发电场,点电荷激发电场的规律由库仑定律来决定。电场是一种物质,通常用电场强度和电势来描述电场。两个等量异号点电荷相距很近时所组成的电荷系统称为电偶极子。电偶极子的电场和电势可以由库仑定律及电场的叠加原理求得。在医学上,心肌细胞的电性质可等效成电偶极子。相距很近,互相平行且有等值异号电荷面密度的两个带电体构成的带电系统称为电偶层,电偶极子或电偶层电场的电势分布是理解心电图形成的物理基础。

小 结

学习笔记

目标检测

1. 等势面上场强的大小是否相等? 场强大小相等的地方电势是否相等? 举例说明之。

2. 电偶极子周围的电势分布与什么有关? 当电偶极子绕其中心顺时针转动时,对某观察点来说,其电势变化如何? 试用曲线表示出来。

3. 在一个边长为 a 的正三角形的三个顶点有量值相等的电荷 Q,求三角形重心处的场强和电势。①三个顶点都带正电荷。②三个顶点都带负电荷。③两个顶点带正电荷,一个顶点带负电荷。

4. 求均匀带电圆环轴线上任一点的电势。已知圆环的半径为 R,带电总量为 Q。

5. 如题图 4-1 所示,已知 $r=0.06$m,$a=0.08$m,$q_1=+3\times10^{-8}$C,$q_2=-3\times10^{-8}$C,求:

(1) C 点和 D 点的场强和电势。

(2) 将电量为 2×10^{-9}C 的点电荷 q_0 由 A 点移到 B 点,电场力所做的功。

(3) 将 q_0 由 C 点移到 D 点,电场力所做的功。

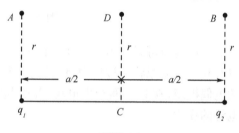

题图 4-1

6. 在边长为 a 的三角形的重心处,有一垂直指向底边的电偶极子 P,求各顶点的电势。

7. 一个电偶极子的电荷相距 $l=0.02$m,$q=1.0\times10^{-6}$C,把它放在 1.0×10^5N/C 的均匀电场中,电偶极矩与电场成 30°角,求外电场作用于电偶极子的力矩。

8. 一平直薄细胞膜两侧分布有正负电荷可视为电偶层,如膜的面电荷密度为 9.0×10^{-5}C/m^2,膜内外电势差为 90mV,膜中的平均场强为 10^7N/C。试计算该电偶层单位面积上的电偶极矩是多少。

(王洪国)

第5章 直 流 电

1. 会叙述基尔霍夫第一定律、第二定律的内容,并能应用基尔霍夫第一定律、第二定律分析电路。
2. 说出什么是 RC 电路,知道 RC 电路充放电过程中电压和电流的变化规律。
3. 理解能斯特方程,能说出静息电势、动作电势的概念。

直流电疗

由于直流电对人体有电泳、电渗、极化以及其他化学、生理等作用(改变体内的 pH,影响蛋白质胶体的通透性),在临床上可直接用直流电治疗疾病,起到镇静、兴奋、调节自主神经、消炎、升高或降低血压等作用。

利用直流电把药物离子经过皮肤直接导入体内的方法,叫做直流离子透热疗法。例如,在阳极把带正电的链霉素离子等直接透入体内;在阴极把带负电的碘离子、青霉素离子等直接透入体内。直流离子透入疗法适于较浅组织的治疗。直流离子透入疗法既有直流电疗的作用,又有药物的作用,其疗效要比单纯的直流电疗好。

电荷在电场力作用于下的定向移动称为电流。电流不仅可以传输能量,还可以传递信息。因此,它不仅与人们的日常生活和现代科技密切相关,而且在生命活动的过程中也起着很重要的作用。

第1节 基尔霍夫定律

在分析简单的电路时,应用欧姆定律就可以解决问题。而在实际应用中,常常会遇到由电阻和电源组成的几个回路构成的复杂电路,解决这些问题仅用欧姆定律是不够的,而应用基尔霍夫定律求解是很方便的。

一、基尔霍夫第一定律

对于一个复杂电路,电路中的每一个分支称为支路。支路可由一个元件或若干个元件组成,特点是各处的电流都相同。当3个或3个以上的分支会合在电路中某一点时,该点就称为电路中的节点。如图 5-1-1 中的 A 和 B 点。电路愈复杂,包含的支路和节点就愈多。电路中任一闭合路径称为回路。

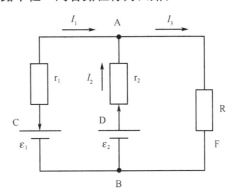

图 5-1-1 支路与节点

基尔霍夫第一定律也称为节点电流定律,它是用来确定电路中任一点处各电流之间关系的定律,是根据电流的连续性原理得到的。对于任一节点来说,任何时刻流入该节点的电流之和等于流出该节点的电流之和。因此,对于图中的节点 A 可以得出:

$$I_1 + I_2 = I_3$$

又可以写成:

$$I_1 + I_2 - I_3 = 0$$

若规定流入节点的电流为正,流出节点的电流为负,则节点处电流的代数和应为零。数学表示式为

$$\sum I_i = 0 \qquad (5.1.1)$$

这就是基尔霍夫第一定律。在实际应用中,各支路中电流方向往往难以确定,因此,在列方程时可以先任意假设电流方向,当计算结果为正时,说明电流的实际方向与假设方向一致;若计算结果为负时,说明电流的实际方向与假设的方向相反。

可以证明:对于有 n 个节点的复杂电路,根据基尔霍夫第一定律列出的方程只有 $(n-1)$ 个方程是独立的。

二、基尔霍夫第二定律

基尔霍夫第二定律又称为回路电压定律，它是用来确定回路中各段电压之间关系的定律。从电路中任一点出发，绕回路一周，回到该点时电势变化为零。用数学表示为

$$\sum \varepsilon_i + \sum I_i R_i = 0 \qquad (5.1.2)$$

这就是基尔霍夫第二定律。即沿闭合回路一周，电势降落的代数和等于零。在应用该定律时，要先假设一个绕行方向，然后再确定各段的电势降落。回路中电阻上电流方向与绕行方向一致时，电势降落为正，电阻上电流方向与绕行方向相反时，电势降落为负。对于电源，沿绕行方向电势是降低的，则其电动势为正，否则取负。以图5-1-1为例，在ACBFA回路中，有：

$$-I_1 r_1 + \varepsilon_1 - I_3 R = 0$$

在ADBCA回路中，则有：

$$-I_2 r_2 + \varepsilon_2 - \varepsilon_1 + I_1 r_1 = 0$$

应用基尔霍夫定律解决问题时，应注意：

（1）如果支路中有 n 个节点，虽然可以列出 n 个方程，但只有 $(n-1)$ 个方程是独立的。

（2）选取闭合回路时，也应注意回路方程的独立性。

（3）列出独立方程的个数应等于未知数的个数，一般先尽量选用节点方程，所缺少的方程个数，再由回路独立方程列出。

例 5-1-1 已知图5-1-1中的 $\varepsilon_1 = 2.15\text{V}$，$\varepsilon_2 = 1.9\text{V}$，$r_1 = 0.1\Omega$，$r_2 = 0.2\Omega$，$R = 2\Omega$，求电路中各支路的电流。

解： 设各支路电流分别为 I_1、I_2 和 I_3，其方向如图5-1-1所示，在节点 B 处，有

$$I_3 = I_1 + I_2$$

节点 A 方程与节点 B 方程完全相同，可见此电路虽有2个节点，但实际上只有一个方程是独立的。对回路 ACBDA，有

$$-I_1 r_1 + \varepsilon_1 - \varepsilon_2 + I_2 r_2 = 0$$

对回路 BCAFB，有

$$-\varepsilon_1 + I_1 r_1 + I_3 R = 0$$

联立以上方程组，将已知的电动势和电阻值代入上列各式，有

$$I_1 + I_2 - I_3 = 0$$

$$0.1I_1 - 0.2I_2 = 0.25$$
$$0.1I_1 + 2I_3 = 2.15$$

解得：

$$I_1 = 1.5\text{A} \quad I_2 = -0.5\text{A} \quad I_3 = 1.0\text{A}$$

I_2 为负值，说明 I_2 的实际流向与图示方向相反，同时也可看出，ε_2 没有为负载提供电流，而处于充电状态。

说明：如果两个电源的电动势不等且两者并联使用时，两个电源并不一定都同时向负载供电，而是有可能一个电源输出电功率，另一个则吸收功率，即处于被充电状态。显然，在实际应用中，这是应该注意的问题。

例 5-1-2 如图5-1-2所示的电路称为电桥电路。R_1、R_2、R_3、R_4 为桥臂电阻，R_g 为电流计 G 内电阻，设电源电动势为已知，其内阻忽略不计，求通过电流计的电流强度 I_g 与各臂上电阻的关系。

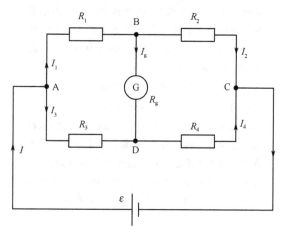

图 5-1-2　电桥电路

解： 假定各支路的电流方向如图所示，对于节点 A、B、C、D 分别列出独立的节点方程，有

$$I - I_1 - I_3 = 0$$

$$I_2 + I_4 - I = 0$$

$$I_1 - I_g - I_2 = 0$$

对于回路 ABDA、CBDC、ABCεA 分别列出独立的回路方程，有

$$I_1 R_1 + I_g R_g - I_3 R_3 = 0$$

$$I_2 R_2 - I_4 R_4 - I_g I_g = 0$$

$$I_1 R_1 + I_2 R_2 - \varepsilon = 0$$

解以上联立方程组，得

$$I_g = \frac{(R_2 R_3 - R_1 R_4)\varepsilon}{R_1 R_4 (R_2 + R_3) + R_2 R_3 (R_1 + R_4) + R_g (R_1 + R_3)(R_2 + R_4)}$$

上式中分母为正,若分子为零,即 $R_2R_3=R_1R_4$ 或 $\dfrac{R_1}{R_2}=\dfrac{R_3}{R_4}$ 时,$I_g=0$,电桥电路 B、D 两点电势相等,故 R_1、R_2、R_3、R_4 成比例是电桥平衡的条件。

如果桥臂中的 3 个电阻为已知,另 1 个为未知的待测电阻,可以利用电桥平衡条件求得该待测电阻的阻值。这种电路常用于测量仪器中。

第 2 节　RC 电路的充放电过程

稳态过程与暂态过程的转换是由电容器的充、放电来完成的,主要是利用电容器储存电荷的本领。本节我们将来研究电容器充、放电过程中电压与电流的变化规律及影响电容器充、放电速度的电路参数。

链接

电容器是一种储存电荷的装置,也是一个储存电能的装置。它通常由两个相互接近又彼此隔离的导体构成。当电容器的两极板与电源正负极相连时,则有充电电流出现。随着极板上的电荷不断增加,极板间的电势差不断增高,充电电流将逐渐减小。当电容器极板间的电势差提高到和电源电动势相等时,电流趋于零。可见,在电容器充放电过程中电流是变化的,通常人们把电容器的充放电过程称为 RC 电路的暂态过程。

一、RC 电路的充电过程

仅由电阻 R 和电容 C 组成的电路称为 RC 电路,它是最常见的脉冲电路。如图 5-2-1 所示为电容器的充、放电电路。当开关 K 扳向 1 时,电动势为 ε 的电源就通过电阻 R 向电容 C 充电,电路中的充电电流为 i_C。当开关 K 接通 1 的瞬间,由于电容器 C 上的电荷尚未积累,因此,电容器两端的电压 u_C 等于零。这时电路中的电流

$$i_C=\frac{(\varepsilon-u_C)}{R}=\frac{\varepsilon}{R}$$

即在这一瞬时电路中的充电电流 i_C 随 u_C 的增大而减小。当 $u_C=\varepsilon$ 时,$i_C=0$,充电过程结束。可见在充电过程中,充电电流由开始的

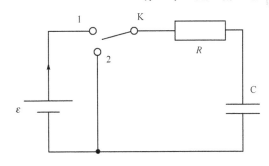

图 5-2-1　电容器充、放电电路

最大值 $\dfrac{\varepsilon}{R}$ 逐渐降到零。而电容器两端的电压 u_C 则由开始时的零上升到最大值 ε。

在充电过程中,由基尔霍夫定律可知:

$$\varepsilon=i_CR+u_C$$

而且 $i_C=\dfrac{dq}{dt}=C\dfrac{du_C}{dt}$,代入上式,得:

$$\varepsilon=RC\frac{du_C}{dt}+u_C$$

上式为充电过程中电容器两端电压所满足的微分方程式,这个方程的解为

$$u_C=\varepsilon+Ae^{-\frac{t}{RC}}$$

式中常数 A 由初始条件确定,当 $t=0,u_C=0$ 时,代入上式有:

$$A=-\varepsilon$$

所以

$$u_C=\varepsilon-\varepsilon e^{-\frac{t}{RC}}$$
$$=\varepsilon(1-e^{-\frac{t}{RC}}) \qquad (5.2.1)$$

由此可知在充电过程中,电容器 C 两端的电压 u_C 是按指数规律上升的,如图 5-2-2 所示。

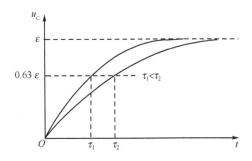

图 5-2-2　充电时电容器两端电压-时间关系曲线

而充电电流为

$$i_C=\frac{(\varepsilon-u_C)}{R}=\frac{\varepsilon}{R}e^{-\frac{t}{RC}} \qquad (5.2.2)$$

上式说明,充电电流 i_C 是按指数规律下降的,如图 5-2-3 所示。

学习笔记

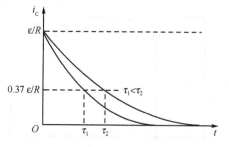

图 5-2-3　电容器充电时充电电流随时间的变化规律

从上面的分析可以看出，电容器充电的快慢与 R、C 的大小有关，我们把 R 和 C 的乘积称为电路的时间常数，用 τ 来表示，$\tau = RC$，其单位为秒(s)。可以用 τ 来表示充电的快慢，τ 越大，表示充电越慢；反之，充电越快。当 $t = RC = \tau$ 时，有

$$u = \varepsilon(1-e^{-1}) = 0.63\varepsilon$$

$$i = \frac{\varepsilon}{R}e^{-1} = 0.37\frac{\varepsilon}{R}$$

因此，时间常数 τ 的物理意义就是，当 RC 电路充电时电容器上的电压从零上升到 ε 的 63% 所经历的时间。

从公式可知，$t = \infty$ 时，$u_C = \varepsilon$，表明只有充电时间足够长时，电容器两端电压 u_C 才能与电源电动势 ε 相等。但实际上，$t = 3\tau$ 时，$u_C = 0.95\varepsilon$，当 $t = 5\tau$ 时，$u_C = 0.993\varepsilon$，这时，u_C 与 ε 已基本接近，因此，一般经过 $3\tau \sim 5\tau$ 的时间，充电过程就已基本结束。电容器充电结束后，$i_C = 0$，相当于开路，这就是我们通常所说的电容器有隔直作用状态。

二、RC 电路的放电过程

在图 5-2-1 所示的电路中，如果把开关 K 与 2 接通，电容器 C 将通过电阻 R 放电。开始的瞬间，由于 $u_C = \varepsilon$，所以电路中有最大的放电电流，其方向与充电电流相反。其后的放电过程中电容器两端电压 u_C、放电电流 i_C 都随着减小，直至 $u_C = 0$，$i_C = 0$ 时，放电结束，这一过程称为放电过程。

在放电过程中，由基尔霍夫定律可知

$$u_C = i_C R$$

由于电容器放电过程电荷逐渐减少，故电荷变化率为负，因此有

$$i_C = -\frac{dq}{dt} = -C\frac{du_C}{dt}$$

代入上式得

$$\frac{du_C}{dt} + \frac{u_C}{RC} = 0$$

这个一阶微分方程的解是

$$u_C = Ae^{-\frac{t}{RC}}$$

将初始条件 $t = 0$，$u_C = \varepsilon$ 代入上式，可得 $A = \varepsilon$，则上式变为

$$u_C = \varepsilon e^{-\frac{t}{RC}} \tag{5.2.3}$$

而放电电流为

$$i_C = \frac{u_C}{R} = \frac{\varepsilon}{R}e^{-\frac{t}{RC}} \tag{5.2.4}$$

由式(5.2.3)和式(5.2.4)可知，在 RC 电路放电的过程中，u_C、i_C 衰减的快慢同样取决于时间常数 τ，τ 越大，衰减越慢，如图 5-2-4 所示。

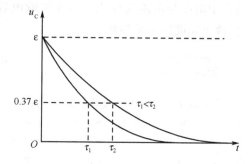

图 5-2-4　电容器放电时电压与时间的关系曲线

当 $t = \tau$ 时，$u_C = 0.37\varepsilon$，从理论上看，只有 $t = \infty$ 时，$u_C = 0$ 放电才结束，但在实际中，当放电时间经过 $3\tau \sim 5\tau$ 时，便可以认为放电基本结束。

从上面分析可知，在充电或放电过程中，电容器上的电压都不能突变，只能逐渐变化。这就是 RC 电路暂态过程的特性，这一特性在电子技术中有着广泛的应用。除此，在研究生命现象时经常用到 RC 电路，例如，细胞膜的电特性以及神经传导也常被模拟为 RC 电路。

第 3 节　生物膜电势

前面已讨论过的一些电学的基本概念，如电势、电阻、电容和电路的基本规律，也同样可以应用于生物体上来解释一些生命过程。

一、能斯特方程

大多数动物以及人体的神经和肌肉细胞在不受外界干扰时，由于细胞膜内、外液体的离子浓度不同，细胞膜对不同种类离子的通透性不

一样,因此在细胞膜内、外之间存在着电势差。

为说明这一问题,我们首先考虑一种简单的情况,如图 5-3-1 所示,两种不同浓度的 KCl 溶液,由一个半透膜隔开,设半透膜只允许 K^+ 通过而不允许 Cl^- 通过。由于浓度不同,K^+ 从浓度大的 C_1 一侧向浓度小的 C_2 一侧扩散,结

果使右侧正电荷逐渐增加,左侧出现过剩的负电荷。这些电荷在膜的两侧聚集起来,产生一个阻碍离子继续扩散的电场,最后达到平衡时,膜的两侧具有一定的电势差 ε。对于稀溶液,ε 的值可由玻耳兹曼能量分布定律来计算。这一定律指出,在温度相同的条件下,势能为 E_p

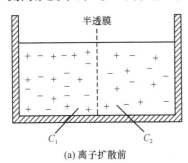
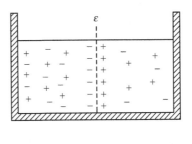

(a) 离子扩散前   (b) 动态平衡

图 5-3-1 离子通过半透膜的扩散

粒子的平均密度 n 与 E_p 有如下关系:

$$n = n_0 e^{-\frac{E_p}{kT}}$$

式中 n_0 是势能为零处的分子数密度,k 为玻耳兹曼常数。设在平衡状态下,半透膜左、右两侧离子密度分别为 n_1、n_2,电势为 U_1、U_2,离子价数为 Z,电子电量为 e,则两侧离子的电势能分别为

$$E_{p1} = ZeU_1$$
$$E_{p2} = ZeU_2$$

则

$$n_1 = n_0 e^{-\frac{ZeU_1}{kT}}$$
$$n_2 = n_0 e^{-\frac{ZeU_2}{kT}}$$
$$\frac{n_1}{n_2} = e^{\frac{Ze(U_2 - U_1)}{kT}}$$

取对数:

$$\ln \frac{n_1}{n_2} = \frac{Ze}{kT}(U_2 - U_1)$$

因为膜两侧浓度 C_1、C_2 与离子密度成正比

$$\frac{C_1}{C_2} = \frac{n_1}{n_2}$$

于是,下式成立:

$$U_2 - U_1 = \frac{kT}{Ze} \ln \frac{C_1}{C_2}$$

改为常用对数有

$$\varepsilon = 2.3 \frac{kT}{Ze} \lg \frac{C_1}{C_2} \qquad (5.3.1)$$

上式是建立在正离子通透的情况下取正号,若负离子通透则取负号。两式综合考虑,则有

$$\varepsilon = \pm 2.3 \frac{kT}{Ze} \lg \frac{C_1}{C_2} \qquad (5.3.2)$$

这就是能斯特方程式,它给出了透膜扩散平衡时,膜两侧的离子浓度 C_1、C_2 与电势差 ε 的关系,因此,ε 称为能斯特电势,在生理学上称为跨膜电势。

二、静 息 电 势

大量的实验告诉我们,细胞膜也是一个半透膜。在膜的内、外存在着多种离子,其中主要是 K^+、Na^+、Cl^- 和蛋白质离子,当细胞处于静息状态,即平衡状态时,这些离子的浓度如图 5-3-2 所示。

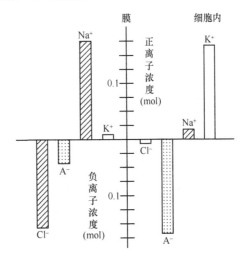

图 5-3-2 静息状态时膜内外离子浓度

K^+、Na^+、Cl^- 都可以在不同程度上透过细胞膜,而其他离子,如磷酸根、碳酸根及一些

较大的有机离子,则不能透过。因此那些能透过细胞膜的离子才能形成跨膜电势,这时的电势就是静息电势。

这些离子浓度的代表值大体见表5-3-1。

表5-3-1　人体细胞膜内外离子浓度值

离子	细胞内浓度 C_1 (mol·m^{-3})	细胞外浓度 C_2 (mol·m^{-3})	C_1/C_2	ε(mV)
Na$^+$	10	142	0.07	+71
K$^+$	141	5	28.2	−89
Cl$^-$	45	100	0.04	−85
A(其他)	147	47		

现在我们根据上表所列的离子浓度来计算一下在平衡状态下的跨膜电势。

因为人体的温度为 $T=273+37=310$K,玻尔兹曼常数 $k=1.38\times10^{-23}$ J/K,电子电量 $e=1.60\times10^{-19}$ C,Na$^+$、K$^+$、Cl$^-$ 的 Z 分别为 +1、+1 和 −1。代入能斯特方程,有

$$\varepsilon=U_1-U_2=-\frac{2.3\times1.38\times10^{-23}\times310}{1.60\times10^{-19}}\lg\frac{C_1}{C_2}$$
$$=-61.5\lg\frac{C_1}{C_2}\text{(mV)}$$

上式适用于正离子。对负离子,式中的"−"号,应改为"+"号,把表中数据代入后得:

$$\varepsilon=-61.5\lg\frac{C_1}{C_2}$$

对 Na$^+$　$\varepsilon=-61.5\lg\frac{10}{142}=+71$(mV)

对 K$^+$　$\varepsilon=-61.5\lg\frac{141}{5}=-89$(mV)

对 Cl$^-$　$\varepsilon=-61.5\lg\frac{4}{100}=-86$(mV)

把以上结果与实验测量值得到的神经静息电势 −86mV 相比较,可以发现,Cl$^-$ 正好处于平衡状态,即通过细胞膜扩散出入的 Cl$^-$ 数目保持平衡。对于 K$^+$ 来说,两结果相差不大,说明仍有少量 K$^+$ 由膜内向膜外扩散。而对于 Na$^+$ 来说却相差很远。这是因为在静息状态下细胞膜对 Na$^+$ 的通透性很小,仅有少量 Na$^+$ 可以由浓度高的膜外扩散到膜内。为了说明在静息状态下离子的浓度保持不变,必须认为存在着某种机制把走到膜外的 K$^+$ 和进入细胞的 Na$^+$ 送回原处。我们把这种机制称为钾泵(K$^+$ pump)和钠泵(Na$^+$ pump)。"泵"的意思是强调这不是一种被动的扩散

过程而是一种需要代谢能量的主动机制。图5-3-3示意地说明细胞内外的离子浓度是如何保持平衡的。

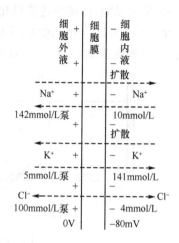

图5-3-3　细胞内外离子的平衡

三、动 作 电 势

如前所述,当神经或肌肉细胞处于静息状态时,膜外带正电,膜内带负电,这种状态又称为极化。但是当细胞受到外来的刺激时,不管刺激的性质是电的、化学的、热的或机械的,只要达到一定的强度,受到刺激处的细胞对 Na$^+$ 的通透性会突然变大(比原来的通透性要大1000倍以上)。大量 Na$^+$ 在电场和浓度梯度的双重影响下涌入细胞内部,使膜内的电势迅速提高,膜电势由原来的−86mV突然增加到+60mV左右。在此同时,膜内外的局部电荷也改变了符号,膜外的局部也改变了符号,膜外带负电,膜内带正电。这一过程叫做除极。

在除极出现后,细胞膜对 Na$^+$ 的通透性几乎立即就恢复原状,同时 K$^+$ 的通透性又突然提高。结果是大量 K$^+$ 由细胞膜内向膜外扩散,使膜电势又由正值迅速下降到负值,并达到稍低于静息电势的值才停止(图5-3-4)。这一过程称为复极。以后由于钠泵的作用,膜电势又逐渐恢复到原来的静息电势的值。整个电势波动过程只需要 10ms 左右。我们把这样的电势波动叫做动作电势。在细胞恢复到静息状态以后,它又可以接受另一次刺激,产生另一个动作电势。在不断的强刺激下,一秒钟内可以产生几百个动作电势。

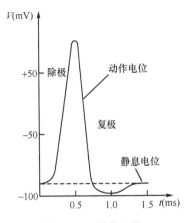

图 5-3-4 动作电势

基尔霍夫第一定律和基尔霍夫第二定律是解决复杂电路系统的基础定律。在研究生命现象时，经常用到 RC 电路。在生物细胞内外，由于细胞膜对不同离子的通透性不一样，造成在细胞膜内外之间存在着电势差，即跨膜电势，跨膜电势的规律满足能斯特方程。

1. 如何理解基尔霍夫定律？总结应用此定律解题的方法。
2. 电路如题图 5-1 所示，其中 b 点接地，$R_1 = 10.0\Omega$，$R_2 = 2.5\Omega$，$R_3 = 1.0\Omega$，$R_4 = 1.0\Omega$，$\varepsilon_1 = 6.0V$，$r_1 = 0.4\Omega$，$\varepsilon_2 = 8.0V$，$r_2 = 0.6\Omega$，求：
   (1) 通过各电阻的电流；
   (2) 每个电池的端电压；
   (3) a、d 两点间的电势差；
   (4) b、c 两点间的电势差；
   (5) a、b、c、d 各点的电势。

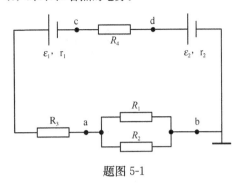

题图 5-1

3. 电路如题图 5-2 所示。问：
   (1) 当 K 键按下时（$t = 0$），电源 ε 输出的电流是多少？
   (2) K 键长时间接通后，电流又是多少？
   (3) 求出在 K 键接通后通过电源的电流与时间的关系式。

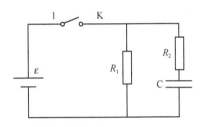

题图 5-2

4. 在温度为 37℃时，带正电荷的离子在细胞膜内外的浓度分别为 10mol/m^3 和 160mol/m^3，求平衡状态下的跨膜电势。

（王洪国）

第6章 电磁现象

学习目标

1. 能说出磁感应强度的概念,磁场对载流导线的作用。

2. 能说出动生电动势和感生电动势的概念。

3. 知道毕奥-萨伐尔定律,磁场中的高斯定理和安培环路定律。

4. 记住电磁感应定律。

5. 知道磁场的生物效应,电磁波及电磁波对生物体的作用。

磁 疗

人体细胞是具有一定磁性的微型体。近年来,磁的生物效应愈来愈引起人们的注意。磁场对人体的神经、血细胞、血脂等都有一定的影响。磁场能增强白细胞吞噬细菌的能力;可提高机体免疫功能,使肌体对疾病的抵抗力增强;有扩张毛细管调节循环的作用;能增强内分泌腺的功能。现代科学技术可以确定,外加磁场对细胞,主要是细胞类脂液晶层的影响及细胞间协调关系的整合作用,是磁场可以治病、健身的主要原因。

1820年,丹麦物理学家奥斯特发现了电流能够产生磁场——电流的磁效应,揭示了电和磁之间存在着联系,受这一发现的启发,人们开始考虑这样一个问题:既然电流能够产生磁场,反过来,利用磁场是不是能够产生电流呢?不少科学家进行了这方面的探索,英国科学家法拉第坚信电与磁有密切的联系,经过10年坚持不懈的努力,于1831年终于取得了重大的突破,发现了利用磁场产生电流的现象——电磁感应现象。

20世纪初,随着科学技术的进步和原子结构理论的建立和发展,人们认识到磁场也是物质存在的一种形式,它具有能量,在空间也有一定的分布。磁现象起源于电荷的运动,磁力就是运动电荷之间的一种相互作用力。磁现象和电现象之间有着密切的联系。

本章首先介绍有关磁场、磁感应强度的基本概念,然后介绍磁场对运动电荷和电流的作用、电磁感应现象及其规律,最后简单介绍磁场的生物效应及电磁波的有关知识。

第1节 磁感应强度

一、磁感应强度

1. **磁场** 在静电学中,电荷之间相互作用的静电力是通过电场来传递的。与此类似,磁铁与磁铁之间相互作用的磁力也是通过一种特殊物质来传递的。这种在磁体周围空间存在的特殊物质,称为磁场。

磁场和电场一样是客观存在的。磁场有两个基本特性:一是磁场对位于磁场中的磁体、运动电荷或载流导线有磁力的作用;二是载流导线在磁场内移动时,磁场的作用力将对载流导线做功,表明磁场具有能量。

2. **磁感应强度** 为了定量地描述磁场的性质,我们以磁场对电流的作用为例来引入磁感应强度这个物理量。

在磁场中引入一段长为 L 的通电导线,它通电的电流强度为 I,结果发现磁场对通电导线的作用力有如下规律。

(1)通电导线所受的磁场力不仅与电流强度 I 和导线长度 L 的大小有关,而且还与通电导线与磁场的方向有关,而且磁场力总是与通电导线的方向垂直。

(2)当通电导线与磁场方向平行时所受的磁场力为零,当通电导线与磁场的方向垂直时,通电导线所受到的磁场力最大。

通电导线所受到的最大磁场力 F_m 的大小与导线中通有的电流强度 I 和导线长度 L 的乘积成正比,但 F_m 与 IL 的比值是与 I、L 无关的确定值,比值 $F_m/(IL)$ 只与磁场中的位置有关。磁场中任一点都存在一个特殊的方向和确定的比值 $F_m/(IL)$,该比值与通电导线无关,仅与磁场本身的性质有关,它客观地反映了磁场在该点的强弱和方向特征。因此,可以用这个比值来描述磁场的性质。在磁场中某处垂直于磁场方向的通电直导线,受到的磁场力 F,跟通电的电流强度和导线长度的乘积 IL 的比值叫做该处的磁感应强度。用符号 B 表示,它是一个矢量。

即

$$B=\frac{F}{IL} \qquad (6.1.1)$$

上式表明磁场中某点的磁感应强度,在数值上等于单位长度的导线通有 1A 电流强度时受到的最大磁场力,方向为放在该点的小磁针静止时 N 极的指向,也就是该点的磁场方向。

在国际单位制中,磁感应强度 B 的单位是特斯拉(T)。由式(6.1.1)可知,$1T=1N \cdot A^{-1} \cdot m^{-1}$。T 是一个较大的单位,在实际工作中,常常使用较小的单位高斯(G),$1G=10^{-4}T$。如果磁场中各点的磁感应强度的大小和方向都相同,这种磁场称为均匀磁场。表 6-1-1 中列出了几种常见磁场的磁感应强度。

表 6-1-1　几种常见磁场的磁感应强度

磁场	磁感应强度(T)	磁场	磁感应强度(T)
地球磁场	0.5×10^{-4}	赤道	0.3×10^{-4}
一般永磁体	1×10^{-2}	心脏	0.3×10^{-9}
大型磁铁	2	原子核	1×10^{4}
超导材料	10^{3}(强电流)	脑	$10^{-12} \sim 10^{-18}$

3. 磁通量

(1)磁感应线。为了直观地描绘磁场的分布情况,可以和在静电场中画电场线一样,在磁场中画出一系列的曲线,使曲线上每一点的切线方向和该点磁感应强度 B 的方向一致,这样的曲线称为磁感应线。为了使磁感应线也能描述磁场的强弱,规定通过垂直磁场方向的单位面积的磁感应线数目等于该处的磁感应强度 B 的大小。这样,磁感应线密集的地方磁场就强,磁感应线稀疏的地方磁场就弱。

应该注意的是,磁感应线是人为假想画出来的,并不是磁场中真实存在的。在实验中,磁感应线可借助小磁针或铁屑模拟出来。图 6-1-1 和图 6-1-2 所示的是实验得出的两种磁感应线分布。

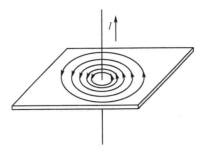

图 6-1-1　载流长直导线的磁感应线

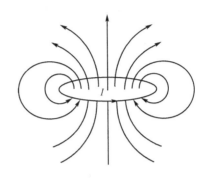

图 6-1-2　圆电流的磁感应线

磁感应线的方向与电流的方向有关,可用右手螺旋法则加以判定:对于长直载流导线,右手拇指指向电流方向,四指握住导线,弯曲四指的指向就是磁感应线的方向,如图 6-1-3 所示;对长直通电螺旋管或圆形电流线圈,用右手四指顺着电流方向,握住螺旋管或圆形电流线圈,伸直拇指的指向就是螺旋管或圆形电流线圈中心处磁感应线的方向,如图 6-1-4 所示。

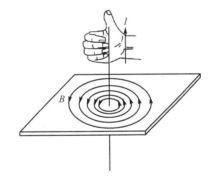

图 6-1-3　直线电流磁感应线的方向

观察各种磁场的磁感应线,可得出磁感应线的特点:①磁感应线在空间不会相交,这一点和静电场中的电场线相似;②磁感应线都是围绕电流的闭合线,没有起点,也没有终点,所以人们把磁场叫做涡旋场。这和电场线不同,电场线自正电荷出发,终止于负电荷,是有头有尾的,所以人们把静电场叫做有源场。

学习笔记

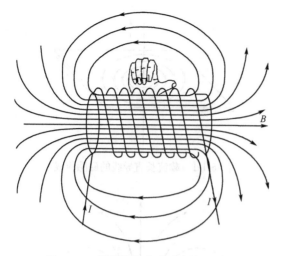

图 6-1-4　螺线管电流磁感应线的方向

（2）磁通量。如果我们规定通过垂直磁场方向的单位面积的磁感应线数目等于该处的磁感应强度 **B** 的大小，那么我们可以将穿过磁场中某一曲面的磁感应线的总数称为通过该曲面的磁通量，用 Φ_m 表示。下面分几种情况来计算磁通量的大小。

在均匀磁场中，有一面积为 S 的平面，其法线 **n** 与磁感应强度 **B** 的夹角为 θ，如图 6-1-5 所示。

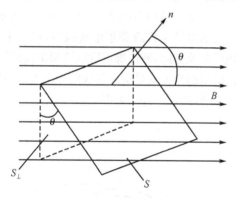

图 6-1-5　均匀磁场的磁通量

所以，S 在垂直于 **B** 的方向的投影为
$$S_{\perp} = S\cos\theta$$
则
$$\Phi_m = BS_{\perp} = BS\cos\theta \qquad (6.1.2)$$
由上式可知，当 $\theta = 0$ 时，**n** // **B**，$\Phi_m = BS$ 最大；当 $\theta = \pi/2$ 时，**n** $\perp$ **B**，$\Phi_m = 0$ 最小，无磁通量通过。

在非均匀磁场中，计算通过任意曲面上的磁通量时，可在曲面上取面积元 dS，可认为该面积元上的磁场是均匀的，若 dS 的法线 **n** 与该处的磁感应强度 **B** 的夹角为 θ，如图 6-1-6 所示，通过面积元 dS 的磁通量为
$$d\Phi_m = BdS\cos\theta \qquad (6.1.3)$$

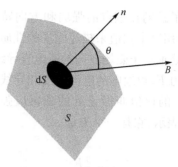

图 6-1-6　非均匀磁场的磁通量

通过有限曲面的磁通量为
$$\Phi_m = \iint_S d\Phi_m = \iint_S BdS\cos\theta \qquad (6.1.4)$$
或
$$\Phi_m = \iint_S \boldsymbol{B} \cdot d\boldsymbol{S} \qquad (6.1.5)$$

规定单位法线矢量 **n** 的正方向垂直于曲面向外，当磁感应线从曲面内穿出时，磁通量为正（$\theta < \dfrac{\pi}{2}$，$\cos\theta > 0$）；磁感应线从曲面外穿入时，磁通量为负（$\theta > \dfrac{\pi}{2}$，$\cos\theta < 0$）。穿过曲面的磁通量可直观地理解为穿过该面的磁感应线的条数。

磁通量 Φ 的单位是韦伯（Wb），1Wb = 1T·m^2。

二、磁场中的高斯定理

由于磁场中每一条磁感应线都是闭合的，因此，穿入任一闭合曲面的磁感应线的数目（磁通量为负）必等于穿出该闭合曲面的磁感应线的数目（磁通量为正）。所以，在磁场中通过任一闭合曲面的总磁通量为零，这就是磁场中的高斯定理。公式为
$$\oiint_S \boldsymbol{B} \cdot d\boldsymbol{S} = 0 \qquad (6.1.6)$$

上式是表示磁场的重要特性的公式，它反映了磁场是涡旋场这一重要特性。磁场中的高斯定理与静电场中的高斯定理很相似，但两者有本质上的区别。在静电场中，由于自然界有单独存在的正、负电荷，因此通过闭合曲面的电通量可以不等于零。而在磁场中，由于自然界中没有发现单独存在的磁极，所以通过任何闭合曲面的磁通量一定等于零。

第 2 节　电流的磁场

一、毕奥-萨伐尔定律

1820 年，法国物理学家毕奥和萨伐尔在

研究长直导线中电流的磁场对磁极作用力的基础上提出电流激发磁场的基本规律,叫做毕奥-萨伐尔定律。毕奥-萨伐尔定律反映了恒定电流与其所建立的磁场之间的关系,深刻地揭示了电与磁之间本质的、必然的联系。

为了求任意形状的通电导线产生的磁场,可以把导线分割成许多小段 dl,每小段中的电流强度为 I,我们称 $Id l$ 为电流元。毕奥和萨伐尔指出,这段电流元在与其相距为 r 的场点 P 处所激发磁场的磁感应强度 d$\boldsymbol{B}$ 与电流元 $Id l$ 成正比,与电流元至 P 点的距离 r 的平方成反比,与 r 和 dl 间夹角 θ 的正弦成正比,即

$$dB = K\frac{Id l\sin\theta}{r^2} \qquad (6.2.1)$$

式中:K 为比例系数,其值与介质的种类及选用的单位有关。在国际单位制中,$K = \mu_0/(4\pi)$,$\mu_0 = 4\pi \times 10^{-7}\,T\cdot m\cdot A^{-1}$,称为真空磁导率。

d$\boldsymbol{B}$ 的方向垂直于 $Id l$ 和 r 所在的平面,由右手螺旋法则确定,当由 dl 转至 r 方向时,右手螺旋前进的方向即为 d$\boldsymbol{B}$ 的方向,如图6-2-1所示。

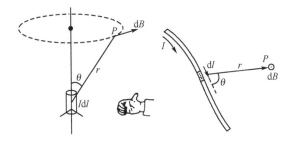

图 6-2-1 电流元的磁场

1. 无限长直导线的磁场   图 6-2-2 所示的无限长直导线中,求由下到上的电流 I 在磁场中 P 点的磁感应强度的大小。在导线上任取一电流元 $Id l$,由式(6.2.1)得,该电流元在 P 点产生的磁感应强度的大小为

$$dB = \frac{\mu_0}{4\pi}\times\frac{Id l\sin\theta}{r^2}$$

d$\boldsymbol{B}$ 的方向垂直于 $Id l$ 和 r 所在的平面,指向纸里面,且长直导线上各电流元在 P 点所产生的磁感应强度的方向都相同,因此,P 点的磁感应强度就等于各电流元在该点所产生的磁感应强度的代数和。对上式积分得

$$B = \int_L dB = \frac{\mu_0}{4\pi}\int_L\frac{Id l\sin\theta}{r^2} \qquad (6.2.2)$$

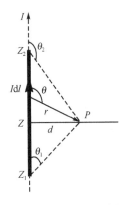

图 6-2-2 无限长直导线的磁场

上式是毕奥-萨伐尔定律的常用形式。

若导线为无限长,其磁感应强度为

$$B = \frac{\mu_0 I}{2\pi r_0} \qquad (6.2.3)$$

上式表明某点的磁感应强度 B 与导线中电流强度 I 成正比,与该点至导线距离 r_0 成反比。B 的方向与 I 的方向符合右手螺旋法则。

2. 通电圆环轴线上的磁感应强度   如图 6-2-3所示,一圆线圈的半径为 R,通有电流 I,O 为圆心,P 为线圈轴线上距 O 为 r_0 的任意一点,线圈平面与图平面垂直,求 P 点的磁感应强度 B。

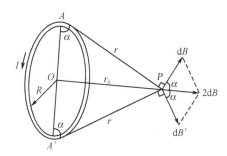

图 6-2-3 圆形电流的磁场

在线圈的任意一点 A 处取一电流元 $Id l$,$Id l$ 垂直于图平面向外。设它到 P 点的径矢为 $\boldsymbol{r}$,则这段电流元在 P 点产生的磁感应强度 d$\boldsymbol{B}$ 的大小为

$$dB = \frac{\mu_0}{4\pi}\times\frac{Id l}{r^2}$$

当沿着圆线圈对各电流元求和时,考虑到圆形线圈电荷分布的对称性,d$\boldsymbol{B}$ 在垂直于线圈轴线方向的分量互相抵消,沿轴线方向的分量互相加强,所以只需对沿轴线方向的分量,即 x 分量求和。即

$$B=\oint dB\cos\alpha=\oint\frac{\mu_0}{4\pi}\frac{Idl}{r^2}\cos\alpha=\frac{\mu_0 I}{4\pi r^2}\cos\alpha\oint dl$$

将 $\cos\alpha=R/r$ 代入,得

$$B=\frac{\mu_0 R^2 I}{2\pi r^3}=\frac{\mu_0}{2\pi}\frac{IS}{(r_0{}^2+R^2)^{3/2}}\qquad(6.2.4)$$

式中:S 为圆线圈的面积。上式说明,距圆电流中心处越远,磁场越弱。

在圆心 O 处,$r_0=0$,所以

$$B=\frac{\mu_0 I}{2R}\qquad(6.2.5)$$

在远离圆线圈处,$r_0\gg R$,$r_0\approx r$,由此得到

$$B=\frac{\mu_0 IS}{2\pi r^3}\qquad(6.2.6)$$

二、安培环路定律

磁感应线是闭合载流回路上的闭合线。若取磁感应线的环路积分,则因磁感应强度 **B** 与线元 d**l** 的夹角 $\theta=0$,$\cos\theta=1$,故在每条线上 $\boldsymbol{B}\cdot d\boldsymbol{l}>0$,从而 $\oint\boldsymbol{B}\cdot d\boldsymbol{l}\neq 0$。安培环路定理就是反映磁感应线这一特点的。对于无限长通电直导线,在垂直于通电导线的平面内,沿磁感应强度 **B** 的方向任取一圆形闭合回路 L,将式(6.2.5)代入 $\oint\boldsymbol{B}\cdot d\boldsymbol{l}$,得

$$\oint_L\boldsymbol{B}\cdot d\boldsymbol{l}=\oint_L Bdl=\mu_0 I$$

若所求积分曲线不是圆形,且不在同一平面内,同样可得出上式。若所取闭合曲线内不止一条电流,也有同样的结果。因此,磁感应强度沿任何闭合环路 L 的线积分,与穿过这环路所有电流强度的代数和成正比。这一结论称为安培环路定理。用公式表示有:

$$\oint_L\boldsymbol{B}\cdot d\boldsymbol{l}=\mu_0\sum I\qquad(6.2.7)$$

其中电流 I 的正负规定如下:四指沿环路的方向弯曲,电流与拇指方向相同的 I 取正值,电流与拇指方向相反的 I 取负值。如果电流不穿过回路 L,则它对上式右端无贡献。

注意:

(1) $\sum I$ 为环路内的电流代数和。

(2) 环流 $\oint_L\boldsymbol{B}\cdot d\boldsymbol{l}$ 只与环路内的电流有关,而与环路外电流无关。

(3) **B** 为环路上一点的磁感应强度,它与环路内外电流都有关。

若 $\oint_L\boldsymbol{B}\cdot d\boldsymbol{l}=0$ 并不一定说明环路上各点的 **B** 都为 0。

若 $\oint_L\boldsymbol{B}\cdot d\boldsymbol{l}=0$ 环路内并不一定无电流。

(4) 环路定理只适用于闭合电流或无限电流。

例 6-2-1 如图 6-2-4 所示,求环路 L 的环流。

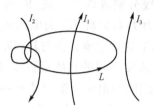

图 6-2-4   环路定理

解:由环路定理

$$\oint_L\boldsymbol{B}\cdot d\boldsymbol{l}=\mu_0\sum I=\mu_0(I_1-2I_2)$$

例 6-2-2 利用安培环路定律计算载流无限长直导线外一点的磁感应强度。

解:以电流为轴,做半径为 r 的环路

$$\oint_L\boldsymbol{B}\cdot d\boldsymbol{l}=B\oint_L dl=\mu_0 I$$

$$B\cdot 2\pi r=\mu_0 I$$

$$B=\frac{\mu_0 I}{2\pi r}$$

将上式用于有限长直导线则得出错误结果,算出 B 与无限长通电直导线的磁感应强度相同,故安培环路定律对有限电流不适用。

第3节   磁场对电流的作用

一、磁场对载流导线的作用

电荷在磁场中运动时会受到磁力的作用,这个力称为洛仑兹力。带电量为 $+q$ 的电荷受到的洛仑兹力的大小为

$$f=qvB\sin\theta\qquad(6.3.1)$$

洛仑兹力的方向垂直于运动电荷的速度 **v** 和磁感应强度 **B** 所决定的平面,可以用右手螺旋法则来判定:即将右手四指的指向由 **v** 的方向沿着小于 π 的角转向 **B** 的方向,伸直的大拇指的指向就是运动电荷所受洛仑兹力 **f** 的方向。若为负电荷,洛仑兹力的方向正好与正电荷的情况相反。

导线中的电流是由大量电子作定向运动形成的,这样的导线称为载流导线。当载流导

线处于磁场中时,它所受的磁场力就是导线中所有电子所受的洛伦兹力的总和。

在载流导线上任取一电流元 Idl,电流元所在处的磁感应强度为 B,B 与 Idl 的夹角为 θ。设导线的横截面积为 S,单位体积内的电荷数为 n,则电流元中的电荷总数为 $nSdl$。因每个电荷所受的洛伦兹力 $f=qvB\sin\theta$,所以电流元受到的合力大小为

$$dF=nSdl\cdot qvB\sin\theta$$

因通过导线的电流强度 $I=nqvS$,故上式可以写成

$$dF=IB\sin\theta dl$$

上式中的 $d\boldsymbol{F}$ 为电流元 Idl 在磁场中所受的力,称为安培力。

安培力的方向可用右手螺旋法则来确定,即右手的四指由电流强度 I 的方向沿着小于 π 的一侧向磁感应强度 B 的方向弯曲,这时拇指的指向即为安培力 $d\boldsymbol{F}$ 的方向。图 6-3-1 中,$d\boldsymbol{F}$ 的方向垂直纸面向外。

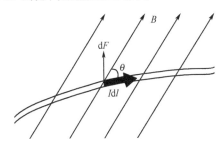

图 6-3-1 磁场对载流导线的作用

在均匀磁场中,长度为 L 的载流直导线受力为

$$F=ILB\sin\theta$$

在非均匀磁场中载流导线受力由积分计算。

$$\boldsymbol{F}=\int_L Idl\times\boldsymbol{B} \quad (6.3.2)$$

例 6-3-1 如图 6-3-2 所示,一矩形线圈 $abcd$,通以电流 I,已知 ab 和 cd 的边长为 L_1,bc 和 ad 的边长为 L_2,当线圈处于均匀磁场 B 中,并且线圈的平面与 B 垂直时,求矩形线圈各边所受的安培力。

解:根据公式 $F=BIl\sin\theta$,由题意知 $\theta=\dfrac{\pi}{2}$,所以

$$F_{ab}=IL_1B \qquad F_{bc}=IL_2B$$
$$F_{cd}=IL_1B \qquad F_{ad}=IL_2B$$

各力的方向如图。

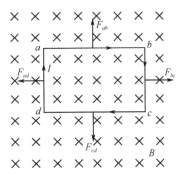

图 6-3-2 矩形线圈受的安培力

二、载流线圈所受的磁力矩

将一矩形线圈 $abcd$ 放在均匀磁场 B 中,它的边长分别为 l_1 和 l_2,通以电流强度为 I。若线圈平面与磁场方向成任意夹角 θ,并且 ab 及 cd 边均与磁感应强度 B 垂直,如图 6-3-3(a) 所示。这时导线 bc 和 da 所受的安培力分别为

$$F_1=Il_1B\sin\theta$$
$$F_1'=Il_1B\sin(\pi-\theta)=Il_1B\sin\theta$$

F_1 和 F_1' 大小相等,方向相反,在同一条直线上,所以互相抵消,合力为零。

导线 ab 和 cd 所受的安培力分别为

$$F_2=F_2'=Il_2B$$

F_2 和 F_2' 这两个力大小相等,方向相反,但不在同一条直线上,因此形成力偶,其力臂为 $l_1\cos\theta$,所以磁场作用在线圈上的力矩大小为

$$M=F_2l_1\cos\theta=Il_2l_1B\cos\theta=ISB\cos\theta$$
$$(6.3.3)$$

式中:$S=l_1l_2$ 为矩形平面线圈的面积。

通常利用线圈平面的法线方向 $\boldsymbol{n}$ 来表示线圈的方向。法线方向由右手螺旋法则规定:握右手,伸直拇指,使四指弯曲方向为电流在线圈中的流动方向,则拇指的指向即为载流线圈平面的正法线方向。

如图 6-3-3(b) 所示,若以线圈平面的正法线 $\boldsymbol{n}$ 的方向和磁场 B 的方向的夹角 φ 代替角 θ,由于 $\theta+\varphi=\pi/2$,所以式(6.3.3)可写为

$$M=ISB\sin\varphi \quad (6.3.4)$$

如果线圈有 N 匝,则线圈所受的力矩大小为

$$M=NISB\sin\varphi \quad (6.3.5)$$

式中:N、I、S 都是载流线圈本身的特征量,用 $p_m=NIS$ 表示,p_m 叫做线圈的磁矩。磁矩是一个矢量,其方向为载流线圈平面正法线 $\boldsymbol{n}$ 的方向。磁矩的单位是安·米^2($A\cdot m^2$)。

学习笔记

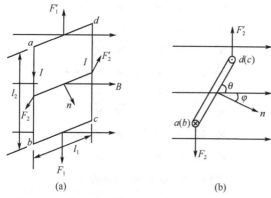

图 6-3-3 矩形载流线圈在均匀磁场中所受的力矩

式(6.3.5)不仅对矩形线圈成立,对于处在均匀磁场中的任意形状的平面线圈也同样成立。

磁场对载流线圈的作用力矩的规律是制造各种电动机和电表的基础。

第4节 磁场的生物效应

人类能够感受到各种物理刺激,例如声、光、电、热等。同样能感知到磁场的存在,生命活动中就伴随着生物磁现象。同时外磁场也会影响生命活动。生物磁学是研究生物体与磁之间相互关系的学科,通过对生物组织、器官、细胞、分子磁性的研究,加深了人们对生物体功能、结构以及发病机制的认识,可利用磁场来控制、调节生命活动过程,治疗某些疾病。

一、生物磁现象

地球是一个大磁体,地球上的各种生物无不受其影响。研究表明,某些鸟类、海豚、鱼类、蜗牛就是依靠地磁场来确定方向的。人体的许多功能和活动都是由电荷的运动再通过神经系统来传导的。因运动电荷会产生磁场,所以伴随着生物电现象产生的同时必然有生物磁现象的产生。生物磁场的来源主要有以下几个方面。

(1) 由大自然生物电流产生的磁场。人体中小到细胞、大到器官和系统,总是伴随着生物电流。运动的电荷便产生了磁场。从这个意义上来说,凡是有生物电活动的地方,就必定会同时产生生物磁场,如心磁场、脑磁场、肌磁场等均属于这一类。

(2) 由生物材料产生的感应场。组成生物体组织的材料具有一定磁性,它们在地磁场及其他外磁场的作用下便产生了感应场。肝、

脾等所呈现出来的磁场就属于这一类。

(3) 由侵入人体的强磁性物质产生的剩余磁场。在含有铁磁性物质粉尘下作业的工人,呼吸道和肺部、食管和肠胃系统往往被污染。这些侵入体内的粉尘在外界磁场作用下被磁化,从而产生剩余磁场。肺磁场、腹部磁场均属于这一类。

生物磁场一般都是很微弱的,其中最强的肺磁场其强度也只有 $10^{-11} \sim 10^{-8}$ T 数量级;心磁场弱一些,其强度约为 10^{-10} T 数量级;自发脑磁场更弱,约为 10^{-12} T 数量级;最弱的是诱发脑磁场和视网膜磁场,其为 10^{-13} T 数量级。周围环境磁干扰和噪声比这些要大得多,如地磁场强度约为 0.5×10^{-4} T 数量级;现代城市交流磁噪声高达 $10^{-8} \sim 10^{-6}$ T 数量级。若距离像机床、电磁设备、电网或活动车辆较近,则磁噪声会更强。由于地磁场和各种磁噪声的影响,测量生物磁,必须要有高灵敏度的磁强计和能防止周围环境噪声干扰的良好磁屏蔽室。由于这些条件的限制,使得对生物磁信号的研究进展缓慢。直到20世纪60年代后期,随着测量技术的不断发展,陆续研制出了一系列的测量手段,我国已建有磁屏蔽室,而且正在研究高水平的超导量子干涉仪。

1963年,鲍莱(Baule)等人首先记录到人体心脏电流所产生的磁场,称其为心磁图(MCG)。近年来,随着对心磁图研究的不断深入,并对照研究大量心脏病患者的心磁图和心电图的资料后,发现对某些疾病的诊断,用心磁图方法的灵敏度和准确度都优于心电图。例如,对左心室肥厚和高血压的正确诊断率,心磁图可达 40% ~ 55%,而心电图只有 14% ~ 20%。心磁图的优点还在于它能够测出肌肉、神经等组织损伤时所产生的直流电磁场,故早期心肌梗死所产生的损伤电位的直流电磁场在心磁图中有反映。因此,可对早期和小范围的心肌梗死及早做出诊断。1968年科恩(Cohen)首次在头颅的枕部测到与脑电图相对应的自发脑磁图(MEG)。目前利用脑磁图来确定癫痫病人的病灶部位明显优于脑电图。

目前对生物磁信号的测量除上述几方面外,对肺磁场、眼磁场、神经磁场、肌磁场等的研究也十分活跃,不久的将来,这些方面都将广泛应用于临床。

二、磁场的生物效应

大量实验和临床实践表明,磁场对生物机体的活动及其生理、生化过程有一定的影响。这些影响与磁场强度、磁场类型、磁场方向以及作用时间有关。恒定磁场对组织的再生和愈合有抑制作用,而脉冲磁场却对骨质愈合有良好的效果。交变磁场的频率也影响其对生物机体的作用。磁场对生物机体的作用与磁场方向有关,通常是当磁场方向和生物体轴保持某一角度时其作用最大。磁场的生物效应还与磁场作用时间的长短有关。

磁场疗法,是利用磁性材料在人体的一些经穴部位或患处施加磁场的作用以达到治疗目的的一种疗法,简称磁疗。我国的磁疗已有两千多年的历史,宋代沈括在《忘怀录》中有用磁石放置水中做成"药井",汲水饮之的记载。目前,磁疗已广泛应用于临床,对某些疾病如活血化淤、消炎镇痛、安神降压、肌肉劳损、关节炎、气管炎、心绞痛等均有较好的疗效。一般情况下,磁疗中使用的磁场强度约为 $100\sim3000G$。磁场的类型有恒定磁场、旋转磁场、脉冲磁场等。至于治疗的机制、病种、各种类型磁场的强度、作用部位、治疗时间等仍在不断实践和探索中。

关于电磁辐射危害健康的问题,一些发达国家在20多年前就开始了多角度、多层次的研究。他们中大多数科学家认为,人体长期受电磁辐射,容易导致白内障、青光眼、中枢神经系统功能障碍、流产、子代先天畸形、心脏传导系统异常、胃溃疡、骨髓破坏、白血病、肿瘤等病症,但对这些病症的机制尚不十分清楚。

世界上每个人现在都暴露在 $0\sim300GHz$ 的混合电磁场(EMF)中,EMF暴露的主要来源包括:电力的产生、分布和使用;电信设备和有关装置,如移动电话、雷达、无线电、电视和广播天线等。各种电子生活产品在正常工作时可产生各种不同频率的电磁波,它无色、无味、无形,人们无法感觉它,但是它又无处不在,被科学家称为"电磁辐射污染"。它给人们带来的危害不可轻视。我们应当在掌握电磁辐射特性的基础上,采取合理的防护措施,增强自我保护意识。

第5节 电磁感应定律

奥斯特发现电流能够产生磁场的现象后,人们就开始研究如何利用磁场来产生电流。英国科学家法拉第坚信磁能够产生电,他以精湛的实验技巧和敏锐捕捉现象的能力,经过十年锲而不舍的努力,终于在1831年得到了肯定的答案。他指出,当穿过闭合线圈的磁通量改变时,线圈中就会产生电流。这个电流称为感应电流,这种现象称为电磁感应现象。

电磁感应现象的发现,在科学技术上有着巨大的意义。它揭示了电场和磁场相互联系和转换的性质,使人们有可能大规模地把其他形式的能转变成电能,从而大大地促进了社会生产力的发展。

一、电磁感应定律

1. 电磁感应现象及其产生条件 如图6-5-1所示,取一金属线圈 A 与一电流计 G 连成一闭合回路。当我们将磁铁 N 极向线圈移近时,电流计指针就发生偏转,这表示闭合回路中有感应电流产生。当磁铁停止运动时,电流计指针就立刻回到零点,这表明闭合回路中的电流中断。如果将磁铁远离线圈,则电流计指针向另一方偏转,说明闭合回路中又产生了感应电流,但方向与先前相反。如果保持磁铁不动,使线圈相对于磁铁移动,所产生的现象跟磁铁运动而线圈静止是一样的。

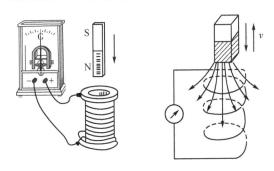

图6-5-1 电磁感应现象实验

总之,当闭合导体回路和磁铁间有相对运动时,穿过线圈的磁感线条数发生变化,即穿过线圈的磁通量发生了变化,闭合导体回路中就有感应电流产生。如果两者之间的相对运动越快,则回路产生的感应电流也越大。

因此,得出以下结论:当通过一个闭合导体回路的磁通量发生变化时,回路中就有电流产生,这就是产生感应电流的条件。穿过回路的磁通量变化越快,回路中产生的感应电流就越大。

回路中感应电流的产生,意味着回路中一定有电动势存在。所以当闭合回路中有感应电流产生时,就一定存在着某种电动势。这种由于磁通量变化而引起的电动势,叫做感应电动势。当回路不闭合时,也会产生感应电动势,只是没有感应电流。感应电流的大小与回路的电阻值有关,而感应电动势的大小则不随回路电阻的改变而改变。闭合导体回路的磁通量发生变化的直接结果是产生感应电动势,感应电流只是感应电动势存在的外观表现。因此,电磁感应现象可以概括为:当穿过导体回路的磁通量发生变化时,回路中就有感应电动势产生。

2. **法拉第电磁感应定律**   法拉第对电磁感应现象做了定量研究,根据大量实验结果,总结了感应电动势与磁通量变化之间的关系:穿过闭合回路的磁通量发生变化时,回路中产生的感应电动势 ε 与磁通量的变化率成正比,即

$$\varepsilon = -\frac{\mathrm{d}\Phi}{\Delta t} \tag{6.5.1}$$

如果线圈不是一匝,而是 N 匝,每一匝线圈都通过相同的磁通量 Φ,当 Φ 变化时,整个线圈中所产生的感应电动势就等于各匝线圈所产生的电动势之和,则有

$$\varepsilon = -N\frac{\mathrm{d}\Phi}{\Delta t} \tag{6.5.2}$$

以上两式中的负号表示感应电动势的方向,它是楞次定律的数学表达。以上两式是感应电动势的瞬时值表达式,而对于平均感应电动势的大小则用中学学过的 $\bar{\varepsilon} = \frac{\Delta\Phi}{\Delta t}$ 来计算。

例 6-5-1   在一个磁感强度为 0.1T 的匀强磁场中,将一个匝数为 500、面积为 10cm^2 的线圈在 0.1s 内从平行于磁感线的方向转过 90°,变为与磁感线的方向垂直。求在这个过程中感应电动势的平均值。

解:线圈平面与磁感线方向平行时,穿过线圈的磁通量 $\Phi_0 = 0$

线圈平面与磁感线方向垂直时,穿过线圈的磁通量

$$\Phi = BS = 0.1 \times 0.001 = 1 \times 10^{-4}(\text{Wb})$$

根据法拉第电磁感应定律,得

$$\bar{\varepsilon} = N\frac{\Delta\Phi}{\Delta t} = 500 \times \frac{1 \times 10^{-4}}{0.1} = 0.5(\text{V})$$

3. **楞次定律**   如何确定感应电流的方向,从而确定感应电动势方向呢?

若是闭合电路中的一部分导体在磁场中切割磁感线时,产生的感应电流的方向可用右手定则来判定:伸开右手,让拇指跟其余四指垂直,并且都跟手掌在一个平面内,让磁感线垂直穿过手心,拇指指向导体运动的方向,其余四指所指的方向就是感应电流的方向,如图 6-5-2 所示。

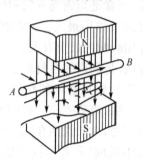

图 6-5-2   右手定则

用右手定则判断感应电流的方向,直观、方便,但有一定的局限性。判断感应电流方向的普遍方法是楞次定律。

如图 6-5-3 所示的实验中,当磁铁移近或插入线圈,即穿过线圈的磁通量增加时,线圈中感应电流的磁场方向与原磁场方向相反,感应电流的磁场阻碍磁通量增加;当磁铁离开线圈或从线圈中拔出,即穿过线圈的磁通量减少时,线圈中感应电流的磁场方向与原磁场方向相同,感应电流的磁场阻碍磁通量减少。

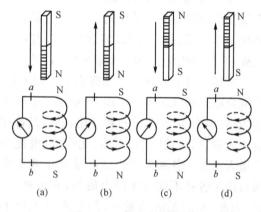

(a)   (b)   (c)   (d)

图 6-5-3   楞次定律实验

俄国物理学家楞次在总结法拉第等人成果的基础上,经过潜心研究,概括了各种实验结果,于 1834 年得出能够确定感应电流方向的普遍规律,进而确定了回路中感应电动势的方向,

完善了电磁理论。楞次定律即"感应电流具有这样的方向:即感应电流的磁场总要阻碍引起感应电流的磁通量的变化"。在式(6.5.1)和式(6.5.2)中的负号表达的就是这一含义。

这里"阻碍"并不是"阻止","阻碍"的意思是:当引起感应电流的原磁通量增加时,感应电流的磁场与原磁场反向——"增反",起阻碍原磁通量增加的作用;当引起感应电流的原磁通量减少时,感应电流的磁场与原磁场同向——"减同",起阻碍原磁通量减少的作用。

应用楞次定律判断感应电流的方向,可以遵循下面的步骤:首先弄清楚穿过闭合回路的磁通量的方向,磁通量如何变化(增加还是减少);然后按照楞次定律来确定感应电流所激发的磁场的方向(与原来的磁场同向还是反向);最后根据右手螺旋法则从感应电流所产生的磁场方向确定感应电流的方向;感应电流的方向确定后,就可确定感应电动势的方向了。利用楞次定律判定感应电流方向的步骤可以概括为图 6-5-4。

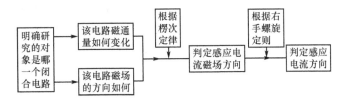

图 6-5-4 利用楞次定律判定感应电流方向框图

如图 6-5-5 所示,当永久磁铁移近线圈时,穿过回路的磁通量增加,感应电流所产生的磁场应与永久磁铁磁场方向相反,来阻碍原磁通量的增加,根据右手螺旋法则,感应电流的方向如图 6-5-5(a)所示,从永久磁铁向线圈看去,感应电流的方向是逆时针的。当永久磁铁远离线圈时,穿过闭合回路的磁通量减少,那么感应电流所产生的磁场应与永久磁铁的磁场方向相同,来阻碍原磁通量的减少,根据右手螺旋法则,感应电流的方向如图 6-5-5(b)所示,从永久磁铁向线圈看去,感应电流的方向是顺时针的。

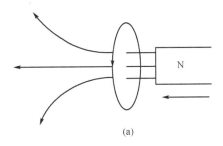

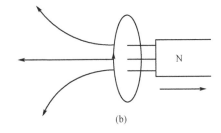

(a)   (b)

图 6-5-5 应用楞次定律判断感应电流方向

楞次定律符合能量守恒。从上面的实验可以发现:感应电流在闭合电路中要消耗能量,在磁体靠近(或远离)线圈过程中,都要克服电磁力做功,克服电磁力做功的过程就是将其他形式的能转化为电能的过程。两者有"近躲、离追"的运动上的阻碍,阻碍导体间的相对运动,其本质是阻碍原磁通的变化,实现能量的转化。

例 6-5-2 如图 6-5-6 所示,试判定当开关 S 闭合和断开瞬间,线圈 ABCD 的电流方向。(忽略导线 GH 的磁场作用)

解:当 S 闭合时:

(1)研究回路是 ABCD,穿过回路的磁场

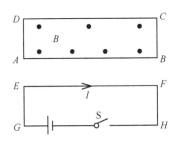

图 6-5-6 线圈 ABCD 的电流方向

是电流 I 所产生的磁场,方向由安培定则判定是指向读者。

(2)回路 ABCD 的磁通量由无到有,是增大的。

(3)由楞次定律可知感应电流磁场方向应

和 $B_{原}$ 相反,即背离读者向内("增反减同")。

由安培定则判定感应电流方向是 $B{\rightarrow}A$ ${\rightarrow}D{\rightarrow}C{\rightarrow}B$。

当 S 断开时:

(1) 研究回路仍是 ABCD,穿过回路的原磁场仍是 I 产生的磁场,方向由安培定则判定是指向读者。

(2) 断开瞬间,回路 ABCD 磁通量由有到无,是减小的。

(3) 由楞次定律知感应电流磁场方向应是和 $B_{原}$ 相同即指向读者。

(4) 由安培定则判定感应电流方向是 $A{\rightarrow}B{\rightarrow}C{\rightarrow}D{\rightarrow}A$。

二、动生电动势

根据法拉第电磁感应定律,只要穿过回路的磁通量发生了变化,在回路中就会有感应电动势产生。按照磁通量发生变化的方式不同,感应电动势可以分为两种类型。一种是在稳恒磁场中运动的导体内部产生的感应电动势,称为动生电动势。另一种是导体不动,因磁场变化而产生的感应电动势,称为感生电动势。下面我们分别来讨论这两种电动势。

如图 6-5-7 所示,在均匀稳恒磁场 $\boldsymbol{B}$ 中,放置一金属线框 abcd,线框的 ab 边可以左右滑动。电荷在磁场中运动时,要受到洛仑兹力,洛仑兹力正是动生电动势出现的原因。设图 6-5-6 中 ab 边以速度 v 向右平移,它里面的电子也随之向右运动。由于线框处于外磁场中,ab 导体内向右作定向运动的电子就要受到洛仑兹力。根据洛仑兹力公式

$$f=-evB$$

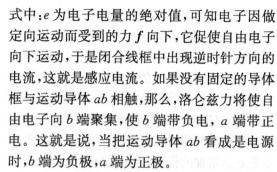

图 6-5-7　动生电动势的产生

式中:e 为电子电量的绝对值,可知电子因做定向运动而受到的力 f 向下,它促使自由电子向下运动,于是闭合线框中出现逆时针方向的电流,这就是感应电流。如果没有固定的导体框与运动导体 ab 相触,那么,洛仑兹力将使自由电子向 b 端聚集,使 b 端带负电,a 端带正电。这就是说,当把运动导体 ab 看成是电源时,b 端为负极,a 端为正极。

从上面的讨论中可以看出,动生电动势只可能存在于运动的这一段导体上,而不动的那一部分导体上则没有电动势,它只是提供电流可通行的通路。如果仅一段导体在磁场中运动而没有回路,在这一段导体上虽然没有感应电流,但仍可能有动生电动势,这取决于导体在磁场中的运动情况。另外,只有 v 与 $\boldsymbol{B}$ 的夹角不等于零,且 $(v\times\boldsymbol{B})$ 的方向与 $\mathrm{d}l$ 的方向的夹角不等于 $\pi/2$ 时,才一定有动生电动势产生。在这里就不加以证明了。

在图 6-5-7 中,ab 棒中的动生电动势应用下式计算

$$\varepsilon=Blv \qquad (6.5.3)$$

例 6-5-3　如图 6-5-8 所示,一段导线 ab 在均匀磁场 $\boldsymbol{B}$ 中,以速度 v 向右运动,磁场方向垂直纸面向里。求导线 ab 产生的动生电动势的大小。

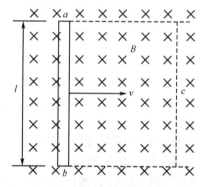

图 6-5-8　直导线在磁场中运动

解:设想一曲线 acb 与 ab 组成闭合回路,该回路的磁通量为

$$\Phi=BS=Blx$$

其感应电动势为

$$\varepsilon_i=\frac{\Delta\Phi}{\Delta t}=Bl\frac{\Delta x}{\Delta t}=Blv$$

由于 acb 段不动,所以 ε 也就是导线 ab 的动生电动势。

三、感生电动势

从前面的讨论我们知道,洛仑兹力是动生电动势产生的根源,对线圈不动而磁场随时间变化的情况,导体中电子不受洛仑兹力的作用,但仍然产生了感生电动势和感应电流。这种情况下产生的感生电动势需按麦克斯韦提出了的理论来说明。他认为,感生电动势是由于变化的磁场在它的周围空间会激发电场所致。这种电场称为感生电场或涡旋电场。涡旋电场与静电场不同,涡旋电场是变化的磁场产生的,电力线是闭合的,无头无尾,像漩涡一样。只要空间有变化的磁场,就有感生电场存在,而与空间有无导体或导体回路无关。感生电场对电荷的作用产生了感生电动势。

麦克斯韦的这些假说,从理论上揭示了电磁场的内在联系,并已被许多实验结果所证实,如电子感应加速器等。

第6节 电 磁 波

广播电台在工作时,它的发射天线就不断地发射电磁波,被收音机接收后还原为声音。电视、手机、雷达、卫星等也是利用电磁波来工作的。电视接收的电磁波信号不但有声音,而且还有图像。这么多电视台、广播电台、移动电话基地台都在发射或接收着电磁波,可以说我们生活在电磁波的海洋中。那么电磁波是怎么产生的呢?

一、电 磁 波

人们对电磁波的认识不是从观察到电磁波开始的。19世纪60年代,英国物理学家麦克斯韦,预见了电磁波的存在,并提出电磁波是横波,传播的速度等于光速,根据它跟光波的这些相似性,指出"光波是一种电磁波"——光的电磁说。20多年后,赫兹用实验证实了电磁波的存在,测得它传播的速度等于光速,与麦克斯韦的预言符合得相当好,证实了光的电磁说是正确的。

1. 麦克斯韦电磁场理论 变化的磁场中放一个闭合线圈会产生感应电流,这是一种电磁感应现象。麦克斯韦研究了这种现象,认为变化的磁场会产生感应电场,正是这个电场使导体中电子产生运动,从而产生了感应电流。麦克斯韦对这种情况的分析推广到不存在闭合电路的情形,他认为在变化的磁场周围产生电场,是一种普遍现象,跟闭合电路是否存在无关。这种电场和静电场不同,它的电场线是闭合的。麦克斯韦指出,任何变化的磁场都要在周围空间产生电场,任何变化的电场都要在周围空间产生磁场。因此,变化的电场和变化的磁场就会交替产生,并且不可分割地联系在一起,形成一个统一的电磁场。

2. 电磁波 根据统一的电磁场理论,如果空间存在变化的磁场,那么在它临近的空间就会产生变化的电场,这变化的电场又要在较远的空间产生新的变化的磁场,接着就在更远的空间产生变化的电场……这样,变化的电场和变化的磁场就会交替产生,并由近到远向周围空间传播,麦克斯韦预言,这种变化的电磁场携带着能量由发生区域向远处的空间传播就形成了电磁波,如图6-6-1所示。

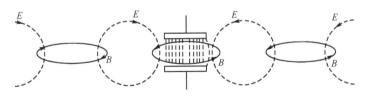

图6-6-1 统一的电磁场

实践证明,在真空中电磁波的传播速度跟光速相等。在电磁波传播过程中,电场强度和磁感应强度的方向总是垂直的,并且它们都与电磁波的传播方向垂直,因此,电磁波是横波,如图6-6-2所示。

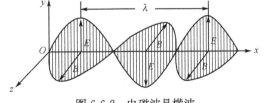

图6-6-2 电磁波是横波

学习笔记

机械波的波速等于波长与频率的乘积，即 $v=\lambda f$，这个关系式也同样适用于电磁波。对电磁波，通常写为 $c=\lambda f$。电磁波在真空中的传播速度都是相同的，因此，频率不同的电磁波，其波长也不相同。

麦克斯韦的电磁理论认为，可见光是一定波长的电磁波。研究证明，无线电波、光波、红外线、紫外线、X 射线、γ 射线都是不同波长的电磁波。

3. 电磁波谱　我们已知无线电波是电磁波，其波长范围从几十千米到几毫米，又已知光波也是电磁波，其波长不到 $1\mu m$，可见电磁波是一个很大的家族，作用于我们眼睛并引起视觉的部分，只是一个很窄的波段，称可见光，在可见光波范围外还存在大量的不可见光，如红外线、紫外线等。不同波长电磁波的产生机制和应用领域常常有很大区别。因此人们常把各类电磁波按波长大小依次排成一列，称为电磁波谱。若按其波长从小到大依次排列，有：γ 射线、X 射线、紫外线、可见光（紫、蓝、青、绿、黄、橙、红）、红外线、无线电波（微波、超短波、短波、长波）等。由于它们的性质各不相同，因而也有许多不同的用途。下面将各波段的电磁波做一简要介绍。

（1）无线电波。电磁波谱中，波长最长的是无线电波，波长在 $3\times10^3\sim1\times10^4$ m 之间，分为长波、中波、短波、微波等，主要用于无线电通信。

（2）红外线。红外线是波长在 $0.76\times10^{-6}\sim750\times10^{-6}$ m 之间的电磁波。1800 年英国物理学家赫谢耳用灵敏温度计研究光谱各色光的热作用时，把温度计移至红光区域外侧，发现温度更高，说明这里存在一种不可见的射线，后来就叫做红外线。红外线最显著的特征是热作用。红外线加热的优点是能使物体内部发热，加热效率高，效果好；红外摄影不受白天黑夜的限制；红外线成像（夜视仪）可以

在漆黑的夜间看见目标；红外遥感可以在飞机或卫星上勘测地热，寻找水源、监测森林火情，估计农作物的长势和收成，预报台风、寒潮。

（3）可见光。可见光是波长在 $0.4\times10^{-6}\sim0.76\times10^{-6}$ m 的电磁波。可见光是人眼能看到的各种颜色的光，包括红、橙、黄、绿、青、蓝、紫七种颜色，其中红光的波长最长，紫光的波长最短。白光是这七种颜色的复合光。

（4）紫外线。紫外线是波长在 $0.4\times10^{-6}\sim1\times10^{-9}$ m 的电磁波。1801 年德国物理学家里特，发现在紫外区放置的照相底板感光，荧光物质发光。紫外线的主要作用是化学作用，还有很强的荧光效应和杀菌消毒作用。紫外线照相，可辨别出很细微的差别，如可以清晰地分辨出留在纸上的指纹；紫外线可对医院里病房和手术室消毒；紫外线还可治疗皮肤病、软骨病等。

（5）X 射线。X 射线是波长在 $10^{-7}\sim10^{-13}$ m 的电磁波。1895 年德国物理学家伦琴在研究阴极射线的性质时，发现阴极射线（高速电子流）射到玻璃壁上，管壁会发出一种看不见的射线，伦琴把它叫做 X 射线。X 射线的穿透本领很强，在工业上可用于金属探伤，在医疗上可进行人体透视。

（6）γ 射线。γ 射线是波长在 $10^{-8}\sim10^{-14}$ m 的电磁波。γ 射线具有很强的穿透能力，能将气体电离，对生物具有杀伤作用。

从无线电波到 γ 射线，都是本质相同的电磁波，它们的行为服从共同的规律，另一方面由于频率或波长的不同而又表现出不同的特性，如波长较长的无线电波，很容易表现出干涉、衍射等波所特有的现象，而波长越来越短的可见光、紫外线、X 射线、γ 射线要观察到它们的干涉、衍射现象，就越来越困难了，而粒子性越来越明显。在整个电磁波家族中，我们把具有不同波长的电磁波组成的连续谱称为电磁波谱，如图 6-6-3 所示。

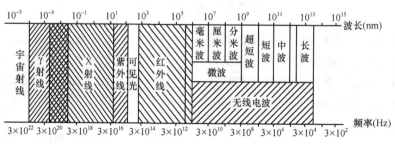

图 6-6-3　电磁波谱

二、电磁波对生物体的作用

电磁波的传播形成电磁辐射。电磁辐射指电磁场的能量以波的形式向四周传播。在没有实物媒质存在时，它的传播速度为光速。电磁辐射可按其波长、频率排列成若干频率段，形成电磁波谱。频率越高，该辐射的量子能量越大，其生物学作用就越强。电磁辐射源主要有：遍布市区的电线、移动通信的信号发射塔、电信的微波传输设备、电视台的电视发射塔以及广播的中波广播和调频广播发射塔，还有一些大型大功率的机器等，生活中的电磁辐射源主要有：手机、电视机、微波炉、电冰箱、电脑、电炉等电子产品。

电磁波对生物体产生的影响主要表现在三个方面：热作用、刺激作用和非热作用。

1. 热作用 在高频电磁波作用下，物质的温度会升高，这就是热作用。高频电磁波的热作用会对生物体产生影响。科学家用老鼠进行实验发现，当照射它们的电磁波超过一定强度时，老鼠会停止进食，来回不断地舔自己的身体以降低温度。而且，热作用还会引起生物体的紧张反应，影响免疫功能等。由于血液循环有散热的功能，所以人体最容易受到高频电磁波伤害的是血管分布较少的部位，如眼睛等处。但是，电磁波需要达到一定强度才能引起动物行为的变化，决定这个强度的主要因素是体重，而与动物种类关系不大，这一强度为 4~8W/kg。专家们以此为依据制定了安全标准，对生活和工作场合的电磁波强度进行限制，以保障人体健康，使人类生活在一个安全的环境中。

2. 刺激作用 当电磁波的频率在 100kHz 以下时，会对人体产生刺激作用，这主要表现在两个方面：一是当人体接触到暴露于电磁波下的非接地金属物体时，会因流过的电流而受到电击；二是外部电磁场的变化会在生物体内产生感应电流，当感应电流大于体内电流（由脑电、心电等引起的在人体内流动的电流）时，就会引起神经系统、视觉系统细胞的兴奋。轻微的刺激作用会使人产生麻酥的感觉。当刺激作用增大时，会引起肌肉收缩、心脏和呼吸器官兴奋等，严重时会出现肌肉疼痛、心室颤动，甚至还会导致心脏停止跳动进而导致死亡。

3. 非热作用 引起非热作用的原理很复杂，至今还没有明确的答案。但是，非热作用确实是存在的。有一个典型的实验是这样做的：从鸡雏、猫的体内摘取出大脑皮质，用调制后的特高频甚高频电磁波对其进行照射，发现有钙离子析出。钙离子是生物体内信息传递、免疫系统工作和细胞繁殖不可缺少的物质，它的浓度变化必然会对生物体产生影响。

电磁辐射会造成所谓的"电磁污染"，即电磁辐射的强度超过人体或环境所能承受的限度所产生的危害现象。它无色、无味、无形、无踪，无任何感觉，可穿透包括人体在内的多种物质，无处不在，被科学家称为"电子垃圾"或"电子辐射污染"，有专家称这是继大气污染、水污染和噪声污染的第四污染。它给人们带来的影响主要表现在以下一些方面。

（1）对神经系统的影响。研究人员指出，人脑对电磁场非常敏感。人脑实质上是一个低频振荡器，极易受到频率为数十赫兹的电力频段电磁场的干扰。外加电磁场可以破坏生物电的自然平衡，使生物电传递的信息受到干扰，可以出现头晕、头疼、多梦、失眠、易激动、易疲劳、记忆力减退等主要症状，还可以出现舌颤、脸颤、脑电图频率和振幅偏低等客观症状。

（2）对心血管系统的影响。人们已经观察到电磁辐射会引起血压不稳和心律不齐，高强度微波连续照射可使人心律加快、血压升高、呼吸加快、喘息、出汗等，严重时可以使人出现抽搐和呼吸障碍，直至死亡。

（3）对血液系统的影响。在电磁辐射的作用下，常会出现多核白细胞、中性粒细胞、网状白细胞增多而淋巴细胞减少的现象。人们还发现某些动物在低频电磁场的作用下有产生白血病的可能。血液生化指标方面则出现胆固醇偏高和胆碱酯酶活力增强的趋势。

（4）对内分泌系统的影响。在电磁场的作用下，人体可发生甲状腺功能的抑制，皮肤肾上腺功能障碍，其改变程度取决于电场强度和照射时间。

（5）对生殖系统和遗传效应的影响。动物实验证明：白鼠在 5kV/m 的电场的作用下，雌雄两性的生殖能力都会下降。人类在大功率的微波作用下，可导致不育或女孩的出生率明显增加。父母一方曾长期受到微波辐射

学习笔记

的,其子女中畸形的发病率明显增加。

（6）诱发癌症。长期处于高电磁辐射的环境中,会使血液、淋巴液和细胞原生质发生改变;影响人体的循环系统、免疫、激素分泌、生殖和代谢功能,严重的还会加速人体的癌细胞增殖诱发癌症,以及糖尿病、遗传性疾病等病症,对儿童还可能诱发白血病的产生。典型的事件是 1976 年美国驻莫斯科大使馆,前苏联为了监听使馆的通信联络情况,向美国大使馆内发射微波,由于工作人员长期处于微波的环境之中,结果 313 人中有 64 人淋巴细胞平均数高出 44%,有 15 位妇女得了腮腺癌。

（7）对视觉系统的影响。电磁辐射对视觉系统的影响表现为使眼球晶体混浊,造成不可逆的器质性损害,影响视力,严重的可造成白内障。

另外,装有心脏起搏器的病人处于高电磁辐射的环境中,会影响心脏起搏器的正常使用,甚至危及生命。

由上可见,电磁波既给人类带来了现代化生活,也给人类带来了新的危险。对人类的健康危害极大,我们必须采取一定的防护措施,尤其是在高强度电磁波环境中工作的人更要防治电磁波的危害。但我们千万不能为此而因噎废食,因为质量合格的仪器泄漏出来的电磁波是很微弱的,我们要了解一些有关电磁波的科学知识,了解电器设备的正确使用方法,避免电磁波可能造成的危害。

一、磁感应强度的概念

磁感应强度是反映空间某一点的磁场强弱和方向的物理量。可以用在磁场中某处垂直磁场方向的通电直导线,受到的磁场力 F,跟通电的电流强度和导线长度的乘积 IL 的比值表示该处的磁感应强度。用符号 B 表示,它是一个矢量。

即

$$B=\frac{F}{IL}$$

二、磁场中的高斯定理

在磁场中通过任一闭合曲面的总磁通量为零,这就是磁场中的高斯定理。

$$\oiint_s B \cdot dS = 0$$

三、安培环路定理

磁感应强度沿任何闭合环路 L 的线积分,与穿过这环路所有电流强度的代数和成正比。这一结论称为安培环路定理。

$$\oint_L B \cdot dl = \mu_0 \sum I$$

四、洛仑兹力

电荷在磁场中运动时会受到磁力的作用,这个力称为洛仑兹力。带电量为 q 的电荷受到的洛仑兹力的大小为

$$f = qvB\sin\theta$$

五、安　培　力

载流导线上任取一电流元 Idl,电流元所在处的磁感应强度为 B,B 与 Idl 的夹角为 θ。电流元 Idl 在磁场中所受的力 $dF=IB\sin\theta dl$,称为安培力。

在均匀磁场中,长度为 L 的载流直导线受力为

$$F = ILB\sin\theta$$

在非均匀磁场中载流导线受力由积分计算。

$$F = \int_L Idl \times B$$

六、法拉第电磁感应定律

穿过闭合回路的磁通量发生变化时,回路中产生的感应电动势 ε 与磁通量的变化率成正比,即

$$\varepsilon = -\frac{d\Phi}{\Delta t}$$

七、楞　次　定　律

感应电流具有这样的方向:即感应电流的磁场总要阻碍引起感应电流的磁通量的变化。

八、感应电动势

感应电动势可以分为两种类型。一种是在稳恒磁场中运动的导体内部产生的感应电动势,称为动生电动势。另一种是导体不动,因磁场变化而产生的感应电动势,称为感生电动势。

九、电　磁　波

麦克斯韦指出,任何变化的磁场都要在周围空间产生电场,任何变化的电场都要在周围空间产生磁场。因此,变化的电场和变化的磁场就会交替产生,并且不可分割地联系在一起,形成一个统一的电磁场。

变化的电场和变化的磁场交替产生,并由近到远向周围空间传播,这种变化的电磁场携带着能量由发生区域向远处的空间传播形成了电磁波。电磁波对人体可产生作用。

小　结

一、选择题

1. 在匀强磁场中,有两个平面线圈,其面积 $S_1 = 2S_2$,通有电流 $2I_1 = I_2$,它们所受到的最大磁力矩之比 $M_1 : M_2$ 等于　　　　　（　　）
   A. $1 : 1$　　B. $2 : 1$　　C. $4 : 1$　　D. $1 : 4$

2. 根据楞次定律知感应电流的磁场一定是　（　　）
   A. 阻碍引起感应电流的磁通量
   B. 与引起感应电流的磁场反向
   C. 阻碍引起感应电流的磁通量的变化
   D. 与引起感应电流的磁场方向相同

3. 如题图 6-1 所示,通电导线旁边同一平面有矩形线圈 $abcd$。则下面的说法中不正确的是　　　　（　　）
   A. 若线圈向右平动,其中感应电流方向是 $a \rightarrow b \rightarrow c \rightarrow d$
   B. 若线圈竖直向下平动,无感应电流产生
   C. 当线圈以 ab 边为轴转动时,其中感应电流方向是 $a \rightarrow b \rightarrow c \rightarrow d$
   D. 当线圈向导线靠近时,其中感应电流方向是 $a \rightarrow b \rightarrow c \rightarrow d$

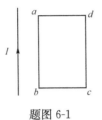

题图 6-1

4. 如题图 6-2 所示,匀强磁场垂直于圆形线圈指向纸里,a、b、c、d 为圆形线圈上等距离的四点,现用外力作用在上述四点,将线圈拉成正方形。设线圈导线不可伸长,且线圈仍处于原先所在的平面内,则在线圈发生形变的过程中　　　　（　　）
   A. 线圈中将产生 $abcd$ 方向的感应电流
   B. 线圈中将产生 $adcb$ 方向的感应电流
   C. 线圈中产生感应电流的方向先是 $abcd$,后是 $adcb$
   D. 线圈中无感应电流产生

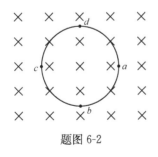

题图 6-2

5. 根据麦克斯韦电磁理论,下列说法中正确的是　　　　　　　　（　　）
   A. 电场周围一定产生磁场,磁场周围也一定产生电场
   B. 变化的电场周围一定产生磁场,变化的磁场周围也一定产生电场

C. 变化的电场周围一定产生变化的磁场
D. 电磁波在真空中的传播速度等于光速

6. 关于机械波和电磁波,下列说法中错误的是　（　　）
   A. 机械波和电磁波都能在真空中传播
   B. 机械波和电磁波都可以传递能量
   C. 波长、频率、波速间的关系,即 $v = \lambda f$,对机械波和电磁波都适用
   D. 机械波和电磁波都能发生衍射和干涉

7. 某电磁波从真空进入介质后,发生变化的物理量有　　　　　　（　　）
   A. 波长和频率　　　　B. 波速和频率
   C. 波长和波速　　　　D. 频率和能量

8. 如题图 6-3 所示,长度为 l 的直导线 ab 在均匀磁场 B 中以速度 v 移动,直导线 ab 中的电动势为　　　　　　　　　　　　　　　（　　）
   A. Blv　　　　　　　B. $Blv\sin\theta$
   C. $Blv\cos\theta$　　　　D. 0

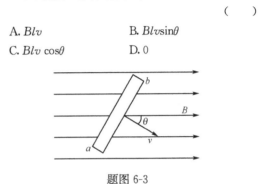

题图 6-3

二、填空题

1. 在磁场中某点放一很小的试验线圈。若线圈的面积增大一倍,且其中电流也增大一倍,该线圈所受的最大磁力矩将是原来的_____倍。

2. 磁场中任一点放一个小的载流试验线圈可以确定该点的磁感强度,其大小等于放在该点处试验线圈所受的_____和线圈的_____的比值。

3. 在载流长直导线附近放置一矩形线圈,开始时线圈与导线处在同一平面内,且线圈的两个边与导线平行,如题图 6-4 所示。当线圈做下面的三种平动时,产生感应电流的方向分别为(a)_____,(b)_____,(c)_____。

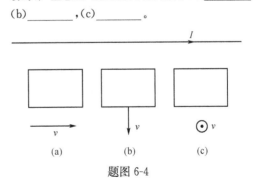

题图 6-4

4. 在磁感强度为 B 的均匀磁场中,以速率 v 垂直切割磁力线运动的一长度为 L 的金属杆,相当于_____,它的电动势大小为_____,产生此电

学习笔记

动势的非静电力是＿＿＿＿＿＿＿。

5. 某电台的节目频率为1000Hz，它的波长是＿＿＿＿＿m，周期是＿＿＿＿s。

6. 按频率大小排列的各种电磁波是＿＿＿＿＿＿＿，其中频率越＿＿＿＿＿＿＿的电磁波，就越容易出现干涉和衍射现象。

三、名词解释

1. 磁感应强度　2. 磁通量　3. 安培力　4. 磁矩
5. 动生电动势　6. 感生电动势

四、问答题

1. 磁场中的高斯定理与静电场中的高斯定理本质上的区别是什么？

2. 产生感应电流的条件是什么？

3. 磁场的生物效应与哪些因素有关？

五、计算题

1. 若有一电子($e=-1.6\times10^{-19}$C)以 $v=3\times10^7$m/s 的速度射入磁场中某点，已知其速度与磁场方向垂直，测得电子所受的磁力 $f=4.8\times10^{-11}$ N，v 与 f 的方向如题图6-5所示。求该点的磁感应强度的大小和方向。

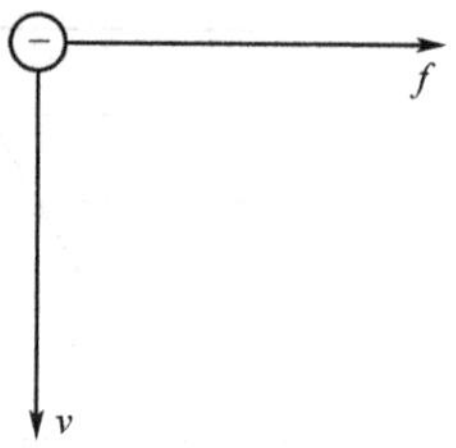

题图 6-5

2. 已知磁感应强度为2T的均匀磁场，方向沿 x 轴，如题图6-6所示。求通过 $abcd$ 面、$befc$ 面的磁通量。

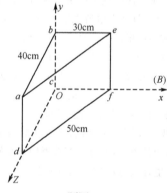

题图 6-6

3. 一长为30cm的直导线，通有电流1.5A，放置在磁感应强度为8×10^{-2}T的均匀磁场中，磁场方向与导线成30°角，求导线所受的安培力。

4. 一直径为2cm的圆形线圈，共10匝，通过的电流为0.1A。求：

(1) 线圈的磁矩。

(2) 若将该线圈放置在1.5T的均匀磁场中，线圈受到的最大磁力矩。

5. 如题图6-7所示，在0.4T的均匀磁场中，有一长方形平面金属线框，线框可动部分 ab 和 cd 长为0.10m。求：

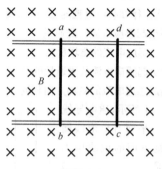

题图 6-7

(1) 若 ab 和 cd 各以速率2.0m·s^{-1}分别匀速向左和向右运动时，线框的感应电动势的大小和感应电流的方向。

(2) 若 ab 和 cd 以同样的速度沿同一方向运动时，其感应电动势的大小和感应电流的方向又如何？

6. 如题图6-8所示，一金属棒 OA，长为50cm，在0.5×10^{-4}T的均匀磁场中，以一端 O 为轴心沿逆时针方向转动，转速为2r/s。求该金属棒的动生电动势，并指出哪一端电势高。

题图 6-8

（邵江华）

第7章　光的波动性

1. 知道光是一种电磁波,具有波动的基本性质。
2. 能解释杨氏干涉现象,会进行简单计算。
3. 能解释夫琅禾费单缝衍射和光栅衍射现象,会进行简单计算。
4. 能说出光的偏振性。
5. 能说出双折射现象和旋光现象。

糖 量 计

临床上常常用糖量计检查糖尿病患者尿中糖的含量。糖量计就是根据偏振光通过某些物质时,它的振动面绕光的传播方向发生旋转这种现象,来制作的测量糖溶液浓度的仪器。

人们认识多彩自然界,是通过眼、耳、鼻、舌、身这五个感官反映到人的头脑中进行的。眼位于五官之首。据统计,人们获得的各种信息90%是通过视觉,而产生视觉的先决条件是光的照射。因此,人们对自然中各种变幻无常的光学现象的研究一刻也没有间断过,并且取得了伟大的成果。人们创造出的许多巧妙的光学仪器和设备,在生产和生活中发挥着越来越重要的作用。光学技术在医学中也得到越来越普遍的应用,无论是传统的内窥技术、X射线透视技术等,还是今天的CT、放射治疗等技术,无一不是建立在光学理论研究和技术应用的基础之上的。

本章将通过对光的干涉、衍射、偏振等现象研究光的波动性。

第1节　光的干涉

一、光是一种电磁波

1845年法拉第(M. Faraday)在实验中观察到光的振动面在磁场中发生偏转,首先发现了光和电磁现象的密切联系。1865年麦克斯韦(James Clerk Maxwell)把电磁现象的规律概括成一方程组,并由此预言了电磁波的存在。在麦克斯韦电磁理论中,电磁波的传播速度与测定的光在真空中的速度非常接近,这是麦克斯韦认为光是一种电磁波的重要依据。

实验和理论都证明,光波产生的光效应是其中电矢量的作用,因此把光波中的电矢量称为光矢量,在讨论光现象时,只考虑电矢量的变化情况,把电矢量的周期性变化称为光振动。根据波动的一般表达式可知,光波的表达式可用下式表示:

$$E = E_0 \cos\left[\omega\left(t - \frac{x}{u}\right) + \varphi\right] = E_0 \cos\left(\omega t - \frac{2\pi x}{\lambda} + \varphi\right)$$
$$(7.1.1)$$

式中:λ 为光波的波长,u 为光在媒质中的传播速度,ω 为光波的角频率(在这个表达式下,光波的强度——光强 I 正比于 E_0^2)。由于在波动光学中多涉及光强的相对分布,为了简化可以认为光强等于振幅的平方,即:

$$I = E_0^2 \qquad (7.1.2)$$

二、光的干涉现象

1. **相干光**　光既然是一种电磁波,它就具有波动的一般性质,即能产生干涉和衍射现象。实际上,在自然界和生活中,我们可以观察到许多光的干涉现象。例如,水面上的油膜在阳光的照射下,呈现出五彩缤纷的美丽图样;公园里孔雀的尾翎在阳光下发出美丽的光彩,而且随着孔雀的转动色彩不时发生变化……

虽然光的干涉现象在自然界中似乎到处可见,但并非任何两个光波相遇都会产生干涉。例如,在房间里同时开两盏灯,它们各自发出的光虽然相遇,但我们却观察不到干涉现象。这是因为两束光只有满足频率相同,振动方向相同,相位相同或相位差恒定这三个条件,才能产生干涉现象,这三个条件称为相干条件。把满足相干条件的光称为相干光,能产生相干光的光源称为相干光源,一般情况下,

73

之所以观察不到干涉现象，是因为一般光源发出的光不是相干光。

产生相干光的方法有多种，实际中常用的有以下3种方法。

（1）阵面分割法。即把光源发出的同一波阵面上两点作为相干光源产生干涉的方法，如以下将要讲到的杨氏双缝干涉实验。

（2）振幅分割法。一束光线经过介质薄膜上下两表面的反射形成的两束光线产生干涉的方法，如高中曾学过的薄膜干涉、等厚干涉等。

（3）采用激光光源。激光光源的频率、相位、振动方向及传播方向都相同，是目前最好的相干光源。

2. 杨氏双缝干涉现象　历史上第一个成功的光的干涉实验是英国物理学家、医生托马斯·杨（Thomas Young）在1801年完成的双孔实验，如图7-1-1所示，用普通单色光源照射小孔 S，S 可看成点光源，发出球面光波。在 S 后对称位置上，有另外两个小孔 S_1、S_2，它们从 S 发出的球面光波上分离出两个很小的部分，作为相干光源。由 S_1、S_2 发出的光在空间相遇，将发生干涉现象，屏C上将出现明暗相间的条纹。

为了提高干涉条纹的亮度，S、S_1、S_2 分别用三个相互平行的狭缝代替。

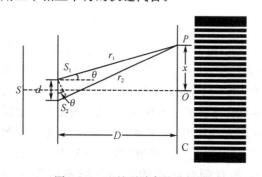

图7-1-1　双缝干涉条纹分析图

3. 杨氏双缝干涉条纹计算　由图7-1-1可知 $SS_1 = SS_2$，所以从 S_1 和 S_2 发出的波的初相位始终相同，光波到达屏C上任意一点 P 的相位差由式（7.1.1）可知，只决定于 S_1 和 S_2 到 P 点的距离 r_1 和 r_2。

$$\Delta\varphi = \frac{2\pi}{\lambda}(r_2 - r_1) = \frac{2\pi}{\lambda}\delta \quad (7.1.3)$$

$$\delta = r_2 - r_1 \quad (7.1.4)$$

其中 $\delta = r_2 - r_1$ 是两列光波在真空中到达 P 点的路程差，称为光程差。P 点处光振动的合振幅

$$E^2 = E_1^2 + E_2^2 + E_1 E_2 \cos\Delta\varphi \quad (7.1.5)$$

实验中两缝 S_1 与 S_2 间距 d 很小，$d \ll D$，而角度 θ 通常很小，所以根据图中几何关系，虚线段 $S_1 S_2$ 近似垂直于 $r_1 r_2$，因此

$$r_2 - r_1 \approx d\sin\theta$$

链　接

若媒质的折射率为 n，光在该媒质中的传播距离为 r，则 nr 称为光程。

（1）若 $\Delta\varphi = \pm 2k\pi (k = 0, 1, 2, \cdots)$，则在 P 处合振幅最大，P 点为明纹，即：

$$\frac{2\pi}{\lambda}\delta = \pm 2k\pi \quad (k = 0, 1, 2, 3, \cdots)$$

$$\delta = d\sin\theta = \pm k\lambda \quad (k = 0, 1, 2, 3, \cdots)$$

$$(7.1.6)$$

上式即观察到明纹中心的条件。

（2）若 $\Delta\varphi = \pm(2k+1)\pi (k = 1, 2, 3, \cdots)$，则在 P 处合振幅最小，P 点为暗纹，即：

$$\frac{2\pi}{\lambda}\delta = \pm(2k+1)\pi \quad (k = 0, 1, 2, \cdots)$$

$$\delta = d\sin\theta = \pm(2k+1)\frac{\lambda}{2} \quad (k = 0, 1, 2, \cdots)$$

$$(7.1.7)$$

上式即观察到的暗纹中心的条件。

以上两式中，k 连同正、负号给出明、暗纹的级次。$k = 0$ 的零级明纹在 $\theta = 0$ 处，称为中央明纹，两侧向外有 0 级暗纹，± 1 级明纹等。

（3）相邻明纹中心的间距。

令第 k 级明纹对应的 θ 为 θ_k，则由式（7.1.6）得：

$$d\sin\theta_k = k\lambda$$

设这一明纹的坐标为 y_k 则

$$y_k = D\tan\theta_k$$

因 θ 很小，$\sin\theta_k \approx \tan\theta_k \approx \theta_k$，故

$$y_k = D\frac{k\lambda}{d} = k\frac{D}{d}\lambda$$

同理相邻的 $k+1$ 级明纹中心的坐标为

$$y_{k+1} = (k+1)\frac{D}{d}\lambda$$

相邻的明纹中心的间距：

$$\Delta y = y_{k+1} - y_k = \frac{D}{d}\lambda \quad (7.1.8)$$

学习笔记

此结果表明：①Δy 与 k 无关，因此干涉条纹是等间距分布的。②由于光波波长 λ 很短，两缝间距 d 必须足够小，从两缝到屏的距离 D 必须足够大，才能使条纹间距 Δy 大到可以用肉眼分辨清楚。③用不同波长的单色光源做实验时，条纹的间距不相同，波长短的单色光，条纹间距小；波长长的单色光，条纹间距大。

如果用白光做实验，只有中央条纹是白色的，其他各级都是由紫到红的彩色条纹。

在眼科检查临床上，利用杨氏干涉原理制成了对比敏感度检测仪，该仪器将激光分成两束经过瞳孔直接投射到眼底上，在视网膜上形成不同频率、不同亮度的干涉条栅。通过测量各种条栅频率下的对比度阈值，可以绘制出受视者视觉系统的对比敏感度函数，对于眼底疾病的诊断有一定的帮助。

在影像检查中，光的干涉原理为进一步提高影像设备检查的准确率，开辟了新的途径。

目前放射线影像设备主要还是应用 X 射线的透射衰减效应作为成像的主要手段。但是由于透射成像对细节展示能力不够，影像只能够反映某些人体组织的病变，对许多疾病不能准确判断。例如，X 射线乳房透视成像术对妇女的乳腺癌的诊断的假阳性率很高，有大约 20％的患者必须另外做活体组织检查来确诊。同时，假阴性的比率也很高，相对那些准确确诊的癌症患者的比例，大约 10％被误诊为阴性。在研究中 X 射线相干散射所表现出的特性，为上述问题的解决提供了一种切实可行的方法，人们正考虑应用 X 射线相干散射技术辅助进行更为精确的医疗诊断，相信在未来的医学影像技术中它会得到广泛的应用。

例 7-1-1　在杨氏干涉装置中，双缝间的距离为 3.00×10^{-4}m，双缝与屏间的距离为 1.20m，二级明纹中心到中央明纹中心的距离

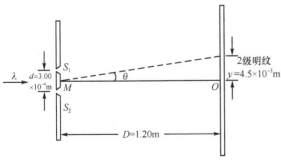

图 7-1-2　例 7-1-1 题图

为 4.50×10^{-3}m，如图 7-1-2 所示，试求：

（1）入射光波的波长 λ；

（2）相邻的明纹中心的间距 Δy。

解：（1）根据图中所示的几何关系，得

$$\sin\theta\approx\tan\theta=\frac{y}{D}=\frac{4.50\times10^{-3}}{1.20}=0.00375$$

根据式（7.1.6）得

$$\lambda=\frac{d\sin\theta}{k}=\frac{3.00\times10^{-4}\times0.00375}{2}=5.63\times10^{-7}(\text{m})=563\text{nm}$$

（2）根据式（7.1.8）得

$$\Delta y=\frac{D}{d}\lambda=\frac{1.20\times5.63\times10^{-7}}{3.00\times10^{-4}}=2.25\times10^{-3}(\text{m})$$

链接

薄膜干涉现象

在日常生活中可以观察到，太阳光照在肥皂泡上，肥皂膜上显现出彩色花纹的现象就是薄膜干涉现象。光波照射到透明薄膜时，在膜的前后两个表面都有部分被反射。这些反射光波是同一入射光的两个部分，只是经历了不同的路径而使之有恒定的相位差，因此它们是相干光，在它们相遇时就产生干涉现象。照相机的透镜上镀一层薄膜，就是利用薄膜干涉原理来减少表面反射，使更多的光进入透镜。

第 2 节　光 的 衍 射

一、光的衍射现象

如图 7-2-1 所示，一束单色光照射到一宽度可调的狭缝上，观察狭缝后的光屏可发现，当狭缝宽度 a 足够大时，光屏上出现亮度均匀的光斑，光表现出直线传播的特性。调节狭缝宽度 a 变小，光的亮度也相应减小，但当狭缝宽度减小到一定程度时，光斑区域将变大，原来亮度均匀的斑变成了一系列明暗相间的条纹，这种光波遇到障碍物而偏离直线传播的现象，称为光的衍射。

由以上实验可知，观察衍射现象，需要有光源、衍射物（如狭缝）和观察屏，根据三者之间距离的不同，可把衍射分为两大类。一类是光源、观察屏到衍射物之间的距离均为有限或两者中有一个为有限，这种衍射称为菲涅耳（Augustin-Jean Fresnel）衍射。另一类是上

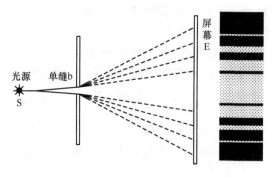

图 7-2-1　单缝衍射现象

述两个距离均为无限远,称为夫琅禾费(Joseph von Fraunhofer)衍射。这时入射光和衍射光到屏上任意一点的光都是平行光。夫琅禾费衍射相对于菲涅耳衍射较简单,故我们在此仅讨论夫琅禾费衍射。夫琅禾费衍射的条件,在实验室里可借助透镜实现。

二、惠更斯-菲涅耳原理

菲涅耳在惠更斯(Christian Huygens)原理的基础上进一步指出,从同一波阵面上各点所发出的光波,在空间相遇将互相叠加而产生干涉现象。这就是惠更斯-菲涅耳原理。根据这个原理,上述衍射现象中出现的明暗相间的条纹,是由于从同一波阵面上所发出的子波产生相干叠加的结果。

链接

泊松亮点

一般情况下,让一束单色光照射一圆盘,在圆盘后面的光屏上将看到一圆盘样的阴影,但当圆盘的半径足够小时,根据惠更斯-菲涅耳原理可以计算出圆盘衍射图样的中心处为一亮点。实验发现,圆盘衍射图样中心处确实为一亮点——泊松亮点,如图7-2-2所示。

图 7-2-2　泊松亮点

三、夫琅禾费衍射

1. 夫琅禾费单缝衍射现象　夫琅禾费单缝衍射装置如图 7-2-3 所示。单色光源 S 放在透镜 L_1 的焦点上,观察屏 E 放在透镜 L_2 的焦平面上。当平行光垂直照射到宽度为 a 的狭缝上时,在屏幕 E 上将出现明暗相间的衍射条纹。正对狭缝的是中央明纹,两侧对称分布着各级明暗条纹。各级条纹亮度分布是不均匀的,中央明纹最亮、最宽,其他各级明纹的光强迅速下降且随着级数的增大亮度逐渐减小,如图 7-2-4 所示。图中曲线表示光强的分布,光强的极大值、极小值与各级明暗条纹的中心相对应。

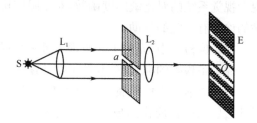

图 7-2-3　夫琅禾费单缝衍射实验图

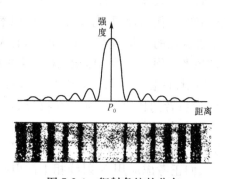

图 7-2-4　衍射条纹的分布

2. 夫琅禾费单缝衍射的半波带分析法 图 7-2-5 狭缝宽为 a,入射光的波长为 λ。根据惠更斯-菲涅耳原理,波阵面 AB 上的每一点向各个方向发射子光波,光屏上任意一点的光振动,都是这些子波相干叠加的结果。设与入射光成 θ 角(称为衍射角)的一束衍射光经透镜 L_2 会聚到光屏上的 P 点,从 A 点作 $AC\perp BC$,显然这两束光线的边缘光线之间的光程差为

$$BC = a\sin\theta$$

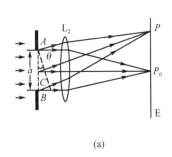
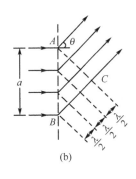

(a)　　　　　　　　(b)

图 7-2-5

如果 BC 等于入射光波半波长的偶数倍，例如 2 倍，则可把 BC 分成两等分，并过等分点作平行于 AC 及狭缝的平面，把狭缝上的波面分成等面积的两份，每一份称为一个半波带。在这两个半波带中，存在着一一对应的点，从这些对应点发出的子波，在 P 点的光程差为 $\dfrac{\lambda}{2}$，它们在 P 点产生的合振动为零。于是这两个半波带在 P 点产生的总合振动为零，P 点的衍射光强为极小值。

如果半波带数为另一个偶数，则相邻的两个半波带在 P 点产生的振动仍然相互抵消，P 点的合振动仍为零，衍射光强也为极小。

若对于某一个衍射角 θ，$a\sin\theta$ 为半波长的奇数倍，即分得的半波带为奇数，则其中偶数个半波带的振动相互抵消，剩下的一个半波带在 P 点产生的振动就是 P 点的光振动，这时 P 点为一个衍射强度极大值所在处。

对于 $\theta=0$，波面上各点到 P_0 点的光程相等，这时 P_0 点的振动就是波阵面上所有子波的振动之和，P_0 点的光强最大，称为中央主极大，而相应地把上面所说的各种极大称为次极大。

如果对于某个 θ 值，$a\sin\theta$ 不为 $\dfrac{\lambda}{2}$ 的整数倍，则 P 点的光强介于极大值与极小值之间。

综合以上的讨论，我们得到衍射极大与极小的条件如下。

中央主极大　　$\theta=0$　　　　　(7.2.1)

次极大　　$a\sin\theta=\left(k+\dfrac{1}{2}\right)\lambda\,(k=\pm1,\pm2,\cdots)$

(7.2.2)

极小 $a\sin\theta=k\lambda\,(k=\pm1,\pm2,\cdots)$ (7.2.3)

用半波带法也可以对次极大的光强做定性分析。当 θ 增加时，满足式(7.2.2)的 k 值也增加，波面分成的半波带数目也增加，半波带面积减小。所以随着 k 值增加，次极大的强度减小。式(7.2.2)与式(7.2.3)中的 k 值称为衍射级数。

两个第一级暗纹中心间的距离称为中央明纹的线宽度，由式(7.2.3)得中央明纹的半角宽度：

$$\Delta\theta_0\approx\sin\Delta\theta_0=\frac{\lambda}{a} \qquad (7.2.4)$$

若 f 为透镜 L_2 的焦距，则屏上中央明纹的线宽度为

$$\Delta x=2f\tan\theta\approx2f\sin\theta=2f\frac{\lambda}{a} \qquad (7.2.5)$$

相邻暗纹之间的宽度定义为一条明纹的宽度，由式(7.2.3)得到一条明纹在屏上的线宽度为 $f\dfrac{\lambda}{a}$，即其他各级明纹的宽度相等，且皆为中央明纹宽度的 $\dfrac{1}{2}$。

由式(7.2.5)可知中央明纹的宽度正比于 λ，反比于缝宽 a。即缝越窄，光波波长越长，衍射现象越显著；缝越宽，波长越短，衍射越不显著。当 $a\gg\lambda$ 时，各级衍射条纹向中央靠拢，密集得无法分辨时，只能观察到一条明纹，它就是透镜所形成的单缝的像，这个像相应于从单缝射出的光是直线传播的平行光束。由此可见，光的直线传播是光的波长较障碍物的线度小很多时，衍射现象不显著的情形。

当缝宽 a 一定时，入射光波 λ 越大，同一级衍射角也越大，因此，若以白光照射，中央明纹是白色的，而其两侧则呈现出一系列由紫到红的彩色条纹。

3. 夫琅禾费圆孔衍射与光学仪器的分辨率　平行光通过小圆孔经透镜汇聚，照射在位于透镜焦平面上的屏幕上，会形成衍射图样。如图 7-2-6 所示，图样中央是个明亮的光斑，外

学习笔记

围是一组同心暗环和亮环。其中位于中央的亮　斑称作艾里斑,它集中了衍射光能的 83.5%。

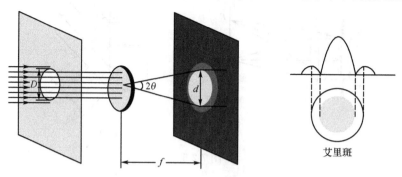

图 7-2-6　圆孔衍射和艾里斑

设 D 为小圆孔直径,可推出半角宽度:

$$\theta \approx \sin\theta = 1.22 \frac{\lambda}{D} \qquad (7.2.6)$$

若以 f 表示透镜的焦距,艾里斑半径可表示为

$$r = \frac{1}{2}d = f\theta = 1.22 f \frac{\lambda}{D} \qquad (7.2.7)$$

从上式可见,D 越大或 λ 越小,衍射现象越不显著。

按照几何光学理论,只要适当选择透镜的焦距,就可以把任何微小的物体放大到清晰可见的程度。因而,任意两个点光源,无论相距多少,总是可以分辨的。然而,由于透镜的透光孔径 D 是有限的,通过式(7.2.7)可知,当两物点相距很近时,其成像将由于发生衍射而出现以几何像点为中心的衍射图样重叠,进而导致我们无法通过仪器分辨。

一般光学仪器成像,可以看成圆孔衍射,由于衍射现象的存在,会使得图像边缘变得模糊不清,因此圆孔的夫琅禾费衍射对于光学仪器的分辨率即成像质量有直接影响。

(1) 当两个物点距离较远,两衍射图样没有重叠,两点能被清晰地分辨,如图 7-2-7(a) 所示。

(2) 当两物点距离逐渐靠近,衍射图样如图 7-2-7(b)所示时,此时两物点恰能分辨,分辨角为最小分辨角,大小将满足:

$$\theta_0 = \frac{d}{2f} = 1.22 \frac{\lambda}{D} \qquad (7.2.8)$$

$\frac{1}{\theta_0}$ 称为分辨率,光学仪器的最小分辨角越小,分辨率越高。

(3) 当两物点距离进一步减小,其衍射图样如图 7-2-7(c)所示,此时两物点无法分辨。

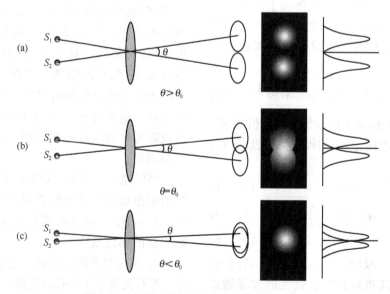

图 7-2-7　两物点距离远近对成像质量的影响

例 7-2-1　一束单色平行光垂直射向单缝并通过焦距 $f=0.40\text{m}$ 的透镜,在焦面处观察屏上形成衍射条纹,如图 7-2-8 所示,缝宽 $a=4.0\times10^{-5}$ m。分别计算与波长 $\lambda_1=690\text{nm}$(红光)及 $\lambda_2=410\text{nm}$(紫光)对应的中央明纹半角宽度 $\Delta\theta_0$ 及线宽度 Δx。

解: (1) 当 $\lambda_1=690\text{nm}$ 时

根据式(7.2.4),可得中央明纹半角宽度为

$$\Delta\theta_0\approx\sin\theta=\frac{\lambda}{a}=\frac{690\times10^{-9}}{4.0\times10^{-5}}=0.99°$$

根据式(7.2.5),中央明纹线宽度为

$$\Delta x\approx2f\frac{\lambda}{a}=2\times0.40\times\frac{690\times10^{-9}}{4.0\times10^{-5}}=0.014(\text{m})$$

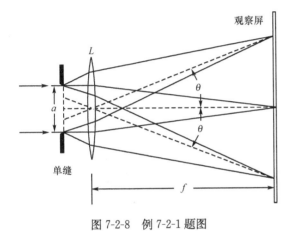

图 7-2-8　例 7-2-1 题图

(2) 当 $\lambda_2=410\text{nm}$ 时,可得
$\Delta\theta_0\approx0.59°$
$\Delta x\approx0.0082\text{m}$

四、光栅衍射

光栅是一种光学元件,透射光栅是其中的一种,它由大量等宽度、等间距的平行狭缝组成,缝的宽度 a 和两缝间不透光部分的宽度 b 之和称为光栅常数,通常用 d 表示,即 $d=a+b$。光栅常数 d 越小,表示光栅的性能越好。

图 7-2-9 是光栅衍射的原理示意图,当平行光照射到光栅 G 上时,光栅上每一条缝都将在屏幕 E 的同一位置上产生单缝衍射的图样,各条狭缝的衍射将在屏幕 E 上相干叠加,形成光栅的衍射图样。即光栅衍射图样是单缝衍射和多狭缝干涉的总效果。

如图 7-2-9 在衍射角为 θ 的方向上,从任意相邻的两条缝相对应的点发出的光,到达 P 点的光程差都是 $\delta=d\sin\theta$,由光的干涉规律

知:当 $\theta=\pm k\lambda$($k=0,1,2,\cdots$)满足时,通过所有缝的光到达 P 点的相位都是相同的,它们将彼此加强,形成亮纹。式(7.2.9)称为光栅方程,其中 k 表示明纹的级数,$k=0$ 的亮纹称为中央零级亮条纹,$k=1,2,\cdots$ 时,分别称为第一级亮条纹、第二级亮条纹……

$$d\sin\theta=\pm k\lambda\ (k=0,1,2,\cdots)\quad(7.2.9)$$

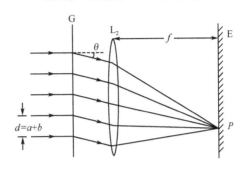

图 7-2-9　光栅衍射原理示意图

从式(7.2.9)可以看出,光栅常数 d 越小,各级明纹的衍射角就越大,即各级明纹越分得开。对于给定长度的光栅,总缝数越多,明条纹越亮。如果用白光(或其他复色光)入射到光栅上,则除中央零级明纹外,其他各级明条纹都因波长不同而各自分开,形成光栅光谱。光栅是光谱分析仪器的核心部件。

因为光栅衍射图样是单缝衍射相干叠加的结果,那么如果衍射角 θ 在满足式(7.2.9)的同时,又满足单缝衍射形成暗纹的条件 $a\sin\theta=\pm k'\lambda$,即此处是单缝衍射极小,又是多缝相干叠加相互加强处,故此处的衍射条纹应为极小,即为暗纹,亦即在光栅衍射图样上,便缺少这一级明纹,这一现象称为缺级现象,所缺的级 $k=\pm\dfrac{d}{a}k'$,$k'=1,2,3,\cdots$

例如当 $\dfrac{d}{a}=2$ 时,则缺的级数为 $\pm2,\pm4,\cdots$

例 7-2-2　用一台光栅为 800 线/mm 的光栅光谱仪测得两条一级谱线的衍射角分别为 28.112° 及 28.143°,试计算这两条谱线的波长。

解: $d=\dfrac{1.0}{800}\text{mm}=1.25\times10^{-6}\text{m}$

当 $k=1$ 时,由光栅方程可得
$\lambda=d\sin\theta$
将 θ 的数值分别代入,得
$\lambda_1=1.25\times10^{-6}\times\sin28.112°$
$=589.0\text{nm}$
$\lambda_2=589.6\text{nm}$

学习笔记

这是钠黄光的两个波长成分。

第3节 光 的 偏 振

光波是一种电磁波,电磁波的电场强度矢量 E(简称电矢量)和磁场强度矢量 H(简称磁矢量)的振动方向都垂直于波的传播方向,并且它们之间也相互垂直,因此光波是横波。但干涉和衍射只表明了光的波动性,不能说明光波是纵波还是横波,而光的偏振现象表明了光波是横波。

在光波的电矢量和磁矢量中,能引起感光作用和生理作用的主要是电矢量 E,所以,我们一般把电矢量 E 称为光矢量,把电矢量 E 的振动称为光振动,并以它的振动方向代表光的振动方向。

一、自然光与偏振光

1. 自然光　在自然状态下发光体中的大量分子、原子先后间歇发光时,发出的光包含各个方向的振动,其中任何一个方向都不会比其他方向特殊,在与传播方向垂直的平面内,所有可能的方向上,E 的振幅都相等,这样的光称为自然光。即自然光中的振动是无规则的,光振动在各个方向上有相同的概率,没有任何一个方向占优势。

我们在研究光的偏振性质时,常在垂直于光传播方向的平面内把光振动分解为两个相互垂直方向的分振动。

对于自然光,可在任意取定的两个相互垂直的方向上分解出两个分振动,它们有相同的振幅,但无固定的相位关系。为了表示这种情况,常用图 7-3-1 所示的方式表示自然光。圆点与箭头表示两个振幅相等,振动方向分别垂直和平行于纸面的光振动。

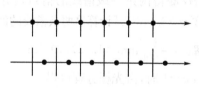

图 7-3-1　自然光的表示方法

2. 偏振光　当一束光波只有一个固定方向的光振动时,称为线偏振光或平面偏振光,如图 7-3-2 所示。

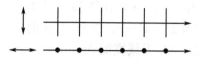

图 7-3-2　线偏振光的表示方法

如果在垂直于光传播方向的平面上观察,虽然各个方向上都有光振动,但光振动振幅的大小不同,即光矢量在某一方向上最强,在某些方向上较弱,那么这种光既包含自然光也包含偏振光,称为部分偏振光,通常用图 7-3-3 表示。

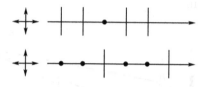

图 7-3-3　部分偏振光的表示方法

二、马吕斯定律

1. 起偏与检偏　将自然光转换成偏振光的过程称为起偏。能够把自然光变成偏振光的装置称为起偏器。起偏器的作用像一个滤板,它只让光波中沿某一特定方向振动的成分通过。因此,通过起偏器后的光波就成为在该特定方向上振动的偏振光。

链 接

一种常用的能产生线偏振光的器件称为偏振片。最早的一种人造偏振片称为 J 偏振片,是 1928 年由哈佛学院 19 岁的学生兰德(E. H. Land)发明的。

人眼是不能分辨光的振动方向的,当然也就无法辨别自然光和偏振光,人们要想知道一束光是否偏振,必须借助检测装置,这种用于检测光波是否偏振以及判定它的振动方向的装置,称为检偏器。任何起偏器也都可以用作检偏器。如图 7-3-4 为偏振片检偏的示意图。

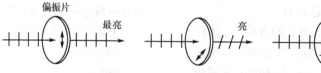

图 7-3-4　偏振片检偏示意图

2. 马吕斯定律 如图 7-3-5 所示，P_1、P_2 分别为起偏用的偏振片和检偏用的偏振片，它们只让那些与片中平行线平行方向上的振动成分通过，这个方向称为透射轴（或偏振化方向），它们的偏振化方向间的夹角为 α，自然光通过起偏器后变成平面偏振光，其振幅为 E_0，相应的光强为 I_0，透过 P_1 的光，其光振动的方向与 P_1 的偏振化方向一致。将 E_0 在检偏器 P_2 的偏振化方向及与之垂直的方向上分解（见如图 7-3-5），则只有与 P_2 偏振化方向平行的分量 $E_{//}=E_0\cos\alpha$ 才能通过检偏器射出，由于光强 I 与振幅的平方成正比，所以经 P_2 射出的光强为

$$I=E_{//}^2=E_0^2\cos^2\alpha=I_0\cos^2\alpha$$

即：

$$I=I_0\cos^2\alpha \qquad (7.3.1)$$

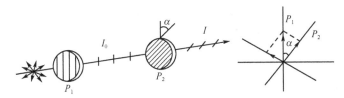

图 7-3-5 马吕斯定律分析图

这一结论称为马吕斯定律。

例 7-3-1 以强度为 I_0 的偏振光入射到检偏器上，若要求透射光的强度降低为原来的 1/2，问两偏振片偏振化方向之间的夹角为多少？

解：由马吕斯定律 $I=I_0\cos^2\alpha$ 得

$$\frac{1}{2}I_0=I_0\cos^2\alpha$$

$$cos^2\alpha=\frac{1}{2}$$

$$\alpha=\pm 45°$$

第 4 节 双折射与旋光现象

一、双折射现象

一般情况下，一束自然光射到两种各向同性媒质的分界面上时，要产生折射现象，并遵守折射定律。但当一束自然光进入各向异性媒质时，折射光往往分成两束，这种现象叫做双折射现象。如我们透过方解石晶体观察书上的字时，可看到字迹有两个重叠的像，表明折射光线分成了两束，即产生了双折射现象。

在双折射产生的两束折射光中，一束折射光总是遵守折射定律，这束折射光称为寻常光，简称 o 光。另一束折射光不遵守折射定律，即一方面该折射光线不一定在入射面内。另一方面对不同的入射角，入射角正弦与折射角的正弦之比的量值不再是常数。这束不遵守折射定律的光线称为非常光，简称 e 光。如图 7-4-1 所示为方解石的双折射示意图。

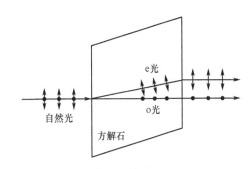

图 7-4-1 方解石的双折射示意图

在各向异性晶体内通常存在一个（或几个）特定的方向，在这个方向上不产生双折射现象，这个方向称为晶体的光轴。光轴仅标志晶体的一个特定方向，而不仅是一条直线，任何平行于这个方向的直线都是晶体的光轴。只有一个光轴的晶体称为单轴晶体，有两个光轴的晶体称为双轴晶体，方解石、石英、红宝石、冰等是单轴晶体，云母、硫黄、蓝宝石等是双轴晶体。

产生双折射现象的原因是由于在晶体内部，o 光在各个方向上折射率都相等，传播速度也相等，e 光在各个方向上的折射率不相等，传播速度也不相等。即在晶体中，子波源发出的 o 光的波阵面是球面，e 光的波阵面是旋转椭球面。

二、旋光现象

当偏振光通过某些物质时，它的振动面绕光的传播方向发生旋转，这种偏振光通过物质时振动面发生旋转的现象，称为旋光现象，物

学习笔记

质具有的这种性质称为旋光性,具有旋光性的物质称为旋光物质。实验发现,不同的旋光物质可使偏振光的偏振面向不同的方向旋转。观察者迎着光线看时,振动面顺时针旋转的,称为右旋物质,如葡萄糖溶液。振动面逆时针旋转的,称为左旋物质,如果糖溶液。有些旋光物质可以有两种变态:一种是右旋的,一种是左旋的,石英等就是这样的物质。

实验表明,对于单色偏振光,旋光物质使振动面旋转的角度 φ 与偏振光通过的物质厚度 L 成正比,即

$$\varphi = \alpha L \qquad (7.4.1)$$

如果物质为溶液,振动面旋转的角度还与溶液的浓度 C 成正比,即

$$\varphi = \alpha C L \qquad (7.4.2)$$

其中比例系数 α 又称为物质的旋光率,不同物质的旋光率不同,对于同一种物质,α 的值与偏振光的波长有关,即对给定厚度的旋光物质,不同波长的偏振光,将旋转不同的角度,这种现象称为旋光色散。固体物质的旋光率 α 在数值上等于单位长度的旋光物质所引起的偏振光振动面的旋转角度;溶液的旋光率 α 在数值上等于单位长度单位浓度的溶液所引起的偏振光的振动面旋转的角度。旋光率一般用 $[\alpha]_\lambda^t$ 表示,t 指温度,λ 指偏振光的波长,式(7.4.2)也可写成

$$\varphi = [\alpha]_\lambda^t \frac{C}{100} L \qquad (7.4.3)$$

式中浓度 C 以 100ml 溶液中溶质的克数为单位,L 以分米(dm)为单位,在测量时一般取 $t=20℃$,用钠光源(其波长相当于太阳光谱中的 D 线)照明,这时旋光率写成 $[\alpha]_D^{20}$。式(7.4.3)常用于测量溶液的浓度。

> 光是一种电磁波,具有波动的一般性质,能产生干涉、衍射现象,光的偏振现象证明光波是一种横波。在光的干涉现象中干涉条纹的明暗取决于两列相干光波在空间传播过程中的光程差。衍射现象是由于子波相干叠加的结果。双折射现象及旋光现象是一些物质光学性质的表现。
>
> **小 结**

一、填空题

1. 在光学中把电磁波的_____称为光振动。
2. 波长的一个常用单位是 nm,这个单位与长度的基本单位 m 之间的换算关系为 1m=_____nm。
3. 光在传播时,不论在真空中还是进入其他媒质,其_____不变。
4. 两束光发生相干叠加的条件是这两束光的_____相同、_____相同、_____恒定。

二、问答题

1. 为什么只有相干光源才能发生干涉现象?
2. 如果在杨氏干涉实验中做下列调节,干涉条纹将发生什么变化?
   (1) 使两缝的间距逐渐减小;
   (2) 保持缝间距离不变而使缝与观察屏间的距离逐渐减小;
   (3) 原有配置不变,只将红光光源换成紫光光源。
3. 夫琅禾费衍射与菲涅耳衍射的区别在哪里?用怎样的实验装置可以观察到夫琅禾费衍射现象?在单缝夫琅禾费衍射中,改变入射光的波长或缝宽,衍射图样怎样变化?
4. 检偏器与起偏器有什么差别?怎样区分自然光与线偏振光?
5. 什么是双折射现象?

三、计算题

1. 在杨氏双缝干涉实验中,两狭缝相距 0.2mm,屏与缝相距 1m,第 3 明纹距中央明纹 7.5mm,求光波的波长。
2. 波长为 500nm 的单色平行光垂直入射到宽度为 1.00mm 的狭缝上,缝后放一焦距为 100cm 的薄透镜,在焦平面上获得衍射图样。求:
   (1) 第 1 级暗纹中心到衍射图样中心的距离;
   (2) 第 1 级明纹中心到衍射图样中心的距离;
   (3) 中央明纹的宽度。
3. 波长为 490nm 光照射到衍射光栅上,测得第 3 级主极大的衍射角为 25°,求这个光栅的光栅常数。
4. 在光栅光谱中,某波长的第 3 级谱线与波长 $\lambda=486.1$nm 的第 4 级谱线重合,求未知光波的波长。
5. 以光强为 I_0 的线偏振光射向偏振片,如果要求透射光的光强与入射光的光强之比为 1:3,求偏振片的偏振化方向与入射光振动之间的关系。

(张 胜)

第8章 光的粒子性

1. 能说出光电效应及其规律,会进行简单计算。

2. 能说出康普顿效应,知道康普顿效应的意义。

3. 知道光具有波粒二象性。

4. 知道朗伯-比耳定律的内容。

5. 知道光电比色计、分光光度计的原理及光的生物效应。

光的干涉、衍射、偏振现象的发现,证明光是一种横波,从此光的波动理论获得了极大成功,光的粒子论受到冷落。随着科学的进步,人们发现了光电效应、康普顿效应等现象,光的波动理论因无法对这些现象作出解释而陷入困境。对这些现象的解释,导致了近代物理学中一次重大的认识上的飞跃,即认识到光实质上具有波粒二象性。

第1节 光电效应

一、光 电 效 应

1888 年,霍瓦(Hallwachs)发现一充负电的金属板被紫外线照射会放电。1897 年 J. J 汤姆逊(J. J. Tomson)发现电子后,人们才认识到那就是从金属表面射出的电子。这种金属中的自由电子在光的照射下,吸收光能而逸出金属表面的现象称为光电效应。在光电效应中,逸出金属表面的电子称为光电子。光电子在电场作用下运动形成的电流称为光电流。

1. 光电效应的实验规律 光电效应的实验曲线如图 8-1-1 所示。

从图中可看出,光电效应有如下实验规律。

(1)光电流的强度。饱和光电流的大小和入射光强度成正比。入射光的强度越大,单位时间内产生的光电子的数目越多,光电流越大。

(2)光电子的初动能。由图 8-1-1(a)可知,光电流为零时,加在光电管两端的电压为负值 U_s,说明光电子逸出金属表面有一定的初动能,其最大值为 $\frac{1}{2}mv^2 = eU_s$。由图 8-1-1(b)可知,光电子的初动能随入射光频率的上升而线性增大,与入射光的强度无关。

(3)引起光电效应的入射光的频率下限。引起光电效应的入射光频率有一极限值 γ_0,γ_0 随金属种类的不同而不同,只有入射光的频率大于或等于极限频率时,才能产生光电效应,当入射光的频率 γ 小于极限频率 γ_0 时,无论光照有多强,照射时间有多长,都不能产生光电效应。γ_0 称为截止频率,又称红限。

(4)引起光电效应的时间。实验表明,只要入射光的频率大于金属的红限,当光照射到金属表面时,无论光的强度如何,几乎立即就产生光电子。经测定金属表面从光照到逸出电子所需时间不超过 10^{-9} s。

2. 经典理论所遇到的困难 按照波动理论,光波的能量决定于光波的强度,而光波的强度与其振幅的平方成正比。所以入射光的强度越高,金属自由电子获得的能量就越大,光电子的初动能就应该越大。但实验结果却

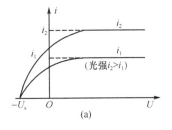

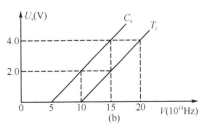

图 8-1-1 光电效应

表明,光电子的初动能与入射光强度无关,即波动理论与第二条实验规律相矛盾。

根据波动理论,入射光的频率较低时,可以用增大振幅的方法,使入射光达到足够的强度,从而使金属中的自由电子获得足够的能量而逸出金属表面。即不应该存在入射光的频率对光电效应的限制。这与实验结果的第三条规律相矛盾。

根据波动理论,金属中的自由电子从入射光那里获得的能量,需要一个积累的过程,入射光强度越小,自由电子积累能量从金属中逸出所需要的时间就越长,这与实验规律的第四条相矛盾。

综上所述,波动理论在解释光电效应时遇到了困难。

二、爱因斯坦光电效应方程

1905 年,爱因斯坦为了解释光电效应,在普朗克能量假设的基础上提出了光子假设,即光是一粒一粒以光速运动的粒子流,这种粒子称为光子,或光量子。每一个光子的能量,由光的频率所决定。如果光的频率为 γ,则光子的能量可以表示为

$$\varepsilon = h\gamma \qquad (8.1.1)$$

式中:$h = 6.626 \times 10^{-34} \text{J} \cdot \text{s}$,称为普朗克常数。光的能量就是光子能量的总和。对于一定频率的光,光子数越多,光的强度就越大。

光在运动时具有质量、能量和动量,以光速运动的光子质量为

$$m_0 = \frac{\varepsilon}{c^2} = \frac{h\gamma}{c^2} \qquad (8.1.2)$$

光子动量的大小 P 等于其质量 m_0 与速率 c 的乘积,即

$$P = m_0 c = \frac{h\gamma}{c} = \frac{h}{\lambda} \qquad (8.1.3)$$

爱因斯坦引入光子假设后,光电效应现象得到了圆满的解释。金属中的自由电子从入射光中吸收一个光子后,得到光子的能量 $h\gamma$,这些能量一部分用于逸出金属表面所消耗的能量——逸出功 A,另一部分转化为光电子的初动能 $\frac{1}{2}mv^2$,根据能量守恒定律,可得

$$h\gamma = \frac{1}{2}mv^2 + A \qquad (8.1.4)$$

这个方程称为爱因斯坦光电效应方程。

由上式可看出,光电子的初动能与入射光的频率成线性关系,而与光子的数目,即光的强度无关。如果入射光的频率低,则光子的能量小,当光子的能量 $h\gamma$ 小于金属的逸出功 A 时,自由电子即使吸收一个这样的光子,也不足以克服逸出电势的束缚,因而不能逸出金属表面。所以光电效应必定存在红限。红限的数值可以由式(8.1.4)令 $\frac{1}{2}mv^2$ 为零求得:

$$\gamma_0 = \frac{A}{h}$$

按光子假设,光的强度由光子的数目决定,光的强度越大,射到金属表面的光子就越多,单位时间内吸收光子而逸出金属表面的电子也越多,这正是光电效应第一条规律所表示的情况。

当光照射到金属表面时,一个电子只能吸收一个光子的能量,不需要积累能量的时间,所以无论光的强度如何,光电效应都几乎是瞬时的。

美国物理学家密立根,花了十年时间做了"光电效应"实验,结果在 1915 年证实了爱因斯坦方程,h 的值与理论值完全一致,又一次证明了"光量子"理论的正确。爱因斯坦因其光子假设的正确性而获得 1921 年的诺贝尔物理学奖。

例 8-1-1 分别计算波长为 400nm 的紫光和波长为 1nm 的 X 射线的光子的质量。

解:紫光光子的质量为

$$m_{01} = \frac{h}{c\lambda_1} = \frac{6.63 \times 10^{-34}}{3.0 \times 10^8 \times 4.0 \times 10^{-7}}$$
$$= 5.53 \times 10^{-36} (\text{kg})$$

X 射线光子的质量为

$$m_{02} = \frac{h}{c\lambda_2} = \frac{6.63 \times 10^{-34}}{3.0 \times 10^8 \times 1.0 \times 10^{-9}}$$
$$= 2.21 \times 10^{-31} (\text{kg})$$

例 8-1-2 用波长为 400nm 的紫光去照射某种金属,观察到光电效应,同时测得遏止电压为 1.24V,试求该金属的红限和逸出功。

解:由爱因斯坦光电效应方程,得

$$A = h\gamma - \frac{1}{2}mv^2$$

即 $\dfrac{A}{h} = \gamma - \dfrac{mv^2}{2h}$

由于 $\gamma_0 = \dfrac{A}{h}$

故 $\gamma_0 = \gamma - \dfrac{mv^2}{2h} = \dfrac{c}{\lambda} - \dfrac{mv^2}{2h}$

因为遏止电压 U_s 与光电子的最大初动能 $\frac{1}{2}mv^2$ 间的关系是 $eU_s = \frac{1}{2}mv^2$,所以红限可表示为

学习笔记

$$\gamma_0 = \frac{c}{\lambda} - \frac{eU_s}{h}$$

$$= \frac{3.00\times10^8}{400\times10^{-9}} - \frac{1.6\times10^{-19}\times1.24}{6.63\times10^{-34}}$$

$$= 4.51\times10^{14}\,(\mathrm{Hz})$$

$$A = h\gamma_0 = 6.63\times10^{-34}\times4.51\times10^{14}$$

$$= 2.99\times10^{-19}\,(\mathrm{J}) = 1.87\,(\mathrm{eV})$$

第 2 节　康普顿效应

一、康普顿效应

1922~1923 年间，美国物理学家康普顿在研究 X 射线经金属、石墨等物质散射后光谱的成分时，发现散射的 X 射线中不仅有与入射线波长相同的射线，而且也有波长大于入射线波长的射线，这种现象称为康普顿效应。

1926 年我国物理学家吴有训仔细研究了这一现象，进一步指出原子量小的物质，康普顿散射较强，原子量大的物质，康普顿散射较弱，波长的改变量随散射角的不同（散射线与入射线之间的夹角）而不同。当散射角增大时，波长的改变量也随着增大；在同一散射角下，对于所有的散射物质，波长的改变量都相同。

康普顿效应的实验装置如图 8-2-1 所示。

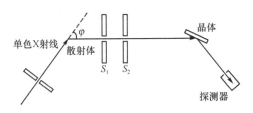

图 8-2-1　康普顿效应实验装置

由 X 射线管发出的单色 X 射线射到一块散射体上（如石墨、金属等），便产生向各个方向散射的 X 射线。调节 X 射线管和散射体的位置，可使不同散射角的射线通过起准直作用的狭缝 S_1 和 S_2。晶体作为 X 射线的衍射光栅和探测器一起组成一个光谱仪，用来测量散射 X 射线的波长和强度。

二、光子假设对康普顿效应
的解释

康普顿效应也是经典波动理论无法解释的。波动理论只能说明有正常散射存在，即散射光的频率与入射光频率相等，而无法解释有波长大于入射线波长的射线的存在及其所存在的康普顿效应的实验规律。按照波动理论，波长为 λ_0（波频率为 γ_0）的 X 射线进入散射体后，物质中的带电粒子在 X 射线的作用下做受迫振动，每一个做受迫振动的带电粒子向四周辐射电磁波，这就是散射的 X 射线，散射 X 射线的波长，应等于入射 X 射线的波长 λ_0，这与康普顿效应相矛盾。康普顿用光子的概念简单而成功地解释了这个现象。

光子假设认为波长为 λ_0 的 X 射线进入散射体后，光子与构成物质的粒子发生弹性碰撞，这种碰撞分为两部分，一部分是光子与组成物质的点阵离子之间的碰撞。另一部分是光子与自由电子的碰撞。与点阵离子碰撞时，由于离子的质量比光子的质量大得多，碰撞后光子的能量基本不变，所以散射光的波长可以认为是不变的，即在散射光中应有与射线同波长的射线。光子与自由电子相碰撞时，入射光子的一部分能量转化为电子的动能，使电子成为反冲电子。这部分散射光子的能量将小于入射光子的能量，因而波长增大。由于轻原子中电子束缚较弱，重原子内层电子束缚较强，因此原子量越小的物质康普顿效应的散射强度越大。

下面由能量和动量守恒定律推导康普顿效应的波长改变公式。

设物质中的自由电子在与光子碰撞前是静止的，其质量为 m_0，碰后电子的速度为 v，质量为 m，根据相对论关系：

$$m = \frac{m_0}{\sqrt{1-\dfrac{v^2}{c^2}}}$$

如图 8-2-2 所示：

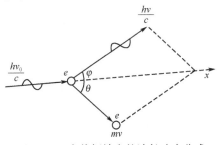

图 8-2-2　康普顿效应的波长改变公式

光子与自由电子的碰撞是弹性碰撞，应满足能量守恒定律，碰撞前光子的能量为 $h\gamma_0 = \frac{hc}{\lambda_0}$，动量为 $\frac{h\gamma_0}{c} = \frac{h}{\lambda_0}$，即

$$\frac{hc}{\lambda_0} + m_0 c^2 = \frac{hc}{\lambda} + mc^2$$

即

$$mc^2 = h\left(\frac{c}{\lambda_0} - \frac{c}{\lambda}\right) + m_0 c^2$$

$$mc = m_0 c + \frac{h}{\lambda_0} - \frac{h}{\lambda} \qquad (1)$$

碰撞过程还应该满足动量守恒,即下面的关系式成立:

$$(mv)^2 = \left(\frac{h}{\lambda_0}\right)^2 + \left(\frac{h}{\lambda}\right)^2 - 2\frac{h^2}{\lambda_0 \lambda}\cos\varphi \qquad (2)$$

$(1)^2 - (2)$ 得:

$$m^2(c^2 - v^2) = m_0^2 c^2 + 2 m_0 c\left(\frac{h}{\lambda_0} - \frac{h}{\lambda}\right)$$
$$- 2\frac{h^2}{\lambda_0 \lambda}(1 - \cos\varphi)$$

又 $m = \dfrac{m_0}{\sqrt{1 - \dfrac{v^2}{c_2}}}$,代入上式得:

$$2 m_0 c\left(\frac{h}{\lambda_0} - \frac{h}{\lambda}\right) = 2\frac{h^2}{\lambda \lambda_0}(1 - \cos\varphi)$$

即 $\quad \Delta\lambda = \lambda - \lambda_0 = \dfrac{h}{m_0 c}(1 - \cos\varphi)$

$$= \frac{2h}{m_0 c}\sin^2\frac{\theta}{2} \qquad (8.2.1)$$

式(8.2.1)即为波长改变公式,式中 $\dfrac{h}{m_0 c} = 2.43 \times 10^{-12}\,\mathrm{m}$,叫做电子的康普顿波长。由公式可知:

(1) 散射的 X 射线的波长改变量 $\Delta\lambda$ 只与光子的散射角 φ 有关,φ 越大,$\Delta\lambda$ 也越大。

当 $\varphi = 0$ 时,$\Delta\lambda = 0$,即波长不变;

当 $\varphi = \pi$ 时,$\Delta\lambda = \dfrac{2h}{m_0 c}$,即波长的改变量最大。

(2) 在散射角 φ 相同的情况下,对于所有散射物质,波长的改变量都相同。

以上结论都为实验所证实。

康普顿效应进一步证实了爱因斯坦光子假说的正确性。康普顿因而获得了 1929 年诺贝尔物理学奖。

第3节　光的波粒二象性

光的波动说成功解释了光的干涉、衍射、偏振等各种现象,说明光具有波动的性质,而爱因斯坦的光子理论及其对光电效应、康普顿

效应的成功解释,表明光在某些情况下,又具有粒子的基本特性。那么波动性与粒子性哪一个属于光的本质属性呢?

实际上,在爱因斯坦关于光子理论的论文中,就已经隐含了波动性与粒子性是光的两种表现形式的思想。在以后的研究过程中这种思想更加明晰。光既具有波动性又具有粒子性,即光具有波粒二象性。在有些问题中,例如在只涉及光的传播问题时,光的波动性占主导地位,如光的干涉、衍射现象就是典型的例子,而在另一些问题中,如在光与其他物质发生相互作用时,光的粒子性占主导地位,式(8.1.1)、式(8.1.3)两式是描述光的本性的基本关系式,左边的物理量(ε 及 P)描述光的粒子性,右边的物理量(γ 及 λ)描述光的波动性,两者通过普朗克常数联系在一起。

光的波粒二象性中的"粒子",与 19 世纪以前光的微粒说中的经典意义下的微粒有本质的区别。后者服从机械运动的规律,如可以有连续变化的机械能、具有可被确定的运动轨道等;而爱因斯坦光子理论中的光子是个量子概念,它是光能的基本量子,与能量的概念密不可分。描述光子的运动不能像经典力学中描述质点的运动那样简单地说明它在任一时刻的位置和速度,因为它的运动服从统计规律。光的波粒二象性中的"波"也不等于经典波动光学中的波,而只是将具有传统波动性中的最根本的性质——位相及可叠加性作为自己性质的一部分。也就是说,不能将光理解成变化电磁场的传播,也不能将光理解成是由经典意义上的微粒组成的。在微观尺度下,光波与光子缔合在一起,两者不能分割。某处光强的大小正比于光子在该处出现的概率。也就是说,与光子缔合的波是概率波。

第4节　光的吸收

在一般情况下,一束自然光照射到物质上时,透过物质的光的颜色往往发生变化,光的强度也将减弱,这是由于物质对光有吸收的缘故。

白光照射到物质上时,一部分光被反射,另一部分被物质吸收或透过,我们看到的物体颜色是由物体反射或透射的光的颜色所决定

的,这一方面说明物质对光的吸收具有选择性,一种物质只吸收某一波长的光;另一方面说明白光是一种复合光,它是由红、橙、黄、绿、青、蓝、紫等色光组成的。

一、朗伯-比耳定律

1. 朗伯-比耳定律　光在媒质中传播时,往往因物质对光的吸收而使其强度减弱,减弱的程度与物质的性质、透过的物质厚度及光的波长等有关,设入射到某物质的单色平行光强度为 I_0,通过的物质厚度为 x,则从物质透射出的光的强度 I 服从如下规律:

$$I = I_0 e^{-\mu x} \qquad (8.4.1)$$

式中:e 为自然对数的底,μ 为物质的吸收系数,其值由物质的性质和光的波长决定。上述结论称为朗伯定律。

比耳将这一定律应用到溶液对光的吸收上,发现溶液对光的吸收系数与溶液的分子浓度 c 成正比,即

$$\mu = \beta c \qquad (8.4.2)$$

比例系数 β 的值决定于光的波长和溶液的性质,则对于溶液有:

$$I = I_0 e^{-\beta c x} \qquad (8.4.3)$$

式(8.4.3)称为朗伯-比耳定律,它是光度比色法测定溶液浓度的基础。

注意朗伯-比耳定律只有在单色光且溶液浓度不太大时才成立。

2. 溶液的透光度与消光度　设一束单色平行光通过厚度为 x 的溶剂,由朗伯定律知,透过溶剂的光强度 I 为

$$I = I_0 e^{-\mu x}$$

式中:I_0 是入射光的强度,μ 是溶剂的吸收系数。

再让同一单色平行光通过与上述溶剂厚度相同的某溶液,这时单色光既被溶剂吸收,也被溶质吸收,其吸收系数为 $\mu + \beta c$,透过厚度为 x 的溶液后光强为

$$I' = I_0 e^{-(\mu + \beta c)x} = I e^{-\beta c x}$$

即 $\dfrac{I'}{I} = e^{-\beta c x}$,令 $T = \dfrac{I'}{I}$,则

$$T = e^{-\beta c x} \qquad (8.4.4)$$

T 为透过厚度为 x 的溶液后的光强与溶剂后的光强之比,称为溶液的透光度或相对透射率。

将式(8.4.4)两边取对数得:

$$-\ln T = -\ln \frac{I'}{I} = \beta c x$$

令 $D = -\ln T$,则

$$D = \beta c x \qquad (8.4.5)$$

D 称为消光度,也称光密度,表示溶液对光的吸收程度。当消光度较大时,表示溶液吸收光量较多;反之,表示溶液吸收光量较少。由于消光度 D 的大小与溶液的浓度 c 和光通过溶液的厚度成正比,所以可以通过测量溶液消光度 D 来间接测量溶液的浓度。

二、光电比色计原理

对于同一种溶液,以同样强度的单色光照射同样厚度的溶液时,由于消光度 D 与溶液的浓度成正比,所以溶液的浓度不同,溶液对光的吸收就不同,透射光的强度也不同,据此可以设计出测量溶液浓度的仪器,称为光电比色计。

如图 8-4-1 是光电比色计的工作原理图。

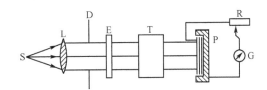

图 8-4-1　光电比色计工作原理图

光源 S 发出的光经透镜 L 后变成平行光,再经滤光片 E 成为单色光射向比色杯 T 中的溶液,透过溶液的光射在光电池 P 上,光电池产生的光电流由电流计 G 来测量。由于溶液的消光度越大,射向光电池的光强度越小,而在一定范围内光电流与照射到光电池的光强度成正比,故此时流经电流计的光电流就越小。反之,溶液的消光度越小,流经电流计的电流就越大,即溶液的消光度与光电流的大小存在一一对应的关系,通常在电流计上直接标上消光度的读数。

测量时,先将盛有纯溶剂的比色杯推入光路,对纯溶剂来说,其浓度 $c = 0$,则其消光度 $D = \beta c x = 0$,此时调节光电比色计的电位器,使电流计上的消光度读数为零。然后分别测出已知浓度 c_s 的标准溶液的消光度 D_s 及待测浓度溶液的消光度 D,由于它们装在同样的比色杯中,厚度 x 相同,则

学习笔记

$$D_s = \beta c_s x$$
$$D = \beta c x$$

即 $\dfrac{D}{D_s} = \dfrac{c}{c_s}$，所以有

$$c = \dfrac{D}{D_s} c_s$$

即根据标准溶液的浓度 c_s、消光度 D_s 和待测溶液的消光度 D，可以求出待测溶液的浓度，这种用比较消光度测定待测溶液浓度的方法称为比色法。

三、分光光度计原理

分光光度法是测量物质吸收光谱的一种方法，通常把分光光度法的范围分成可见光吸收光谱、紫外吸收光谱和红外吸收光谱。相应地采用的仪器有可见光分光光度计、紫外光分光光度计和红外光分光光度计。医学上常用的 751 型分光光度计的原理结构如图 8-4-2 所示。

图中 S_1、S_2 分别表示两个光源，其中一个为氢灯适用于紫外范围（200～360nm）、另一个为钨丝灯适用于可见光范围（320～1000nm）。

从 S_1、S_2 其中之一发出的光经凹面镜 M 反射后照射到平面镜 M_2 上，经 M_2 反射（M_2 为半反半透的平面镜），通过平板 D 的透光狭缝 S 射到凹面镜 M_3 上，狭缝 S 在凹面镜 M_3 的焦平面上，则通过狭缝 S 的光照射到凹面镜 M_3 后的反射光变为平行光。这一束平行光投射到可以转动的石英棱镜 P（背面镀铝的 30° 棱角的反射棱镜）上发生色散。经 P 上的铝面反射后再度色散而射出棱镜，形成连续光谱，转动棱镜可选择所需的单色光，单色平行光再经 M_3 反射，通过 D 上的狭缝 S 射出到 M_2 上，经 M_2 透射后再由凸透镜 L 会聚，射入盛有溶液的比色杯 T，经 T 中溶液的吸收，没被溶液吸收的光照射到光电管 E（通常有两个光电管接收器，分别接收不同波长范围）产生光电流，光电流经放大装置放大后，在电流表 G 上可直接读出消光度。

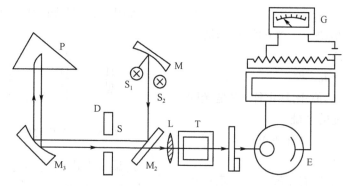

图 8-4-2　分光光度计

测量时，转动石英棱镜可使不同波长的光通过比色杯，可以测得溶液对各种波长光的消光度，绘出溶液的消光度-波长曲线，利用这条曲线可以找到溶液吸收最强的光的波长，然后利用这个波长的单色光，进行比色分析。

由此可知，分光光度计所用的光的单色性要比光电比色计所用的光的单色性好，因此它的测量灵敏度、准确度、可适用光的波长范围、测量功能均比光电比色计好。

四、光的生物效应

这里所说的光包括红外线、可见光、紫外线，它们主要来自太阳辐射。光照射到物体时，一部分光被物体吸收，会对物体产生一系列的作用。同样光照射到人体上，也会产生一系列的生物效应。如眼睛对可见光能够产生视觉，对不同波长的光还能产生不同的色觉。

研究表明，人眼对于各种波长的光的灵敏度是不同的，对波长在 490～580nm 的绿光灵敏度最高。照射到生物组织上的光，只有被吸收的部分才会对生物组织产生生物效应。而不同生物组织对不同波长的光吸收程度是不同的。光被皮肤组织吸收后，光能转变为热运动的能量，因此可加速组织内的各种物理、化学过程，提高组织和全身代谢的作用。不同颜色的光会产生不同的生物效应，红光可引起血液白细胞总数和嗜酸粒细胞减少，改善生长代谢，降低血糖；红光还可通过垂体促进促性腺激素的分泌。蓝紫光能防止胰岛素低血糖症，

抑制促性腺激素的形成。总的说来,蓝光具有镇静作用,而红光正好相反。

红外线的效应主要是热效应。红外线被物体吸收后,能使物体分子热运动的动能增加,引起体温升高,局部温度升高,引起血管扩张,血流加速,促进组织代谢,对各种神经炎、关节炎、循环障碍等疾病有一定疗效。还可以利用特制的对红外线的换能器对体表进行扫描,测出体表各点温度,再用电子计算机作出热图像。目前,热图像在医学诊断上的应用日趋增多,如用热图像进行乳腺癌的普查等。

红外线的不良生物效应主要是对皮肤的损伤,表现为热红斑,严重时可导致皮肤烧伤;红外线照射于眼睛,可以引起多种损害,如角膜吸收大剂量红外线可致热损伤,破坏角膜表皮细胞,影响视力;长期接触短波红外线还可引起白内障。

紫外线的生物效应主要是光化作用。紫外线按其生物学作用分为以下 3 类。

紫外线 A 段(UV-A),波长 320～400nm(长波),其生物学作用较弱,但可使皮肤中黑色素原通过氧化的作用转变为黑色素,沉着于皮肤表层。黑色素能吸收多种光线,而对短波辐射吸收量更大。被色素吸收的光能变成热能,使汗液分泌增加,增强了局部散热而保护皮肤不致过热,同时防止光线深入穿透组织,避免内部组织过热。

紫外线 B 段(UV-B),波长 275～320nm(中波),有较强的红斑作用和抗佝偻作用。紫外线能使人体皮肤和皮下组织中的麦角固醇和 7-脱氢胆固醇形成维生素 D_2 和 D_3。许多研究指出,不论预防或治疗佝偻病,仅用维生素 D 效果不如照射紫外线好。在紫外线照射下,由于皮肤毛细血管的扩张和表皮细胞受到破坏,释出组胺和类组胺,使皮肤出现红斑。

紫外线 C 段(UV-C),波长 200～275nm(短波),它对机体细胞有强烈的作用,体内蛋白质分子由于受光化学作用的破坏而死亡,能杀灭一般的细菌和病毒,故紫外线可用来灭菌,医院里常用紫外线对病房和手术室进行灭菌。波长越短,杀菌作用越好。波长 253.7nm的紫外线杀菌作用最强。太阳辐射中的紫外线波长大于 290nm,所以杀菌作用远不如紫外线灯。紫外线的生物学效应见表 8-4-1。

表 8-4-1　紫外线的生物学效应

波段	生物学效应	过量时可能的危害
UV-A	晒黑作用	光照性皮炎、眼炎、形成皱纹
UV-B	产生红斑和抗佝偻病	形成皱纹、老年斑、皮肤癌、白内障
UV-C	杀菌作用	正常情况下到达地面的太阳辐射中无 UV-C

适量紫外线照射能促进人体免疫反应,增强对疾病的抵抗力,增强物质代谢,促进伤口愈合等,对儿童是预防佝偻病的最佳途径,任何补钙方式都不及日光浴。因此儿童以及长期在室内、坑道、地下工作的人应适当晒太阳。

爱因斯坦光子假说的正确性,由其对光电效应及康普顿效应的正确解释而得到证明,光不仅具有波动性而且具有粒子性,它是一种波动性和粒子性的统一体,即光具有波粒二象性。

小 结

目<标<检<测

一、选择题

1. 入射光照射到某金属表面上,发生光电效应,若入射光的强度减弱,而频率保持不变,那么(　　)
   A. 从光照至金属表面上到发射出光电子之间的时间间隔将显著增加
   B. 逸出光电子的最大初动能将减小
   C. 单位时间内从金属表面逸出的光电子数目将减少
   D. 有可能不发生光电效应

2. 某金属在一束频率为 v_1 的光照射下,恰能发生光电效应,改用另一束强度相同、频率为 $v_2(v_2 > v_1)$ 的光照射时,则(　　)
   A. 逸出的光电子初动能增加,光电子数增加
   B. 逸出的光电子初动能增加,光电子数减少
   C. 逸出的光电子初动能增加,光电子数不变
   D. 逸出的光电子初动能不变,光电子数增加

二、简答题

1. 在光电效应实验中,观察到哪些无法用经典物理理论解释的现象?

2. 一个光子能量的大小取决于哪个物理量?

学习笔记

三、计算题

1. 一个紫外线光子的能量为 6.4×10^{-19} J,求这个光子的波长。

2. 金属银的表面被波长为 200nm 的紫外线照射,银的逸出功为 4.73eV,基本电荷为 $e = 1.6 \times 10^{-19}$ C,求:

   (1) 光电子的初动能;

   (2) 银的截止频率及截止波长。

3. 设玻璃的吸收系数 $\alpha = 10^{-2}$ cm^{-1},试问: 此种玻璃多厚时才能使通过后的光强为入射光强的一半?

4. 从溶液透出的光强度 I 与入射光强度 I_0 之比是 1/2。如果使溶液的浓度增加 2 倍而厚度减少 1/3,这时透射光强度 I' 与入射光强度 I_0 的比值是多少?

(邵江华)

第9章 几何光学

学习目标

1. 概述球面折射及薄透镜组的成像规律。
2. 知道薄透镜公式,会进行计算。
3. 简述眼的光学结构及异常眼的矫正。
4. 说出纤镜的成像原理及应用。
5. 画出显微镜的成像光路图,会进行计算。

案例

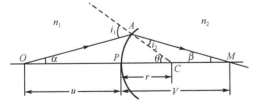

显微镜

显微镜是用来观察十分细微的物体及其结构的精密光学仪器,是生物学和医学中广泛使用的仪器。显微镜是由两组会聚透镜组成的,显微镜的工作原理是什么?

我们利用平面镜、透镜等能改变光传播的方向,制成了各种各样的光学仪器。照相机能为我们摄影留念,电影放映机能放映影片,丰富我们的文化生活,放大镜、显微镜能使我们看清细小的物体,内镜能为患者诊断疾病,减少患者痛苦。

这一章就来学习和研究人眼及几种医学上最常用光学仪器的结构和原理。

第1节 球面折射

光线由一种媒质进入另一种媒质时,在两种媒质的分界面上要产生折射。如果分界的折射面是球面的一部分,这种现象称为单球面折射。单球面折射的规律是我们了解各种光学仪器及眼的光学系统的基础。

图 9-1-1 单球面折射

图 9-1-1 所示是单球面折射示意图。AP 是球面折射面,P 是球面的顶点,C 为曲率中心,AC 为曲率半径。设折射面左边媒质的折

射率为 n_1,右边媒质的折射率为 n_2,并假定 $n_2 > n_1$。通过 P 点和 C 点的直线称为折射面的主光轴。从主光轴的一点 O 发出的光线,沿主光轴方向传播,不改变方向;而沿近主光轴任一方向传播的光线如 OA,经球面折射后改变原来方向,均偏向主光轴,与主光轴的交点 M 就是点光源 O 的像。

现在我们来推导物距与像距的关系,即单球面折射公式。

以 u 表示物距 OP,v 表示像距 MP,r 表示折射面的曲率半径 CP,AC 是 A 点处球面的法线,则

对 △OAC 有 $i_1 = \alpha + \theta$ (9.1.1)

对 △ACM 有 $\theta = i_2 + \beta$ 或 $i_2 = \theta - \beta$

(9.1.2)

根据折射定律

$$n_1 \sin i_1 = n_2 \sin i_2$$

由于是近轴光线,AP 的长比 OP、CP 或 MP 小得多,因此角 i_1 和 i_2 都很小,$\sin i_1$ 和 $\sin i_2$ 可以用 i_1 和 i_2 来代替,折射定律可以写成

$$n_1 i_1 = n_2 i_2$$

代入式(9.1.1)和式(9.1.2)得

$$n_1(\alpha + \theta) = n_2(\theta - \beta)$$

移项得

$$n_1 \alpha + n_2 \beta = (n_2 - n_1)\theta \qquad (9.1.3)$$

由于 α、β、θ 都很小,因此

$$\alpha = \frac{AP}{OP} = \frac{AP}{u}, \ \beta = \frac{AP}{MP} = \frac{AP}{v}, \ \theta = \frac{AP}{CP} = \frac{AP}{r}$$

代入式(9.1.3)并消去 AP 得

$$\frac{n_1}{u} + \frac{n_2}{v} = \frac{n_2 - n_1}{r} \qquad (9.1.4)$$

式(9.1.4)适用于一切凸的或凹的折射球面(实物、实像所对应的 u、v 取正号,虚物、虚像所对应的 u、v 取负号;凸球面对着入射光线时 r 为正,反之为负),且是近轴光线,即角 α、β、θ 都很小,折射光线才能在一个点上会聚。

当点光源位于主光轴某点 F_1 时,如果它发出的光束经折射后变成平行光束,如图 9-1-2 所示,那么 F_1 就称为第一焦点。从 F_1 到折射面

顶点 P 的距离称为第一焦距,用 f_1 表示。f_1 的值可以取 $v=\infty$,代入式(9.1.4)得

$$f_1=\frac{n_1}{n_1-n_2}r \qquad (9.1.5)$$

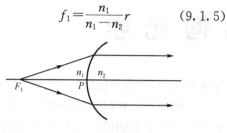

图 9-1-2　第一焦点

另外,平行于主光轴入射的光束经折射后相交于点 F_2,如图 9-1-3 所示,F_2 称为第二焦点。从 F_2 到折射面顶点 P 的距离称为第二焦距,用 f_2 表示。f_2 的值可以取 $u=\infty$,代入式(9.1.4),则

$$f_2=\frac{n_2}{n_2-n_1}r \qquad (9.1.6)$$

焦距 f_1 和 f_2 可能是正的,也可能是负的。当 f_1 和 f_2 为正时,F_1 和 F_2 是实焦点,折射面对光线起会聚作用;f_1 和 f_2 为负时,F_1 和 F_2 是虚焦点,折射面对光线起发散作用。

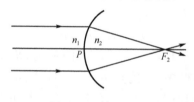

图 9-1-3　第二焦点

第 2 节　透　镜

一、透　镜

透镜是照相机、幻灯机、投影仪、显微镜等光学仪器的主要组成部分,通常是由玻璃磨成的。它的一个侧面或两个侧面被磨成球面。透镜可分为两类:中间比边缘厚的称为凸透镜,中间比边缘薄的称为凹透镜(图 9-2-1 是几种透镜的截面图)。透镜中央的厚度比两球面的半径小得多的称为薄透镜。

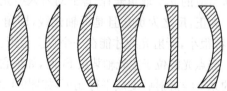

图 9-2-1　各种透镜

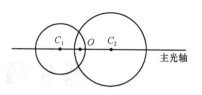

图 9-2-2　主光轴

凸透镜的两个面是球面(图 9-2-2),通过透镜两个球面的球心 C_1、C_2 的直线称为凸透镜的主光轴,平行而接近于主光轴的光线通过凸透镜后会聚在焦点 F 上(图 9-2-3),O 点是透镜的光心,通过光心的光不改变方向。凸透镜对光有会聚作用,所以凸透镜又称为会聚透镜。凹透镜对光有发散作用(图 9-2-4),所以凹透镜又称为发散透镜。

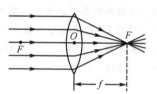

图 9-2-3　凸透镜的会聚作用

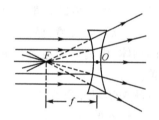

图 9-2-4　凹透镜的发散作用

透镜焦点到光心的距离称为焦距,通常用 f 表示。习惯上把凸透镜的焦距 f 定为正值,凹透镜的焦距 f 定为负值。透镜的焦距愈短,透镜使光偏折的本领就愈强,$\frac{1}{f}$ 的数值就愈大,因此可以用 $\frac{1}{f}$ 表示透镜使光线会聚或发散的本领。$\frac{1}{f}$ 称为透镜的焦度,用 D 表示,即 $D=\frac{1}{f}$。焦度的单位是屈光度(注意:当透镜的焦距为 1m 时,它的焦度为 1 屈光度)。凸透镜的焦度为正值,凹透镜的焦度为负值。屈光度数值的 100 倍就是通常眼镜的度数,即 1 屈光度=100 度。

通过透镜焦点,所做的垂直于主光轴的平面称为焦平面。与主光轴成细微角度的平行光,入射并通过透镜后聚焦在焦平面上。

学习笔记

二、薄透镜公式

图9-2-5为一薄透镜光路图,光线从折射率为 n_1 的媒质进入折射率为 n 的薄透镜,经薄透镜后又进入折射率为 n_1 的媒质。OP、PM_1、r_1 及 M_1P'、$P'M$、r_2 分别为第一折射面和第二折射面的物距、像距与曲率半径;根据单球面折射成像规律,对第一折射面有

$$\frac{n_1}{OP} + \frac{n}{PM_1} = \frac{n-n_1}{r_1}$$

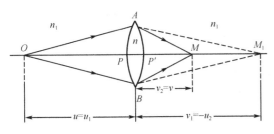

图9-2-5 薄透镜公式推导

对第二折射面有

$$-\frac{n}{M_1P'} + \frac{n_1}{P'M} = \frac{n_1-n}{r_2}$$

由于薄透镜的厚度可以忽略不计,则 P 与 P' 近似重合,此时

$$M_1P' = PM_1, \quad P'M = PM,$$

且第一折射面所成的像为第二折射面的物,即

$$u_1 = u, v_1 = -u_2, v_2 = v,$$

代入上两式,并将两式相加,整理后可得

$$\frac{1}{u} + \frac{1}{v} = \frac{n-n_1}{n_1}\left(\frac{1}{r_1} - \frac{1}{r_2}\right) \quad (9.2.1)$$

式(9.2.1)是薄透镜的物像关系式,如果薄透镜两侧的媒质是空气,则 $n_1 \approx 1$,上式变为

$$\frac{1}{u} + \frac{1}{v} = (n-1)\left(\frac{1}{r_1} - \frac{1}{r_2}\right) \quad (9.2.2)$$

与前面研究单球面折射相似,把 F_1 到透镜的距离称为第一(物方)焦距,常用 f_1 表示;把 F_2 到透镜的距离称为第二(像方)焦距,常用 f_2 表示。对薄透镜来说,当透镜两侧媒质相同时,从式(9.2.1)可以求出 $f_1 = f_2 = f$,其值是

$$f = \left[\frac{n-n_0}{n_0}\left(\frac{1}{r_1} - \frac{1}{r_2}\right)\right]^{-1} \quad (9.2.3)$$

如果透镜两侧的媒质是空气,$n_1 \approx 1$,则

$$f = \left[(n-1)\left(\frac{1}{r_1} - \frac{1}{r_2}\right)\right]^{-1} \quad (9.2.4)$$

将式(9.2.4)代入式(9.2.2),可得

$$\frac{1}{u} + \frac{1}{v} = \frac{1}{f} \quad (9.2.5)$$

这个公式称为薄透镜公式的高斯形式。

例 9-2-1 一块折射率 $n=1.5$ 的玻璃双凸透镜,置于空气中,两折射面的曲率半径分别为 $r_1 = 60\text{cm}, r_2 = -15\text{cm}$,有一物体位于透镜前12cm处,求像的位置。

解: 因 $r_1 = 60\text{cm}, r_2 = -15\text{cm}, n = 1.5$,故由公式(9.2.4)可知

$$\begin{aligned}
f &= \left[(n-1)\left(\frac{1}{r_1} - \frac{1}{r_2}\right)\right]^{-1} \\
&= \left[(1.5-1)\left(\frac{1}{60} + \frac{1}{15}\right)\right]^{-1} \\
&= 24(\text{cm})
\end{aligned}$$

由公式(9.2.5)可知

$$\frac{1}{v} = \frac{1}{f} - \frac{1}{u} = \frac{1}{24} - \frac{1}{12} = -\frac{1}{24}$$

所以 $v = -24\text{cm}$。

三、薄透镜组

比较精密的光学仪器所用的透镜往往是由两个或多个薄透镜组成,由两个或多个薄透镜组成的共轴球面系统称为薄透镜组。

薄透镜组中求物体的像时,可以先求物体通过第一透镜后所成的像 M,然后以 M 为第二个透镜的物,再求通过第二个透镜折射后的像 M'。以此类推,直到求出最后所成的像为止。

图9-2-6是两个密切接触的焦距分别为 f_1 和 f_2 的透镜,设透镜的厚度可以忽略不计,物体 O 与透镜组的距离即为物距 u,通过第一个透镜后成像 M,像距 v_1,它们遵循薄透镜公式 $\frac{1}{u} + \frac{1}{v_1} = \frac{1}{f_1}$。

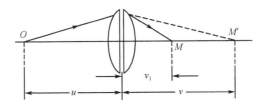

图9-2-6 薄透镜的组合

对第二个透镜来说,第一个透镜的像距 v_1 就是第二个透镜的物距,因在第二个透镜的右侧,所以,其物距为 $-v_1$,成像为 M',与透

镜相距为 v,则有

$$-\frac{1}{v_1}+\frac{1}{v}=\frac{1}{f_2}$$

将上面两式相加,得

$$\frac{1}{u}+\frac{1}{v}=\frac{1}{f_1}+\frac{1}{f_2}=D_1+D_2=D$$

(9.2.6)

即透镜组的焦度,等于各透镜的焦度之和。

若用 f 表示透镜组的等效焦距,则有 $\frac{1}{f_1}+\frac{1}{f_2}=\frac{1}{f}$,代入式(9.2.6)得

$$\frac{1}{u}+\frac{1}{v}=\frac{1}{f}$$

上式与单个透镜的成像公式相似,只是上式中的 f 表示透镜组的等效焦距。

例 9-2-2　一水平放置的、折射率为 1.5 的透镜,一面是平面,另一面是置于充满水的、半径为 0.2m 的凹球面,求整个系统的焦度及焦距。

解:因为透镜外的媒质是空气,所以 $n_1=1$,则由公式(9.2.4)可知

$$D=\frac{1}{f}=(n-1)\left(\frac{1}{r_1}-\frac{1}{r_2}\right)$$

根据题意,把这个系统看成由两部分组成的。

对玻璃部分已知:$r_1=\infty,r_2=0.2\mathrm{m},n=1.5$,则

$$D_玻=\frac{1}{f_玻}=(1.5-1)\times\left(-\frac{1}{0.2}\right)$$

$$=-2.5(屈光度)$$

对水部分已知:$r_1=0.2\mathrm{m},r_2=\infty,n=\frac{4}{3}$,则

$$D_水=\frac{1}{f_水}=\left(\frac{4}{3}-1\right)\times\left(\frac{1}{0.2}\right)$$

$$=\frac{1}{3}\times5$$

$$=1.67(屈光度)$$

整个系统的焦度

$$D=D_玻+D_水=-2.5+1.67=-0.83$$
(屈光度)

其等效焦距 $f=\frac{1}{D}=\frac{1}{-0.83}=-1.20(\mathrm{m})$

四、圆 柱 透 镜

前面所说的透镜,其折射面都是球面的一部分,称为球面透镜(简称球镜)。如果构成透镜的两个折射面不是球面的一部分,而是圆柱面的一部分,这种透镜称为圆柱透镜。圆柱透镜的两个折射面可以都是圆柱面,也可以一个折射面是平面,另一个折射面是圆柱面。

圆柱透镜的水平截面和球面透镜的截面相似,也有凸圆柱面和凹圆柱面两种,如图 9-2-7 所示,(a)和(b)是凸圆柱透镜,(c)和(d)是凹圆柱透镜。

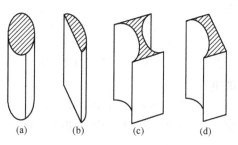

(a)　　(b)　　(c)　　(d)

图 9-2-7　圆柱透镜

圆柱透镜的水平截面与球面透镜相似,因此水平光束入射后将被会聚或发散,如图 9-2-8(a)所示;而垂直方向的截面却与平板玻璃相类似,即垂直入射的光束通过它时不改变方向,如图 9-2-8(b)所示;图 9-2-8(c)所示是一点光源经凸面圆柱透镜后所成的像:不是一个亮点,而是一条亮线(焦线)。圆柱透镜主要用于矫正散光眼。

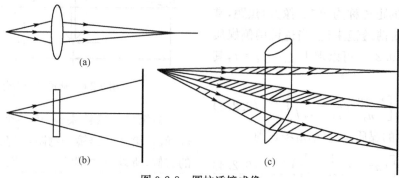

(a)

(b)　　　　(c)

图 9-2-8　圆柱透镜成像

第3节 眼 睛

一、眼睛的光学模型

1. 眼睛的光学模型 眼睛是视觉器官，它好像是一架复杂的照相机。眼球近似于球体，图 9-3-1 所示是人眼的水平剖面，眼的最外层叫巩膜，是一层比较坚硬的物质，有保护眼球内部结构和维持眼球形态的作用。巩膜前面有一层透明的膜，叫角膜，外面来的光线由此进入眼内。角膜后面是虹膜，虹膜的中央有一圆孔，称为瞳孔，瞳孔的大小是可以改变的，从而控制进入眼内的光量。虹膜后面是晶状体，是一双凸面透明组织，其表面弯曲程度可借睫状肌的收缩而变化，使眼有调节作用。角膜和水晶体之间充满了一种无色液体，叫做水状液；眼球的内层叫视网膜，上面布满了视觉神经。视网膜上正对瞳孔处的一小块，对光的感觉最灵敏，称为黄斑。

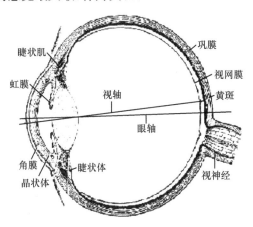

图 9-3-1 眼球剖面

晶状体与视网膜之间充满着另一种无色透明凝胶体，称为玻璃体。角膜、水状液、晶状体和玻璃体都对光线产生折射，它们的共同作用相当于一个凸透镜，这个凸透镜的焦度是可以调节的，一般是在 58～70 屈光度。

眼内各种折射媒质的折射率分别是：角膜为 1.376，水状液为 1.336，晶状体为 1.424，玻璃状液为 1.336，由它们组成眼的折光系统。

眼睛之所以能看见物体，是由于物体发出的光，依次经角膜、水状液、晶状体和玻璃状液折射后恰好成像在视网膜上，刺激分布在视网膜上的感光细胞。视神经把光刺激产生的冲动传给大脑，我们就看见物体了。

从光学角度来看，整个眼球是一个复杂的光学系统。为了简便起见，生理上常把眼睛简化为一个单球面折射系统，这种简化后的眼睛，称为简约眼，如图 9-3-2 所示。凸球面代表角膜，它的曲率半径 $r=5mm$。

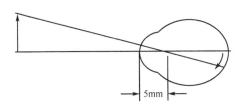

图 9-3-2 简约眼

2. 眼睛的调节 眼睛不同于任何光学系统，眼睛的一个主要特点是它的焦距可以在一定范围内改变。只有这样，才能使远近不同的物体都能在视网膜上成像。眼睛这种改变焦距的本领，称为眼睛的调节。眼睛的调节是通过改变晶状体表面的曲率来完成的。看远处物体时，眼睛不用调节，晶状体的曲率最小。眼睛不需调节时所能看清物体的最远位置叫远点。正常视力的人，其远点在无穷远处，即平行光进入眼睛后恰好会聚在视网膜上。

物体逐渐向眼移近时，晶状体表面就凸起，以增加眼睛的焦度，从而使所成的像仍然落在视网膜上。但是，眼睛的调节是有一定限度的，当物体离眼睛太近时，即使充分利用调节，也不能成像在视网膜上。眼睛经过调节能看清物体的最近位置叫做近点。成年人正常眼的近点在眼前 10～12cm，老年人因眼睛的调节本领降低，近点在 30cm 以上。70 岁以上的老人，眼睛的调节本领差不多等于零，所以老年人的眼睛往往远视。近视眼的近点要近些，远视眼的近点则远些。

人的眼睛虽然有一定的调节能力，但是长时间在高度调节的情况下做近距离观察，眼睛就会疲劳。工作中最适宜而又不至于引起过分疲劳的距离，约在 25cm，这个距离称为明视距离。所以，当人们在阅读或工作时，书刊或工作物跟眼睛的距离，应经常保持在明视距离处，注意用眼卫生。

3. 眼睛的分辨本领 从物体两端射到眼中的光线所夹的角称为视角。视角决定物体在视网膜上成像的大小，视角越大，成像也越

学习笔记

大,眼睛越能看清物体细节。实验指出,视力正常的眼睛能分辨两物点的视角为 1′,与之对应,在明视距离处眼睛能分辨两物点之间的最短距离为 0.1mm。眼睛能分辨两物点间最小距离的能力称为眼睛的分辨本领,其大小与分辨的最小视角有关,分辨的最小视角越小,眼睛的分辨本领越大。因此,常用眼睛分辨的最小视角的倒数表示其分辨本领,称为视力。即

$$视力 = \frac{1}{能分辨的最小视角}$$

应用上式计算视力时,最小视角应以分为单位。例如,最小视角为 1′,相应的视力为 1.0。

二、眼睛的屈光不正及其矫正

眼睛在睫状肌完全放松时,能使很远的物体成像在视网膜上,即平行光线射入眼内经折射后恰好会聚于视网膜上,成一清晰的像,这

种眼睛叫做正视眼或屈光正常。否则叫做异常眼,又称屈光不正。常见的异常眼是近视眼、远视眼和散光眼。

1. 近视眼及其矫正　眼不调节时,平行光线进入眼内后会聚在视网膜前,到视网膜时又分散,使成在视网膜上的像模糊不清,这种眼睛叫做近视眼,如图 9-3-3(a)所示。

近视的原因有的是晶状体或角膜的折光本领比正常眼睛大些,有的是角膜到视网膜的距离比正常眼长些。为了使近视眼能像正常眼那样把无限远的平行光线会聚在视网膜上,矫正的方法是配戴一副凹透镜做的眼镜,让光线经过凹透镜适当发散后,再经眼睛折射使之恰好会聚在视网膜上,如图 9-3-3(b)所示。

高度近视与遗传有关,多数近视眼是由不注意用眼卫生所致,如光亮度过强或过弱、姿势不正、长时间连续近距离用眼等。

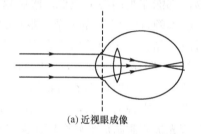

(a) 近视眼成像

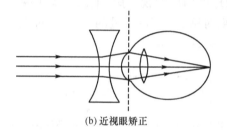

(b) 近视眼矫正

图 9-3-3　近视眼及其矫正

例 9-3-1　一近视眼的远点在眼前 0.5m 处,欲使其看清远方的物体,问应配多少度的什么镜?

解:此近视眼的远点在眼前 0.5m,欲看清远方的物体,所配的眼镜必须能使远方物体发出的平行光成像在眼前 0.5m 处,所以其物距 $u = \infty$,像距 $v = -0.5$,代入薄透镜公式

$\frac{1}{u} + \frac{1}{v} = \frac{1}{f}$,得　$\frac{1}{\infty} + \frac{1}{-0.5} = \frac{1}{f}$

则 $D = \frac{1}{f} = \frac{1}{-0.5} = -2$(屈光度)$= -200$(度)

应配戴 -200 度的凹透镜。

2. 远视眼及其矫正　远视眼和近视眼的情况恰恰相反,当眼不调节时,来自远方的平行光线成像在视网膜后,如图 9-3-4(a)所示。

远视的原因有的是晶状体或角膜的折光面曲率太小,会聚本领太弱;而多半是角膜到视网膜的距离比正常眼短些。为了使远视眼

能像正常眼那样把无限远的平行光线会聚在视网膜上,矫正的方法是配戴一副凸透镜做的眼镜,让光线经过凸透镜适当会聚后,再经眼睛折射使之恰好会聚在视网膜上,如图 9-3-4(b)所示。远视通常是先天遗传的。初生儿多为远视,那是由于晶状体尚未完全发育的缘故,若几岁的孩子仍为远视,则应配眼镜,以免变成斜视。

例 9-3-2　一远视眼的近点在 1.2m 处,欲使其看清眼前 12cm 处的物体,问应配多少度的什么镜?

解:此远视眼的近点在 1.2m 处,欲看清 12cm 处的物体,所配的眼镜应该使 12cm 处的物体成像在眼前 1.2m 处,所以其物距 $u = 0.12$m,像距 $v = -1.2$m,代入薄透镜公式 $\frac{1}{u} + \frac{1}{v} = \frac{1}{f}$ 得

$$\frac{1}{0.12} - \frac{1}{1.2} = \frac{1}{f}$$

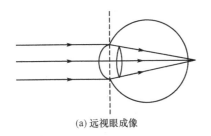

(a) 远视眼成像

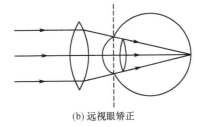

(b) 远视眼矫正

图 9-3-4　远视眼及其矫正

则 $D=\dfrac{1}{f}=\dfrac{10-1}{1.2}=\dfrac{9}{1.2}=7.5$（屈光度）

$=750$（度）

应配戴 750 度的凸透镜。

3. 散光眼及其矫正　近视眼和远视眼都属于球面性屈光不正，即角膜和晶状体各面都有规律的球面，各个方位的曲率半径都相同。散光眼是由于人眼角膜的曲率不对称而形成的，这种眼在不同截面有不同的角度，如图 9-3-5 所示。

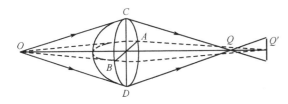

图 9-3-5　散光眼成像

散光眼的矫正因散光眼种类的不同而异。单纯性远视散光（即纵向屈光正常，横向屈光不足），可以配戴适当的凸圆柱面透镜；单纯性近视散光（即横向的屈光正常，而纵向的屈光过强），可以配戴适当的凹圆柱面透镜。

第 4 节　几种医用光学仪器

光学仪器的种类繁多，应用极广，成像的原理也各不相同，下面我们学习几种医学上最常用的光学仪器——放大镜、显微镜和内镜（纤镜）。

一、放　大　镜

物体发出的光进入人眼后，在眼的视网膜上成像。把从物体两端对于人眼光心所张的角称为视角。物体在视网膜上成像的大小由视角决定，视角愈大，所成的像也愈大，眼睛愈能看清物体的细节。所以，当我们用眼睛去观

察细小的物体时，必须增大视角才能把物体看清楚，通常的方法是将物体移近，但我们不能把物体过分移近人眼，因为眼的调节作用是有限的，应该借助凸透镜的会聚作用。这样使用的凸透镜称为放大镜。

在利用放大镜观察物体时，正确的方法是把物体放在它的焦点以内靠近焦点处，使通过放大镜的光束成近似于平行光束进入眼内，这样就可以几乎不用调节便在视网膜上得到清晰的像。

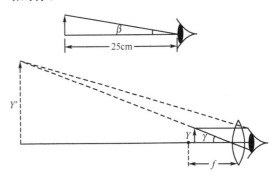

图 9-4-1　放大镜原理

人眼直接观察物体时，物体不能放在无限远，也不能放在很近的地方，最佳的距离是明视距离。从图 9-4-1 可见，如果将物体放在明视距离直接观察，那么物体对人眼所张的视角为 β，而利用放大镜观察时视角为 γ，两者的比值 $\dfrac{\gamma}{\beta}$ 称为放大镜的角放大率，用 α 表示，一般利用放大镜观察的物体都很小，因此

$$\alpha=\frac{\gamma}{\beta}=\frac{\tan\gamma}{\tan\beta}$$

从图 9-4-1 可以看出

$$\alpha=\frac{\tan\gamma}{\tan\beta}=\frac{\dfrac{Y}{f}}{\dfrac{Y}{0.25}}=\frac{0.25}{f}\qquad(9.4.1)$$

由式（9.4.1）可知，放大镜的角放大率与其焦距成反比，即焦距愈短，角放大率就愈大。但

学习笔记

由于焦距很短的透镜很难磨制,而且有各种像差,单个透镜的放大率大约为几倍,由透镜组构成的放大镜,其放大率也只不过几十倍。

二、光学显微镜

根据上面所述,如果放大镜的角放大率越大,则放大镜焦距就越小,那么使用放大镜时,被观察的物体距眼睛的距离也越小。例如,50×的放大镜,其焦距为 0.5mm,这样短的工作距离在实际使用中很不方便,甚至是不允许

的,而且放大镜的放大率也不够大,只有几倍到几十倍,欲得到更大的放大率,就得依靠显微镜(显微镜有光学显微镜和电子显微镜之分,光学显微镜简称为显微镜)。

显微镜是用来观察十分细微的物体及其结构的精密光学仪器,是生物学和医学中广泛使用的仪器。显微镜是由两组会聚透镜组成,如图 9-4-2 所示,靠近被观察标本的一组称为物镜,靠近人眼的一组称为目镜。两镜同轴,目镜的焦距很短,物镜的焦距更短。

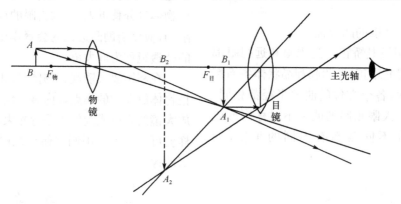

图 9-4-2　光学显微镜光路原理

利用显微镜观察细微物体时,物体 AB 放在物镜焦点以外,且十分靠近焦点的位置,通过物镜,物体 AB 在物镜的异侧形成一个放大、倒立的实像 A_1B_1。目镜的作用和放大镜相同,目的是使眼睛对 A_1B_1 的视角增大。因此 A_1B_1 的位置应该在目镜的焦点以内,且十分靠近焦点。

A_1B_1 作为目镜的物体,经目镜形成一个放大、正立的虚像 A_2B_2 于眼睛的明视距离处。显微镜的放大率与放大镜放大率相似,用 M 表示显微镜的放大率,则

$$M=\frac{\gamma}{\beta}=\frac{\tan\gamma}{\tan\beta} \qquad (9.4.2)$$

式中,γ 为用显微镜观察物体时的视角,β 为用肉眼观察放在明视距离同一物体时的视角。因为 $\tan\gamma\approx\frac{A_1B_1}{f_2}$,$\tan\beta=\frac{AB}{0.25}$,式中 f_2 是目镜的焦距,0.25m 是明视距离,代入式(9.4.2)得

$$M=\frac{\frac{A_1B_1}{f_2}}{\frac{AB}{0.25}}=\frac{A_1B_1}{AB}\times\frac{0.25}{f_2}$$

式中 $\frac{A_1B_1}{AB}$ 是显微镜物镜的线放大率,用

m 表示,$\frac{0.25}{f_2}$ 是目镜的角放大率,用 α 表示,所以

$$M=m\alpha \qquad (9.4.3)$$

即显微镜的放大率等于物镜的线放大率与目镜的角放大率的乘积。

为了使用方便,一般显微镜都附有几个可调换的物镜和目镜,适当配合使用,可以获得不同的放大率。

因为物体是放在靠近物镜焦点的位置,若以 S 表示物体通过物镜所成像的像距,则

$$m=\frac{A_1B_1}{AB}\approx\frac{S}{f_1}$$

所以

$$M=m\alpha=\frac{S}{f_1}\times\frac{0.25}{f_2}=\frac{0.25S}{f_1f_2} \qquad (9.4.4)$$

通常显微镜物镜与目镜的焦距 f_1 和 f_2 与镜筒的长度 S 相比都是很小的,所以 S 就可以近似地看为显微镜镜筒的长度。因此显微镜的放大率与显微镜的镜筒长度 S 成正比,与物镜、目镜的焦距 f_1 和 f_2 成反比。

三、光学仪器的分辨本领

1. 光学系统的分辨本领　光学仪器分辨

学习笔记

两相邻质点的能力称为光学仪器的分辨本领。光学仪器的分辨本领与哪些因素有关呢?

利用增大视角的光学仪器,可以增大微小物体对人眼的视角,根据几何光学的观点,只要选择适当的光学仪器,总能清晰可见地观察任何微小的物体。但实际上并非如此,这是因为从成像的角度看,组成光学仪器的透镜,例如人眼的瞳孔、显微镜和照相机的物镜等在成像过程中都相当于圆孔。根据光的衍射理论:点光源发出的光线通过圆孔后,由于衍射,在屏上所成的像都不是清晰的点像,而是一个中央是亮斑(爱里斑),周围有一些明暗相间条纹的环状衍射条纹。一个物体通过物镜成像时,我们可以把物体看成是由许多点光源组成。每个点光源在透镜的像平面上产生自己的衍射亮斑,整个物体的像就是由许多这样的小亮斑组成的。每个亮斑虽然很小,但还是具有一定的线度,因此如果物体上的两点相距很近,它们的衍射像就可能部分重叠,如图 9-4-3 所示。

当重叠太厉害的时候,就不能分辨出是两点的像了(图 9-4-4)。

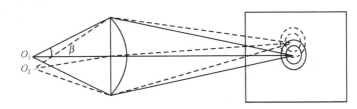

图 9-4-3 两个物体的衍射

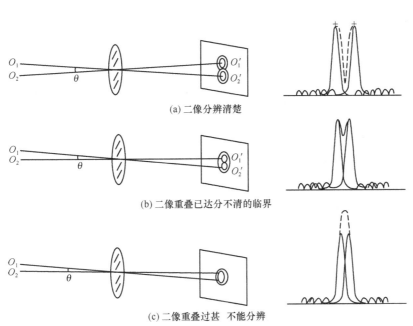

(a) 二像分辨清楚

(b) 二像重叠已达分不清的临界

(c) 二像重叠过甚 不能分辨

图 9-4-4 光学系统的分辨本领

物点 O_1 和 O_2 发出的光线经光学系统 L 后在光屏上呈现相应的衍射图样 O'_1 和 O'_2。若 O_1 和 O_2 相距较远,两衍射图样 O'_1 和 O'_2 亦相距较远,在它们光强度的合成曲线中,两最大光强度之间有一极小光强度,很容易分辨出两物点所成的像,如图 9-4-4(a)所示。随着 O_1 和 O_2 逐渐靠近并且到一定距离,在光屏上的两衍射图样 O'_1 和 O'_2 也随之靠近,并有重叠部分,当光强度合成曲线中两最大光强度之间的极小光强度为中央最大光强度的 80% 时,

光强度的差异正好能够被人的视觉从合成的衍射图样中判别出是两个物点所成的像,如图 9-4-4(b)所示。当 O_1 和 O_2 更靠近,相应的两衍射图样的重叠部分再增多,如图 9-4-4(c)所示,这时从合成的衍射图样中或合成的光强度曲线中均无法分辨出有两个物点。

2. 显微镜的分辨本领 使用显微镜的目的是为了清楚地观察物体的细节,如果提高显微镜的放大率而不能相应地使我们看到的细节更加清楚丰富,那么这种放大率的提高是没

学习笔记

有意义的。显微镜目镜的作用是对物体所成的像进行视角放大,对观察物体的细节是否清晰,取决于显微镜的物镜。若物镜所成的像是清晰的,则经目镜再次放大后所成的像也是清晰的;反之,若物镜所成的像不清晰,目镜放大后所成的像虽然很大,但不能分辨细节。

由于显微镜物镜的直径比目镜的更小,故物镜的衍射效应比目镜显著,同时目镜所观察到的标本的细节取决于物镜所成像的细节。因此显微镜的分辨本领取决于物镜的分辨本领。

根据显微镜使用情况,物镜所能分辨两点之间的最短距离为

$$Z = \frac{0.61\lambda}{n\sin\beta} \tag{9.4.5}$$

式中:β 是物体所发出的光线到物镜边缘所成锐角的一半,n 是物体与物镜间媒质的折射率,λ 是所用光源的波长,$n\sin\beta$ 称为物镜的孔径数,常用 $N \cdot A$ 表示,即 $N \cdot A = n\sin\beta$。

可见,显微镜光源的波长越短,物镜的孔径数越大,物镜能够分辨的两点间的距离就越短,而物镜能够分辨的两点间的距离越短,就越能看清物体的细节,显微镜的分辨本领也就越高。因此常用显微镜能分辨的两点间最短距离的倒数 $\frac{1}{Z}$ 来表示显微镜分辨本领的大小。

显微镜的分辨本领和放大率是两个不同的概念。放大率是指物体成像后放大的倍数,而分辨本领则是分辨物体细节的能力。放大率与物镜的线放大率和目镜的角放大率有关,而分辨本领只取决于物镜。使用显微镜是为了得到微小物体清晰可见的像,要达到这一目的,应同时考虑显微镜的分辨本领和放大率两个因素,适当的分辨本领使得像清晰,而足够的放大率是保障像可见的前提,所以只有合理选用显微镜,才能达到满意的观察效果。

3. 提高显微镜分辨本领的方法　从式(9.4.5)可以知道,减小物镜的最小分辨距离能够提高显微镜的分辨本领,也可以看出,提高显微镜分辨本领的措施有两个。一是选用波长短的光源。例如,用波长为 400nm 的紫光做光源时,显微镜的分辨本领比用波长为 760nm 的红光做光源时的分辨本领高。若选用波长为 300nm 的紫外光做光源,与用波长为 600nm 的可见光做光源相比,显微镜的分辨本领提高了一倍。但是,由于人眼无法直接观察紫外光,需用照相方法拍下经显微镜放大的图像,再进行分辨。电子射线的波长比可见光的波长短得多,因此,电子显微镜的分辨本领比光学显微镜高得多。

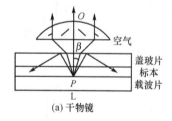

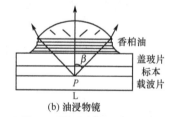

(a) 干物镜　　　　　　(b) 油浸物镜

图 9-4-5　干物镜和油浸物镜

提高显微镜分辨本领的另一个措施是增大物镜的孔径数。一般情况下物镜与标本之间的介质是空气(称为干物镜),如图 9-4-5(a) 所示,图中 O 表示物镜,从 P 点进入物镜的光束比较窄,由于盖玻片的折射率 $n=1.5$,而空气的折射率 $n=1$,则入射角大于 42° 的光束被全反射了。干物镜的孔径数最大只能达到 0.95 左右。如果在物镜与盖玻片之间加折射率高的物质,例如香柏油(常称为油浸物镜),如图 9-4-5(b) 所示。因为香柏油的折射率 $n=1.52$,近似等于盖玻片的折射率,因而避免了全反射,由 P 点进入物镜的光锥就能宽一

些,所以 β 角增大。β 和 n 都增大,孔径数就增大了。油浸物镜的孔径数最大可达到 1.5 左右。同时由于油浸物镜避免了全反射现象的发生,使得进入物镜的光量增大,因此像的亮度增强。

一个光学系统(在这里是显微镜的物镜)能将被观察物体的细节形成清晰的像的本领称为分辨本领或分辨率,分辨本领用能够被分辨清楚的物体上两点之间的最小距离来表示,这一距离称为分辨距离,通常用 Z 表示,值越小,光学系统的分辨本领就越高。

四、电子显微镜

由于光学显微镜（简称显微镜）的分辨本领受到所用光波波长的限制，波长越短，分辨距离越小，分辨本领就越大。因此它的放大倍数不能超过一定的限度（最大约为1000倍），难以看清病毒和细胞的细节。人们采用电子射线来代替光波，设计出分辨本领更大、放大倍数更高的电子显微镜。

电子显微镜是大型分析仪器，在生命科学和生物医学上得到了广泛的应用，它能帮助我们更加直观地认识和了解物质的结构，特别是使我们能够在原子尺度上观察和认识丰富多彩的物质世界。

电子显微镜的光学系统与光学显微镜类似，图9-4-6表示透射式电子显微镜的基本结构。在电子显微镜中，由阴极1和阳极2组成电子枪，相当于光学显微镜的光源。

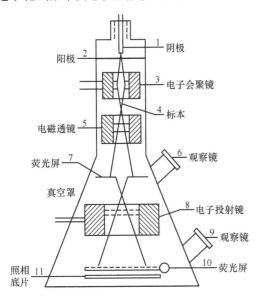

图 9-4-6 电子显微镜基本结构

炽热的阴极发射热电子，经过阳极和阴极间的电压加速，成为高速电子射线。电子会聚镜3相当于光学显微镜的聚光镜，使电子射线集中投射到被观察的标本4上。电子与标本中的原子相碰撞而产生散射，由于标本各部分的密度不同，散射的强度也不同，因此通过标本各部分的电子就有疏密的差别，电磁透镜5相当于物镜的作用，它把通过它的疏密电子束经过第一次放大在荧光屏7上形成标本的中间像。屏中央有孔，通过它的电子射线（相当

于中央像的一部分），再经过电子投射镜8的放大，在荧光屏10上形成最后像。把荧光屏10移开后，可用照相底片11把最后像记录下来。在荧光屏7和10的侧旁设置了观察镜6和9，以便观察中间像和最后像。由于气体分子对电子射线有强烈的散射作用，电子显微镜的全部系统都装置在密封容器内，工作时必须把容器内部抽成高度真空。

图9-4-7是电子显微镜的整体结构与光学显微镜结构的对比。电子枪是产生高速电子的电子源，它和光学显微镜中的光源相对应，高速电子通过阴极中间的小孔经过聚光镜达到标本上，因标本很薄，且厚度或密度不同，电子通过后就有疏密之分。疏密电子束经过物镜的第一次放大后，通过投射透镜就形成了第二次放大的像。

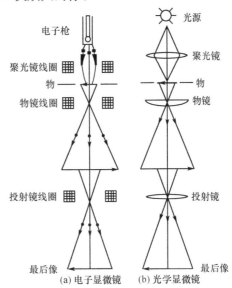

图 9-4-7 电子显微镜与光学显微镜比较

电子显微镜中的物镜和目镜不是用透明物质做成的光学透镜，而是用电场或磁场来偏转电子行程的静电透镜和电磁透镜。静电透镜是利用静电场对电荷的作用使电子射线会聚或发散；另一种电磁透镜是利用磁场对运动电荷的洛伦兹力使电子会聚或发散。电子透镜对电子射线的作用与光学透镜对光线的作用是相同的。

光学显微镜观察标本时，由于标本各部分对光的吸收不同，透光的光束也就不同，观察到的是一个明暗不同的彩色像。在用电子显微镜观察标本时，标本对电子射线主要起散射作用，即标本使电子改变进行方向，标本中密度愈大或愈厚的部分，电子散射愈甚，被散射

学习笔记

的电子不能透过光阑,在最后相应部分就愈暗;反之,最后成像部分就强。电子显微镜观察标本看到的是一个成像在荧光屏上的明暗程度不同的荧光像,标本切片要切得特别薄(一般在70nm左右),固定在厚度约为20nm、十分透明的薄膜上。

电子显微镜在科学技术和医学上有着极为广泛的应用。由于电子显微镜具有很高的分辨率,使人们对细胞结构的认识、研究病毒、研究蛋白质分子结构等都可提高到超微结构水平。

五、纤　镜

把透明度很好的玻璃(石英或其他透明物质)拉得很细后变成直径为几微米至几十微米柔软而刚可弯曲的纤维,在其外表面涂一层折射率较低的物质后,就成为可以导光的光学纤维。把几万根这样的光学纤维捆缚成束,可以做成各种内镜,用来观察体内某些器官(如支气管、食管、膀胱和胃等)腔壁的病变情况。这些内镜常简称为纤镜。

纤镜具有两个作用,其一是导光,即把外部的强光源发出的光束导入器官内作照明用,这与过去使用小灯泡随同内窥镜直接插入体内的光源相比,具有不致发生烧伤的优越性。若光线以一定的入射角ϕ从空气入射到光学纤维的端面时(图9-4-8),经端面折射后进入光学纤维内并以角θ入射到侧壁。适当选择ϕ角的大小可使入射角θ大于临界角而产生全反射。这样,入射光线在光学纤维内经若干次(几千甚至几万次以上)全反射后,从另一端射出而不向外泄露。其二是导像,即把器官腔壁的像导出体外。由于很细的玻璃纤维变得柔软可弯曲,且具有一定的机械强度,由几万根光学纤维捆缚成束且两端的排列是一一对应,所以从出射端射出的像与入射的像完全一致(图9-4-9)。医生用纤镜就能导出体内细致清晰的像,便于观察、诊断和摄影。

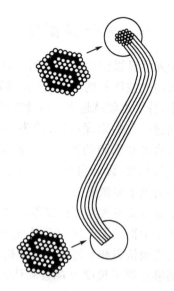

图9-4-9　光学纤维导像示意图

随着科学的发展,新颖轻巧可操作性的内镜不断问世,近年来已制成彩色电视纤维胃镜,可以在电视屏幕上观察。附件也不断增加,如胃肠纤镜中附有活体取样钳、胃黏膜注射针以及放射性探测器等。图9-4-10是一个全防水纤维上消化道纤镜,不但适用于食管、胃、十二指肠等病变的常规检查及治疗,并可进行静态和动态记录,既方便又能减轻患者的痛苦,大大提高了诊断的准确程度。

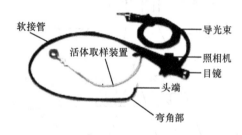

软接管　导光束
活体取样装置　照相机
目镜
头端
弯角部

图9-4-10　上消化道纤镜

光学是一门发展较早的科学,早在2400多年前,我国古代哲学家墨翟(公元前468～382)在《墨经》中就记载了关于光的直线传播和影像生成的原理,以及凹镜和凸镜成像的实验。几何光学不仅是一门基础科学,又是和现代科学技术相关联的应用科学。随着科学技术的迅速发展,日新月异的现代化光学仪器的使用,促使医疗卫生的水平不断地提高,因而更迫切地要求医务工作者必须具有一定的光学基础知识。

小结

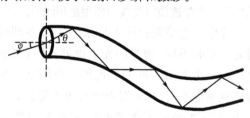

图9-4-8　光学纤维导光原理

1. 在空气中,将一物体置于一长块凸球面玻璃前25cm处,设球面半径为5cm,玻璃的折射率为1.5,求:

   (1) 像的位置,是虚像还是实像?

   (2) 该球面的第一和第二焦距是多少?

2. 眼睛的光学系统可简化为什么?正常眼的远点及明视距离各为多少?眼的屈光不正有几个,怎样矫正?

3. 一近视眼的远点在眼前0.5m处,欲看清远方的物体,应配戴什么性质的透镜?屈光度和度数各为多少?

4. 纤镜能使光线沿直线转播,是利用什么原理?医用纤镜的作用有哪些?

5. 画出显微镜的光路图,并说出显微镜的光学原理。

6. 显微镜目镜和物镜的焦距分别为1.25cm和1.0cm,目镜与物镜之间的距离为21.25cm,最后成像在明视距离处。求:

   (1) 目镜的角放大率;

   (2) 物镜的线放大率;

   (3) 显微镜的放大率;

   (4) 物体距离物镜多远?

（王幼珍）

第 10 章　原子核与放射性

学习目标

1. 简述原子的核式模型。
2. 说出玻尔的三个原子结构假说，运用玻尔频率条件公式计算原子发射或吸收光子的频率。
3. 说出基态、激发态的概念。
4. 简述原子核的结构及基本性质。
5. 能运用原子核的结合能公式求结合能。
6. 说出 α、β、γ 衰变，会运用位移定则确定在放射过程中产生的新核素。
7. 知道衰变常数与半衰期的关系，简述它们对放射性核素衰变快慢的影响。
8. 简述放射性核素的示踪原子作用。
9. 简述基本粒子的分类。

第 1 节　原子及原子核的基本性质

一、原子结构

过去曾经把原子想象为构成物质的最小单元。从 1897 年汤姆逊证实了阴极射线是带负电的电子，各种原子中都存在这种电子之后，那种将原子想象为不可分割的、构成物质最小单元的观念就被否定了。既然原子可分，它就存在着内部结构问题。因为整个原子是中性的，原子中有带负电荷的电子，就必然还有带正电的物质。这些正、负电荷在原子中是如何分布的？人们曾提出各种设想。1912 年，英国物理学家卢瑟福根据他的 α 粒子散射实验的结果，提出了原子的核式结构模型。他认为，原子是由一个原子核和绕核旋转的若干电子组成。原子核集中了原子的全部正电荷和几乎全部原子的质量（核外电子质量与核的质量相比是非常小的），但只占整个原子体积的极小部分。原子的正电荷电量为 Ze（Z 为原子序数，e 为电子电量）；在正常情况下，核外有 Z 个电子，其总的负电量也为 Ze。卢瑟福的原子核式模型不仅能解释他的 α 粒子散射实验的

案　例

放射性的发现

　　1896 年 2 月，法国物理学家贝克勒尔听说了伦琴的 X 射线的发现后，就想看一看不能透过黑纸的日光能否激发出 X 光，再透过黑纸激发出荧光来。一天恰好阴天，没有日光，他就把制备好的样品（一种铀盐）用黑纸包起来。放在抽屉里的照相底片上面。几天后，他怕底片漏光，便决定将其中一张冲洗一下，不料洗后一看，晶体的像竟赫然在目。他于是赶紧仔细做实验，证明感光是由于样品含铀所致，铀确实发出了一种肉眼看不见的射线，这就是天然放射性的发现。1903 年，贝克勒尔与波兰物理学家皮埃·居里和居里夫人因发现放射线荣获诺贝尔物理学奖。

　　原子核物理是研究原子核的结构、性质和相互转换的科学。1898 年贝可勒尔发现了天然放射性现象，这是人类第一次观察到的核现象，开创了核物理学的新篇章。几十年来核理论研究的重大成就，促进了核技术的飞跃发展，放射性核素以及原子能技术在工业、农业、医学等各个领域的应用，使得核技术的应用已经成为科技现代化的一个重要标志。

　　本章将讨论核物理中与医学关系比较密切的一些基本内容：原子核的基本性质；原子核的衰变；放射性核素及在医学上的应用等。

链接

科学研究的方法

　　科学研究的方法可以简单地概括为：实验、解释实验的模型、再实验、修改模型。这样的过程是循环往复没有终结的。世界是复杂的，我们对之所做的所有结论都是近似的，我们只能使这种近似的精确度日益增加，但永远做不出什么"真正"的我们称之为"真理"的结论。原子模型的建立也说明了这一点，1903 年汤姆逊提出葡萄干面包模型，他认为正电荷均匀地分布于整个球体，电子稀疏地嵌在球体中。同年冈半太郎提出土星型模型，他认为正负电荷不能相互渗透，电子应均匀地分布在一个环上。一直到 1912 年卢瑟福的核式结构模型。

结果,还为以后一些实验所证实,因此很快为人们所公认,成为研究原子结构的基础。

在卢瑟福的原子核式模型中,绕核旋转的电子具有向心加速度。根据经典电磁理论,任何一个加速度不等于零的带电体,都要不断向外界辐射电磁波,所以绕核旋转的电子,随着它不断向外辐射电磁能量,本身的能量将不断减少,这样,轨道半径也会越来越小,电子最终将会落到原子核上。但事实上,原子的结构是稳定的,这说明核式模型与经典电磁理论之间存在着矛盾。

为了解决上述矛盾,玻尔保留了卢瑟福的原子核式模型,而放弃将经典电磁理论应用于原子。他认为,人们在宏观现象中确立的经典理论是否适用于原子内部的运动过程,并没有得到实践的证明,因而没有理由非要把经典理论的规律强加于原子。他研究了最简单的氢原子。他假定:氢原子是由一个带正电荷的原子核和一个沿圆形轨道绕核旋转的电子组成。玻尔引用了普朗克的量子概念,对原子结构提出了三个基本假设。

(1)电子只能在某些特定的圆周轨道上运动。这些圆周半径 r 必须满足如下的量子条件:

$$mvr = n\frac{h}{2\pi} \qquad (10.1.1)$$

式中:m 为电子的质量,r 为圆周轨道半径,v 为电子运动的速率,h 为普朗克常数,n 叫量子数,可以取 1、2、3 等整数值。

(2)当电子在上述任何一个轨道上运动时,原子处于稳定状态并不向外辐射能量。

(3)电子由一个轨道过渡到另一个轨道时,原子的能量状态发生变化,同时发射或吸收一个光子。发射或吸收光子的能量 $h\nu$ 等于原子能量的变化,即

$$h\nu = E_n - E_k$$

式中:ν 为发射或吸收光子的频率,E_n 和 E_k 分别为电子在量子数为 n 和 k 的轨道时,原子所具有的能量。由上式得:

$$\nu = \frac{E_n - E_k}{h} \qquad (10.1.2)$$

式(10.1.2)称为玻尔频率条件。

玻尔在上述假设的基础上,利用经典电磁理论和牛顿力学,计算出了氢原子核外电子的各条可能轨道的半径,还计算出了电子在各条轨道上运动时的能量(包括动能和电势能)。玻尔的计算结果可以概括为两个公式:

$$r_n = n^2 r_1, \quad E_n = \frac{1}{n^2} E_1, \quad n = 1, 2, 3 \cdots$$

式中的 r_1、E_1 分别代表第一条(即离核最近的)可能轨道的半径和电子在这条轨道上运动时的能量,r_n、E_n 分别代表第 n 条可能轨道的半径和电子在第 n 条轨道上运动时的能量。

玻尔计算出了 r_1 和 E_1 的数值:$r_1 = 0.53 \times 10^{-10}$ m,$E_1 = -13.6$ eV。

注意,电势能只有相对的意义,电势能的值跟选定哪个位置的电势能为零有关。这里是选离核无限远处的电势能为零。电子从离核无限远处移到任一轨道上,都是电场力做功,电势能减少。所以在任一轨道上,电子的电势能都是负值,而且离核越近,电势能越小。

根据玻尔的假说,原子能够处于一系列不连续的能量状态中,这些能量状态通常叫做原子能级。在正常状态下,原子处于最低能级,这时电子在离核最近的轨道上运动,这种定态叫基态。如果受到外界的作用(如给物体加热或有光照射物体时),原子会吸收一定的能量从基态跃迁到高能级,这时电子在离核较远的轨道上运动,这些定态叫做激发态。原子从基态向激发态跃迁的过程,是吸收能量的过程。原子从较高的激发态向较低的激发态或基态跃迁,这时,能量是以光子的形式辐射出去,这就是原子发光的现象。原子无论吸收能量还是辐射能量,其能量数值都不是任意的,而是等于原子发生跃迁时两个能级间的能量差。由式(10.1.2)可计算出电子跃迁时所发出的光的频率。

图 10-1-1 是氢原子的能级图。通过能级图可以计算出氢原子发光的频率,符合氢原子光谱的规律。但是,对于其他复杂的原子,由于核外电子的运动情况和原子光谱的分布都比较复杂,玻尔在解释这些现象时,遇到了难以克服的困难。直到 20 世纪 20 年代,物理学家在波粒二象性的基础上,又建立了一门崭新的科学——量子力学,才使问题得到圆满的解决。量子力学从根本上摒弃了从经典力学沿袭下来的电子运动轨道的旧概念,创造性地提出了机率波这一新概念,用它来确定电子在原子内各处出现的机率。可以想象电子出现概

率大的地方,在那里就如同有一团"电子云"包围着原子核。这些电子云形成许多层,在不同层中运动的电子具有不同的能量,从而形成了原子的定态和能级。玻尔的电子轨道,只不过是电子云中电子出现概率最大的地方而已。量子力学的建立,概括了经典力学的所有内容,而且富有新意,在质的方面是一次飞跃,使人们对微观世界的认识得到了长足的进步。

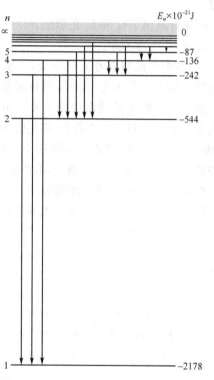

图 10-1-1　氢原子的能级图

　　原子的半径约为 0.1nm,原子核的半径约为 0.0001nm。一般人无法想象它有多么得小,下面的比喻可使你对原子有一个较清晰的印象。如果把苹果放大到地球那样大,则苹果中的原子差不多有原来的苹果那样大。如果把原子放大到教室那样大,原子中的原子核差不多有乒乓球那样大。请想象一下,教室里只放了一个乒乓球,它是多么得"空",如果把地球上的原子全部"压缩"为原子核,地球的半径也就不到 1km 了。

二、原子核的组成及基本性质

　　原子核是由质子和中子组成的,两者统称为核子。中子用符号 n 表示,它是电中性的,其质量为 $m_n = 1.6749543 \times 10^{-27}$ kg,是电子质量的 1836.6 倍。如以原子质量单位 u 表

示,则 $m_n = 1.008665012$u。1u 是 ^{12}C 原子质量的 1/12,即 $1u = 1.6605655 \times 10^{-27}$ kg。质子用符号 p 表示,它就是氢核,带有电量为 $1.6021892 \times 10^{-19}$ C 的正电荷,在数值上与电子的负电量相等。在正常状态下,原子核外电子的数目恰好等于核内的质子数,因而整个原子显示中性。质子的质量 $m_p = 1.6726485 \times 10^{-27}$ kg $= 1.007276470$u,是电子质量的 1836.1 倍,与中子的质量近似相等。

　　通常把具有不同原子核组成的各种元素统称为核素,用符号 $_Z^A$X 表示。这里 X 是元素符号,左下角 Z 标明核内的质子数,也称核电荷数或原子序数;左上角的 A 标明核内质子数和中子数之和,亦即核子总数,又称质量数。例如 $_{88}^{226}$Ra 代表一种镭的核素,它含有 88 个质子,和 226 - 88 = 138 个中子。

　　质子数相同,中子数不同的核素称为同位素。例如 $_1^1$H、$_1^2$H、$_1^3$H 是氢的三种同位素,它们都有 1 个质子,原子序数相同,在元素周期表中占有同一位置,故称同位素。但它们的中子数是不同的,分别为 0、1 和 2。

　　由上所述可归纳出原子核的几个基本性质。

　　1. 原子核的电荷　原子核的一个重要特征是它所带的电量。原子核带正电,数值总是最小电量单位的整倍数。这个倍数同元素周期表中的原子序数 Z 是一致的。原子序数 Z 可以从不同的实验中测得。自然界中原子序数最高的元素是铀,它在周期表中居第 92 位,它的原子核就带有 92 倍最小电量单位的正电荷。人工制造出来的元素的 Z 值早已超过 100 了。

　　2. 原子核的质量　原子核的另一个重要特征是它的质量。对原子核的描述或进行某些计算时,往往用整个中性原子的质量数值。原子的总质量等于原子核的质量加核外电子的质量,再减去相当于电子全部结合能的数值。所以由原子总质量可以算出原子核的质量。以后谈到原子质量都指中性原子的总质量。原子质量可以用质谱仪测得,也可由其他方法推算。原子的质量差不多是 1.66×10^{-27} kg 的整倍数,而原子核外电子的质量每个只有 9.1×10^{-31} kg。可见原子质量的绝大部分是原子核的质量。

3. 原子核的成分 原子核是由质子和中子两种粒子组成的。质子就是带一个单位正电荷的最轻的氢核。质子和中子的质量数都是 1,所以原子核的质量数也代表构成这个原子核的质子和中子的总数。代表原子核电量的 Z 也代表核内的质子数。$N=A-Z$ 是核内的中子数。质子和中子统称核子。

4. 原子核的大小 实验证明原子核的半径在 10^{-15} m 的数量级。由它的质量和大小可以算它的密度。经计算各种原子核的密度是相同的,大约为 10^{17} kg/m³,比水的密度要大 10^{14} 倍,足见原子核是物质紧密集中之处。

三、质量亏损与结合能

1. 原子核的质量亏损 1932 年,居里夫妇和查德威克先后用 α 粒子轰击铍原子核,发现了一种新的基本粒子,这种粒子具有很大的贯穿本领,但电离作用极微,它在电场、磁场中并不偏转。进一步的研究证实,这种粒子不带电荷,它的质量比质子的质量略大,但很接近,这就是中子。

自从中子发现以后,确定了原子核是由中子和质子组成的。电荷数为 Z、质量数为 A 的原子核是由 Z 个质子和 $A-Z$ 个中子所组成。进一步的问题是,研究这些核子如何紧密地结合起来成为了一个稳定系统。现在从能量方面来做简要的说明。

原子核的质量,应该等于组成原子核的核子质量的总和,但是从实验测得的结果恒小于这一数值。如以 m_p、m_n 和 m_A 分别表示质子、中子和原子核的质量,则核子质量的总和与原子核质量的差值,叫做原子核的质量亏损,以 Δm 表示,即

$$\Delta m=Zm_p+(A-Z)m_n-m_A$$

(10.1.3)

2. 原子核的结合能 核子结合成原子核,质量为什么会减少呢? 按照相对论原理,质量与能量相联系,当质子和中子组成原子核时,应有大量的能量释放出来,这一能量就是原子的结合能,其值为

$$\Delta E=\Delta mc^2 \qquad (10.1.4)$$

式中:c 为光速,Δm 为原子核的质量亏损。

原子核所放出的结合能非常巨大,如果要使原子核再分裂成质子和中子,必须给以相当于结合能的能量,所以一般的原子核是非常稳定的系统。不同元素原子核的稳定程度不一样,通常就以每个核子的平均结合能来表示原子核的稳定程度。每个核子的平均结合能为

$$\frac{E}{A}=\frac{\Delta mc^2}{A}$$

图 10-1-2 表示不同原子核的每个核子的平均结合能与对应的核子数的曲线。我们从图中可以看到下列情况。

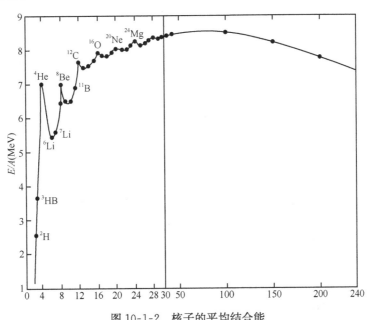

图 10-1-2 核子的平均结合能

（1）在中等质量数（$A=40\sim120$ 之间）的那些原子核中，核子的平均结合能较大，在 8.6MeV 上下。在质量数在上述范围之上或之下的原子核中，核子的平均结合能都比较小。^{238}U 的核子平均结合能是 7.5MeV。这个事实很重要，是原子能利用的基础。

（2）质量数在 30 以上的原子核中，核子的平均结合能变化不大，这就是说原子核的结合能差不多与质量数 A 成正比。这个事实显示了核力的饱和性。

（3）在质量数小于 30 的原子核中，核子的平均结合能显示出随 A 值有周期性的变化，最大值落在等于 4（2 质子，2 中子）的倍数上，这显示这样的结构比较稳定。

从上面的讨论中可以看出，要利用原子核能，必须使重核裂变或轻核聚变。

第 2 节　原子核的衰变类型及衰变规律

1898 年，居里夫人发现了放射性元素"钋"，4 年后，又发现了放射性更强的"镭"，其发出的射线比铀强 200 多万倍。这项重要的工作，使她荣获 1911 年诺贝尔化学奖。

一、原子核的衰变类型

我们把铀、镭等核素所具有的、能放出某种射线的性质称为放射性。研究表明，位于元素周期表末端附近的许多核素都具有放射性。自然界中天然存在的某些核素能够不断放出上述射线，常称为天然放射性。这些核素则称为天然放射性核素或天然放射性同位素。进一步的研究发现自然界的一些重核素如铀、镭等，它们的原子核自发地放出某种射线后转变成其他的核素，这种现象叫原子核的衰变。一般把衰变前的原始核素叫母体或母核，经衰变后而形成的新核叫子体或子核。自然界里多数核素没有放射性，但用人工方法所获得的各种核素或同位素，其中大多数具有放射性。这种用人工方法得到的放射性核素或同位素叫做人工放射性核素或人工放射性同位素。现在知道的核素已超过 1700 种，其中约有 300 种是稳定的，其余的都是不稳定的，即是放射性的。由于放射性物质表现出一系列特殊作

用，不论是工农业生产还是医学，人工放射性同位素均获得广泛的应用。

放射性核素放出的射线，具有以下几种主要性质：能使气体电离；能激发荧光；能使照相底片感光；具有穿透可见光不能穿透的一些物体的本领；足够强的射线，能破坏组织的细胞；射线放出时伴随有能量的放出。

研究放射性物质放出的射线在电场或磁场中所表现的性质时，发现这些射线是三种不同本质的射线所组成的。一种是 α 粒子束，叫 α 射线，α 粒子是带正电的氦核（$^4_2$He）；一种是 β 粒子束，叫 β 射线，β 粒子是高速的电子；还有一种是 γ 光子束，叫 γ 射线，γ 射线是波长比 X 射线更短的电磁辐射。

核衰变是原子核的变化过程。和任何其他过程一样，原子核的变化过程也适合电量守恒、质量守恒、能量守恒等普遍定律；所以核衰变后所产生的各种粒子的总电荷数和总质量数分别等于原来原子核的电荷数和质量数。

放射 α 粒子而发生的衰变过程叫 α 衰变。例如放射性镭 $^{226}_{88}$Ra 衰变时发出一个 α 粒子后就转变为氡 $^{222}_{86}$Rn，其衰变反应式如下：

$$^{226}_{88}\text{Ra} \rightarrow {}^{222}_{86}\text{Rn} + {}^4_2\text{He} + Q$$

Q 是核衰变过程中所放出的能量，叫衰变能。α 衰变所形成的子体，其电荷数比母体少了 2 个，质量数减少了 4 个，所以在元素周期表中的位置比母体前移两个位置。若用 X 代表母体，Y 代表子体，其普遍式为

$$^A_Z\text{X} \rightarrow {}^{A-4}_{Z-2}\text{Y} + {}^4_2\text{He} + Q \quad (10.2.1)$$

放射 β 粒子的衰变过程叫 β 衰变。例如放射性 P，衰变时放出一个电子后，就转变成 S，其衰变反应式如下：

$$^{32}_{15}\text{P} \rightarrow {}^{32}_{16}\text{S} + {}^0_{-1}\text{e} + {}^0_0\nu + Q$$

上一反应式告诉我们，β 衰变时，在放出一个电子的同时，还放出一个中微子，用符号 $^0_0\nu$ 表示。中微子不带电，它的静止质量比电子要小得多，不到电子静止质量的 0.05%，几乎为零。β 衰变所形成的子体，其电荷数比母体增加了 1 个，质量数不变，所以在元素周期表中的位置比母体向后移一位，其普遍式为

$$^A_Z\text{X} \rightarrow {}^A_{Z+1}\text{Y} + {}^0_{-1}\text{e} + {}^0_0\nu + Q \quad (10.2.2)$$

式（10.2.1）和式（10.2.2）所表示的放射性核素，因放出 α 粒子和 β 粒子而引起在元素周期表中的位置移动规律，叫做位移定则。知

道了放射性核素所发出射线性质,位移定则能告诉我们,在这放射过程中能产生何种新的核素。

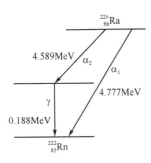

图 10-2-1　镭的衰变图

当原子核发生 α、β 衰变时,往往使子核处于激发态。处于激发态的核是不稳定的,它会跃迁到较低激发态直至基态,同时把跃迁前后核能级的能量差以 γ 光子的形式放出来。原子核由高能态向低能态跃迁时放出 γ 光子的现象叫 γ 跃迁(γ 衰变)。例如镭核进行 α 衰变时,可以直接转变成基态的氡核,也有一部分先转变成受激态的氡核,然后受激态的氡核再跃迁到基态氡核而放出一个 γ 光子,如图10-2-1 所示。当然这两种方式所放出的 α 粒子的能量是不同的,α_1 的能量为 4.777MeV,而 α_2 的能量为 4.589MeV,它们的差值就是 γ 光子的能量 0.188MeV。β 衰变过程也有类似的情况,例如 Co 进行 β 衰变时,先形成激发态的 Ni,然后相继发出两个 γ 光子,跃迁到基态的 Ni,如图10-2-2 所示。

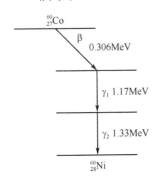

图 10-2-2　钴的衰变图

二、放射性衰变定律

放射现象是原子核趋于稳定状态的过程。放射性核素要自发地进行衰变,衰变后的新核有的是稳定的,有的则是不稳定而要继续衰变的。放射性核素在衰变时都遵守着共同的基本规律。

在任何一种放射性核素中,虽然所有的核都能发生衰变,但它们的衰变并不是同时进行的,而是有先有后。有的瞬间就几乎衰变完了,有些则经过几亿年似乎还原封未动。我们还无法预知某一个核在什么时候衰变,但是对由大量原子核组成的放射性标本的整体来说,是具有统计性的衰变规律的。由于放射性核素的不断衰变,母体核的数量 N 就随时间而减少。设在 Δt 时间内衰变掉的母体核数目为 $-\Delta N$(负号表示减少),则单位时间内衰变掉的母体核 $-\dfrac{\Delta N}{\Delta t}$ 与时刻 t 存在的母体核数目 N 成正比,即

$$-\frac{\Delta N}{\Delta t}=\lambda N$$

式中,比例常数 λ 称为衰变常数。上式可改成

$$\lambda=-\frac{\dfrac{\Delta N}{\Delta t}}{N}$$

> ## 链接
>
> ### 地球几岁了?
>
> 　　17 世纪到 19 世纪,有科学家试图通过研究海洋里的盐度、海洋每年的沉积率、生物化石等方法来推算地球的年龄。但都没有得到满意的结果。20 世纪,科学家找到了可靠的同位素地质测定法。20 世纪初,人们发现地壳中普遍存在微量的放射性元素,它们的原子核能自动放出某些粒子而变成其他元素,这种现象就是放射性衰变。例如 1g 铀经过一年之后有七十四亿分之一克衰变为铅和氦。在铀的质量不断减少的情况下,经过约 45 亿年以后,就有 1/2g 衰变为铅和氦。利用放射性元素的这一特性,我们选择含铀的岩石,测出其中铀和铅的含量,便可以比较准确地计算出岩石的年龄。用这种方法推算出地球上最古老的岩石大约为 38 亿年。当然这还不是地球的年龄,因为在地壳形成之前地球还经过一段表面处于熔融状态的时期,科学家们认为加上这段时期,地球的年龄应该是 46 亿年。

上式说明 λ 等于单位时间内衰变掉的母体核数和该时刻存在的母体核总数之比,也就是等于每个原子核在单位时间内衰变的几率。

可见，λ 是表征衰变快慢的一个物理量，λ 值越大，衰变越快。每一种放射性核素各有它自己的 λ 值。实验表明，放射性核素衰变的快慢与核素的化学性质无关，也不受任何物理因素的影响，即 λ 值不随外界条件的变化而变化。

如果以 N_0 表示在 $t=0$ 时的母体核数，经过数学运算可知，上式可以写成：

$$N=N_0 e^{-\lambda t} \qquad (10.2.3)$$

这个公式指出，放射性核素是随时间按指数函数规律而衰变的，这就是放射性衰变定律。这一定律可用图 10-2-3 中的曲线表示。曲线的陡度即下降速度决定于衰变常数 λ 的大小。λ 值越大，曲线下降越快，母体衰变的速度越快。

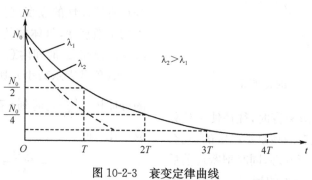

图 10-2-3　衰变定律曲线

除了用衰变常数表示每种原子核衰变的快慢外，在实际应用中常用到另一个物理量——半衰期。半衰期的定义是：放射性原子核的数量衰减到原来的一半所经历的时间。通常用 T 表示。根据定义可知，当 $t=T$ 时：

$$N=\frac{1}{2}N_0 \qquad (10.2.4)$$

代入公式（10.2.3）得

$$\frac{N_0}{2}=N_0 e^{-\lambda T}$$

两边取对数得

$$\lambda T=\ln 2=0.693$$

$$T=\frac{0.693}{\lambda} \qquad (10.2.5)$$

上式指出：半衰期和衰变常数 λ 成反比，衰变常数越大，则半衰期越短，放射性核素衰变的越快。各种放射性核素的半衰期相差很悬殊，有的半衰期长达 10^9 年，而有的半衰期则短到 10^{-10} s。

因为放射性核素只在衰变时放出射线来，一个放射源的放射性强弱，应该用单位时间内衰变掉的原子核的数目来衡量。放射源在单位时间内发生衰变的原子核数叫做该源的放射性强度，用符号 I 表示。由式（10.2.3）得

$$I=\lambda N=\lambda N_0 e^{-\lambda t}$$

$$I=I_0 e^{-\lambda t} \qquad (10.2.6)$$

式中 I_0 为 $t=0$ 时的放射性强度，$I_0=\lambda N_0$。式（10.2.6）说明一个放射源的放射性强度也是随时间作指数衰减的。

放射性强度的国际单位是贝可勒尔（Bq）。1 贝可勒尔的强度，规定为每秒钟有一个原子核衰变，即 1 贝可勒尔＝1 次核衰变/秒。另一常用单位为居里（Ci）。1 居里的放射源每秒钟内有 3.7×10^{10} 次核衰变，可见 1 居里＝3.7×10^{10} 贝可勒尔。居里这个单位相当大，通常还用毫居里（mCi）和微居里（μCi）等较小单位。1 居里＝10^3 毫居里＝10^6 微居里。

第3节　放射性核素在医学上的应用

一、放射性核素在医学上的应用

1. 示踪原子　放射性核素由于放出容易被测到的射线，无形中带上一种特殊的标记，使得它的踪迹容易被放射性探测仪器观测出来。因此当放射性物质和稳定物质混在一起时，可借以测出稳定物质在各种变化过程中的变动情况，此种作用称为示踪原子作用。

应用示踪原子主要有两个优点，其一是灵敏度很高，因为极微量的放射性物质可以相当准确地被测定。一般的光谱分析方法测量到 10^{-9} g 的物质，而用示踪原子法能检查出来的放射性物质可少至 $10^{-14}\sim10^{-18}$ g。其二是手续简便，易于辨认。对于体内某些生理过程的研究，只需从体外来测量放射性的变化就可以

学习笔记

了,同时用量极微,不至于扰乱和破坏正常的生理状态。例如,要了解磷在人体内的代谢过程,可以把含有放射性磷(^{32}P)的制剂引入体内,由于放射性磷和普通稳定的磷具有同样的化学性质,因此,它们在体内的代谢过程完全一样。某些器官或组织在吸收了放射性磷以后,不断地发出 β 射线。利用探测仪器追踪探测就能知道各种组织吸收磷的情况。

核素射线的示踪作用,也可以用来诊断某些疾病。例如,正常人在吞服放射性的碘制剂后,用计数器可以测出:有 20% 左右的碘停留在机体内,其余由小便排出,留在体内的碘,绝大多数集中在甲状腺上,甲状腺功能亢进的患者,能够在甲状腺处集中进入人体内 30%～80% 的碘。

用放射性钠制成生理盐水,由臂部静脉注射,利用放在脚跟的计数器探头,就可以测出血液由臂部流到脚跟所需的时间,正常人所需的时间是 45～55s,而动脉硬化的患者则需要较多的时间,最多可达到 80s。

2. 利用放射性核素进行治疗 放射性核素所发出的贯穿射线,可用来进行治疗。天然放射性核素中的镭,在几十年前,就已开始用于治疗某些癌症。因为镭的衰变产物发出与硬 X 射线本领相同的 γ 射线,镭的半衰期(1600 年)长,可以长久使用。现在一些人工放射性核素,特别是钴已经在治疗中代替了昂贵的镭。把钴封在空心铝管内,再插入患者体腔或肿瘤组织中,使之受到 γ 射线的照射。一些放射 β 射线的核素,如磷、锶等,则可制成敷贴剂治疗某些皮肤病。磷还可以制成胶体,注射到病患部位上。另外,钴治疗机的应用不断推广,它可以代替高压 X 射线机从体外进行照射。钴能发出很强的 γ 射线,用于治疗比 X 射线还优越。

有些放射性核素可以被某种肿瘤组织优先吸收,利用这一特点能使这种肿瘤从内部受到射线的照射。例如,患中毒性甲状腺肿瘤的患者,服用一定量放射性碘,可以收到很好的疗效。内服放射性磷,对某些慢性白血病也有一定的疗效。

二、放射线的防护

一般外照射源的穿透本领都比较强,因此除了考虑直接从事放射工作人员的防护外,还应考虑附近地区人员防护。对于外照射防护的措施,一般应注意下列 4 点。

1. 尽量使用放射性强度小的放射源 放射源的强度与射线的照射量成正比,为了安全防护,在不影响实验和工作的条件下,应尽量使用强度小的放射源。

2. 接触放射源的强度与射线的照射量成正比 为了减少操作人员的照射剂量,在不影响工作的情况下,应尽量缩短接触时间。因此要求操作技巧熟练迅速,有时可由数人轮流操作。

3. 增加离放射源的距离 根据放射性强度与距离平方成反比的特点,可以采用远离放射源操作的方法来达到防护的目的。为了增加工作人员与放射源之间的操作距离,一般可使用长柄钳或机械手等操作工具。

4. 外照射一般应进行屏蔽防护 根据射线的种类和能量进行具体的屏蔽设计。屏蔽设计包括选择材料、计算厚度、确定结构形式,以及妥善处理散射和泄漏等问题。

第4节 基本粒子简介

从核反应过程的研究中,使人们对物质结构的认识逐步深入,构成物质的基本粒子不断有新的发现。所谓基本粒子,以前有人认为是最简单的不是由其他更微小的粒子所组成的粒子。事实上基本粒子并不"基本",在基本粒子的内部也有其一定的结构,有着一个复杂而不可穷尽的世界。当前人们正在深入到基本粒子的内部,研究基本粒子的内部结构、基本粒子间的相互作用和相互转化的规律。这一学科叫做高能物理学。

一、描述基本粒子特性的物理量

目前人们发现的基本粒子数目已有 300 多种,新的粒子还在不断发现。关于基本粒子的特性,主要是用以下几个物理量来描述。

(1) 质量:一般是以电子的静止质量 m_e 为单位来表示。

(2) 电荷:以电子的电量作为单位来表示,例如电子的电荷为 -1,而质子的电荷为 $+1$。

(3) 寿命:很多基本粒子都是不稳定的,可以自发地衰变为其他粒子,因此我们说每一粒子具有一定的寿命。一般是以同一类粒子的平均寿命来表示。在已发现的 300 多种基本粒子中，绝大部分是寿命非常短（$10^{-23} \sim 10^{-21}$ s）的粒子，叫做共振态粒子。寿命较长（10^{-10} s 以上）的基本粒子，叫基态粒子。

（4）自旋：每一粒子都具有自旋动量矩，可以用自旋量子数表示。自旋量子数简称自旋，例如电子的自旋为 1/2，就是表示电子的自旋量子数为 1/2。

二、基本粒子的分类及相互转变

一般所讲的基本粒子就是指寿命较长的基态粒子，大约有 30 多种。将基态粒子按质量大小和相互作用的性质可分为轻子和强子两类，分属 4 个族。表 10-4-1 所列的是基本粒子的一些常数。

（1）光子族：只有光子一种，它的静止质量为零，自旋量子数为 1。带电粒子之间的电磁作用就是通过光子的交换来实现的。

（2）轻子族：质量较轻，自旋量子数为 1/2。轻子族有 4 对共 8 种质量较轻的基本粒子，它们是 ν_e 中微子 ν_μ 中微子、e^- 和 μ^- 介子以及它们的反粒子。所谓反粒子就是指与相应粒子的质量、寿命等特性相同，但所带电荷符号和磁矩与相应粒子相反的基本粒子。

以上两族属于轻子类。

表 10-4-1　基本粒子常数表

名称		符号 粒子和反粒子		质量 （电子质量单位）	电荷 （电子电量单位）	自旋	平均寿命（s）	衰变方式
光子		γ		0	0	1	∞	稳定
轻子	中微子	ν_e	$\bar{\nu}_e$	0	0	1/2	∞	稳定
		ν_μ	$\bar{\nu}_\mu$	0	0	1/2	∞	稳定
	电子	e^-	e^+	1 1	∓ 1	1/2	∞	稳定
	μ 介子	μ^-	μ^+	206.8	± 1	1/2	2.2×10^{-6}	$\mu^\pm \to e^\pm + \nu_e + \bar{\nu}_\mu$
介子	π 介子	π^+	π^-	273.2	± 1	0	2.608×10^{-8}	$\pi^+ \to \mu^+ + \nu_e$ $\pi^- \to \mu^- + \bar{\nu}_e$
		π^0		264.1	0	0	0.89×10^{-16}	$\pi^0 \to \gamma + \gamma$
	K 介子	K^+	K^-	966.6	± 1	0	1.237×10^{-8}	$K^+ \to \pi^+ + \pi^0$
		K^0	$\bar{K}^0$	974.2	0	0	0.82×10^{-10}	$K^0 \to \pi^+ + \pi^-$
	η 介子	η		1074	0	0	2.5×10^{-17}	无
强子　重子	质子	p	$\bar{p}$	1836.1	± 1	1/2	∞	稳定
	中子	n	$\bar{n}$	1838.6	0	1/2	918	$n \to p + e^- + \nu_e$
	Λ 超子	Λ^0	$\bar{\Lambda}^0$	2182.8	0	1/2	2.51×10^{-10}	$\Lambda^0 \to p + \pi^-$
	Σ 超子	Σ^+	$\bar{\Sigma}^+$	2327.7	± 1	1/2	0.81×10^{-10}	$\Sigma^+ \to n + \pi^+$
		Σ^0	$\bar{\Sigma}^0$	2331.8	0	1/2	$< 10^{-14}$	$\Sigma^0 \to \Lambda^0 + \gamma$
		Σ^-	$\bar{\Sigma}^-$	2340.6	± 1	1/2	1.65×10^{-10}	$\Sigma^- \to n + \pi^-$
	Ξ 超子	Ξ^0	$\bar{\Xi}^0$	2566	0	1/2	2.98×10^{-10}	$\Xi^0 \to \Lambda^0 + \pi^0$
		Ξ^-	$\bar{\Xi}^-$	2580	± 1	1/2	1.74×10^{-10}	$\Xi^- \to \Lambda^0 + \pi^-$
	Ω 超子	Ω^-	$\bar{\Omega}^+$	3276	± 1	3/2	1.5×10^{-10}	无

（3）介子族：共有 8 种，它们的质量介于核子与轻子之间，故叫介子，自旋量子数为零。共分为三类，π 介子（π^+、π^0）、K 介子（K^+、K^0）、η 介子。它们的三种反粒子见表 10-4-1。

（4）重子族：共有 18 种，它们的质量等于或大于核子，自旋量子数为 1/2（Ω 超子为 3/2）。共分为核子（质子和中子）和超子，超子的类型及性质见表 10-4-1。

学习笔记

以上两族属于强子类。

通过对基本粒子的研究,人们发现这些基本粒子间可以相互转变。例如放射性物质的 β 衰变,就是由原子核中的中子转变为质子的过程,除发射一个电子以外,还发射一个中微子 ν_e:

$$n \rightarrow p + e^- + \nu_e$$

必须指出,中子里原来并没有个别的质子、电子和中微子;也不能理解为质子、中子和中微子合起来就成为中子。整个过程只是表示一些基本粒子转变为另外一些基本粒子,从而使我们认识到基本粒子间的内在联系和统一性。

反粒子的存在是一个很重要的发现,它说明物质世界中存在着一种很基本的对称性,就是正反粒子的对称性。

可以看出,表 10-4-1 中的基本粒子都是比较稳定的粒子,它们的寿命长到能够直接进行探测,或能判断它们的寿命和特性。但有一系列寿命极短的共振态粒子,由于它们寿命的数量级是 $10^{-23} \sim 10^{-21}$ s,以致它们的存在只能通过研究它的衰变物来加以判断。

自从 20 世纪 60 年代初发现了很多共振态粒子和 1964 年发现了 Ω 超子之后,直到 1972 年中国科学院原子能研究所云南观测站,用大型磁云室拍摄宇宙射线,在照片中发现一个质量大于 $19569.4m_e$(比质子质量大 10 倍),寿命大于 5×10^{-9} s 的新粒子。1974 年,美籍物理学家丁肇中领导的小组在美国布鲁海文实验室,用 33×10^3 MeV 的质子加速器得到的高能质子打击铍靶,发现了新的超重介子,叫做 J 粒子。它的质量是 $6000m_e$(比质子质量约大 3.3 倍),寿命为 10^{-20} s,自旋量子数为 1。新粒子的不断发现,说明人类对物质世界的认识正在逐步深入,而且是永无止境的。

三、物质的无限可分性

人类对自然界的认识是无穷无尽的。认识总是在实践中不断地发展,现在正向基本粒子的内部结构深入。然而在人们探索物质结构的过程中,也总是存在着尖锐的斗争。每深入一步,都会有人认为已经找到了"物质的始原",认为这种"始原"再也不可分了。但是自然科学的发展,越来越揭示了自然界固有的辩

证规律,物质是无限可分的,人们对物质的认识也要不断地深入下去。科学工作者根据实验,先后提出了各种各样基本粒子的模型,来解释其内部结构。有的基本粒子的模型与部分实验结果符合,预言的新粒子也在实验中得到证实。可见研究基本粒子模型对于认识基本粒子的内部结构,使人们对物质结构的认识向更深层次突破,有着十分重要的意义。目前已经发现的 300 多种基本粒子中,如前所述,除 1 种光子和 8 种轻子外,其他都属于强子一类的基本粒子。自从 20 世纪 50 年代以来,已经提出的多种基本粒子模型大都是用来解释强子内部结构的。关于基本粒子的模型这里不再进一步讨论。

> 原子由原子核和绕核旋转的若干电子组成。原子核是由质子和中子组成的,原子核的质量数 A 代表构成这个原子核的质子和中子的总数。代表原子核电量的 Z 也代表核内的质子数。$N = A - Z$ 是核内的中子数。原子核集中了原子的全部正电荷,电量为 Ze,核外有 Z 个电子,其总的负电量也为 Ze。原子核的质量,小于组成原子核的核子质量的总和,叫做原子核的质量亏损。由相对论质量与能量关系知,当质子和中子组成原子核时,应有大量的能量释放出来,这一能量就是原子核的结合能。
>
> α 粒子是带正电的氦核,β 粒子是高速的电子,γ 射线是波长比 X 射线更短的电磁辐射。放射性核素,放出 α 粒子和 β 粒子而在元素周期表中的位置移动规律,叫做位移定则。由位移定则可确定放射过程中产生何种新的核素。放射性核素衰变的快慢由半衰期 T 和衰变常数 λ 决定,衰变常数越大,半衰期越短,放射性核素衰变得越快。
>
> 放射性核素可用于示踪原子,亦可用放射性核素发出的贯穿射线来进行治疗。　**小 结**

目〈标〈检〈测

一、填空题

1. α 衰变的规律是,质量数:新核比原来核_____,电荷数:新核比原来核_____。

2. β 衰变的规律是,新核的质量数_____,电荷数_____,新核在元素周期表中的位置要向_____移_____位。这叫衰变的位移定则。

二、选择题

1. 关于原子能级说法正确的是　　　　　（　　）

学习笔记

A. 原子处于连续的能量状态中

B. 原子处于一系列不连续的能量状态中,这些能量状态是原子能级

C. 原子处于最低能级时,为激发态

D. 原子从基态到激发态必须吸收能量

2. 放射性核素放射的射线是　　　　　（　　）

　　A. 可见光　　　　　B. X 射线

　　C. 紫外线　　　　　D. α、β、γ 射线

3. 半衰期是　　　　　　　　　　　　（　　）

　　A. 放射性核素的核有半数发生衰变需要的时间

　　B. 放射性核素衰减的半周期

　　C. 是 β 衰变的位移定则

　　D. 是 α 衰变的位移定则

4. 天然放射性现象显示出　　　　　　（　　）

　　A. 原子不是单一的基本粒子

　　B. 原子核不是单一的基本粒子

　　C. 原子有一个很小的核,它集中了所有的正电荷

　　D. 原子内部大部分是空的

5. 医学选用放射性核素时,必须　　　　（　　）

　　A. 与化学和生理方面的要求有关

　　B. 与物理性质有关,半衰期越长越好

　　C. 只要射线便于探测,半衰期长短都无关紧要

　　D. 医学选用放射性核素不宜过分严格,能放出射线就行

三、思考题与计算题

1. 氢原子的核外电子在 $n=4$ 的轨道上运动时的能量,比它在 $n=1$ 的轨道上运动时的能量多 20.32×10^{-19} J,问这个电子从 $n=4$ 跃迁到 $n=1$ 时,所发出的光的频率是多少? 它是不是可见光?

2. 氢原子的核外电子,从 $n=3$ 的轨道跃迁到 $n=2$ 的轨道时所辐射的能量,与从 $n=2$ 的轨道跃迁到 $n=1$ 的轨道所辐射的能量哪个大? 大多少倍?

3. 试求当氢原子的电子由第 4 玻尔轨道过渡到第 2 玻尔轨道时发射光谱的波长。

4. 试求氢原子的电离能。

5. 在碳的同位素 ^{12}C、^{13}C、^{14}C 中,各有多少质子、中子和核外电子?

6. 何为原子核的衰变? 放射过程有哪些基本规律? 衰变常数的物理意义是什么? 它和半衰期的关系如何?

7. 某种放射性核素在 1h 内衰变掉原来的 29.3%,求它的半衰期和衰变常数。

8. 核经 α 衰变或 β 衰变后新核在元素周期表上如何位移?

9. 什么叫放射性核素? 为什么放射性核素可作为“示踪原子”? 它在医学上有哪些应用?

10. 在现代考古学中,从一座古代文化遗址中挖掘出的一块木片,应用“放射性 ^{14}C 定年法”就可以推测这座遗址的年代。原来,由于宇宙线的作用,大气中二氧化碳除了含有稳定的 ^{12}C,还含有放射性的 ^{14}C,并且碳的这两种同位素的含量之比几乎保持不变。活的植物通过光合作用吸收到体内的既有 ^{12}C,也有 ^{14}C,它们体内 ^{12}C 与 ^{14}C 的含量保持着与大气中一样的比例。植物死后,光合作用停止了,^{14}C 由于 β 衰变含量逐渐减少。已知 ^{14}C 的半衰期是 5730 年,如果现在有一个从远古居民遗址中挖掘出来的木片,它的 ^{14}C 的含量只是活体的 1/2,那么这个木片大约是多少年前的植物? 这座远古居民遗址大约是多少年前的?

（孙福玉）

第11章 激　　光

1. 说出自发辐射与受激辐射的区别。

2. 简述激光的产生过程。

3. 简述激光的物理特性与生物效应。

4. 简述激光在医学上的两大应用。

激光史话

梅曼是美国加利福尼亚州休斯航空公司实验室的研究员。1960年7月,他在休斯空军试验室进行了人造激光试验,诞生了世界上第一台激光器——红宝石激光器。不久,氦氖激光器也研制成功。我国于1961年研制出第一台激光器。40多年来,激光家族有着迅猛的增长。现在有各种不同形状、不同材料的激光器,可以产生出不同功率、不同波长的激光。这些激光的范围包含从可见光至X射线的所有区域。激光技术与应用发展迅猛,已与多个学科相结合形成多个应用技术领域,比如激光医疗、激光加工、激光雷达、激光全息技术等。这些交叉技术与学科的出现,大大地推动了传统产业和新兴产业的发展。

第1节　激光的产生

一、能级跃迁

激光不同于普通光源发出的光,是由于发光的微观机制不同。为了了解激光的发射原理,我们讨论原子(分子或离子)辐射和吸收光子的三种基本过程。

1. 自发辐射过程　处于高能级(激发态)的原子相对来说是不稳定的,它们会自发地向低能级过渡,并释放出一定的能量。某一元素原子能级的数目是很多的,为了便于说明问题,我们只就两个能级来进行讨论,但这并不影响问题的实质。设较高能级的能量为 E_2,较低能级的能量为 E_1,原子由高能级过渡到低能级释放的能量为 $\Delta E = E_2 - E_1$。释放能

量的方式有两种,一种是变为热运动的能量,叫做无辐射跃迁;另一种是以光的形式辐射出去,叫自发辐射跃迁(图11-1-1),辐射的光子频率为

$$\nu_{21} = \frac{E_2 - E_1}{h} \qquad (11.1.1)$$

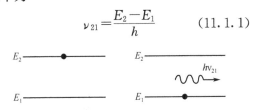

图 11-1-1　自发辐射跃迁

自发辐射跃迁的特点是,每一个原子的跃迁都是自发地、独立地进行的。它们是毫无联系的彼此独立的发光单元,因此它们辐射出的光发射方向是不一致的,位相、偏振性质等也各不相同。普通光源的发光过程就是这样:在外来作用激发下,光源中处于低能级的原子过渡到各较高能级上,然后从各高能级以自发辐射方式跃迁到较低能级,辐射出杂乱无章的光子来。

2. 受激吸收过程　如果原子处在较低的能级 E_1,当频率刚好为 ν_{21} 的外来光子作用它时,原子就可能吸收这个光子,使本身的能量增加到

$$E_2 = E_1 + h\nu_{21}$$

于是原子被激发到较高的能级 E_2 上去了。这一过程不是自发产生的,而是在外来光子"刺激"(或"感应")下才发生的,所以叫做受激吸收过程(图11-1-2)。在这一过程中,对于外来光子除了要求其频率应满足式(11.1.1)之外,外来光子的入射方向、位相等方面都不受什么限制。

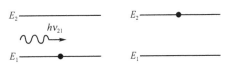

图 11-1-2　光的受激吸收

3. 受激辐射过程　受激辐射是受激吸收相反的过程。如果原子处于较高能级 E_2 上,

115

一个频率为 ν_{21} 的外来光子作用于它时,这个原子在外来光子的"刺激"下,可以发射出一个同样的光子,而原子本身由于辐射了能量便从能级 E_2 跃迁到较低的能级 E_1。这一过程也不是自发的,而是在外来光"刺激"下才发生,所以叫受激辐射过程。这一过程的重要特点是,在这一过程中产生的光子与原来射入的那个光子是完全相同的,即同方向、同频率、同位相、同偏振。通过受激辐射,射出的光比射入的光能量增加了一倍,光被放大了(图 11-1-3)。

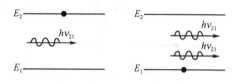

图 11-1-3　受激辐射过程

二、激光的产生

一个物体常常包含有数目巨大的原子。在某一时刻一个原子只能处于某一个能级。由于原子间的相互作用,彼此交换能量,所有这些原子并不处于同一能级,而是有些原子被激发到高能级,而另一些原子则处于低能级。在某一时刻某一原子到底处在哪个能级,完全是偶然的,但对大量原子来说,在达到热平衡的时候,在各个能级上的原子数目是按照一定的统计规律分布的。我们不定量地介绍这一分布规律,只定性地指出,在某一确定温度下,原子数随能级按指数规律衰减。低能级上的原子数比高能级上的原子数多;能级越高,处在这个能级上的原子数目就越少。其分布曲线如图 11-1-4 所示。

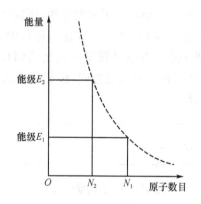

图 11-1-4　原子数目按能级分布

物体在外来光子的作用下,受激吸收与受

激辐射是同时发生的。在低能级上的原子将吸收能量适当的光子,被激发到高能级上去;在较高能级上的原子,在能量适当的光子"刺激"下,将跃迁到较低能级,发生受激辐射。在热平衡状态下,物体中处于低能级的原子数目多于在高能级上的原子数,两种过程比较,显然受激吸收占优势。通常我们观察到的是无法区分的这两种过程的总效果,结果受激辐射过程被掩盖了,我们只能观察到物体对光的吸收,而看不到受激辐射现象。

受激辐射过程中发射的光就是激光。要使某一物体发射激光,必须使它的受激辐射占优势,而这又只有在物体中处于某一或某些高能级的原子数目超过某一低能级的原子数目时才有可能。这种状态与热平衡时原子能级的正常分布相反,叫做"粒子数反转"。在某两个能级间可以实现粒子数反转的物质,才能作为激光的工作物质。工作物质可以是某些气体、液体或固体,气体又可以是原子、分子或离子气体。

第2节　激光的特性与生物效应

一、激光的特性

1. 方向性好　一般光源所发出的光是向四面八方发散的。在谐振腔的作用下,激光光束是沿轴向发射的一束几乎是平行的光。例如,直径为 10cm 的一束激光从地球射向月球,经过 3.8×10^5 km 的路程,光束的直径只扩大到 2km。由于方向性好,激光可用于雷达、定位、导向和通信等方面。在医学上,利用激光方向性好的特性,经聚集后可获得不同尺寸的光斑,分别用于普通手术刀和微手术刀;还可以进一步压缩光斑,直接对 DNA 等生物大分子进行切割或对接。

2. 强度高　由于激光的方向性好,能量可以集中在很窄的一束光线内,因而可以获得强度很高的激光。功率大的激光器发出的激光经聚集后在透镜焦点附近可以产生几万度的高温,足以熔化各种金属和非金属材料。利用这一特点,激光可用于打孔、切割和焊接等。

3. 单色性好　所谓单色性就是单一波长的光。实际上所有"单色光源"发射的光,它的波长也不是单一的,而是有一个范围 $\Delta\lambda$,称为谱线宽度。光的单色性的好坏取决于谱线宽度,谱线的宽度愈小,单色性愈好。氦氖激光器输出波长为 632.8nm 的激光,其谱线宽度约为 10^{-12}nm。而在激光发明之前,单色性最好的是氪灯所发射的波长为 605.7nm 的光,其谱线宽度约为 10^{-4}nm。可见激光的单色性是极纯的。

激光器的单色性,以气体最好,固体次之,半导体激光器最差。利用激光的单色性,可以最精确地测量物体的长度,所以国际计量局决定米的长度用激光的波长来定义;激光的高单色性开辟了激光光纤通信、激光化学、激光拍频、激光受激喇曼散射等一系列新方法和新技术,给生物医学研究增加了新的手段。

4. 相干性好　普通光源都是非相干光源,而激光器发生的光是同频率、同相位和同方向振动的,因而是相干光。激光很好的相干性,使全息照相得以实现。激光全息技术广泛地应用于医学,生物学及其他领域。利用激光的相干性制造的激光衍射仪,可用来观察和分析细胞及生物组织的形态。

二、激光的生物效应

激光和生物组织相互作用后所引起的生物组织的任何变化,都称为激光生物效应。激光的生物效应是激光用于医学的理论基础。激光生物效应的强弱既与激光的性能有关,又与生物组织的一些性质有关。一束性能确定的激光可能对一种组织造成损伤,而对另一种组织却安然无恙。因而,在激光医学领域里,不单以激光的性能来衡量激光的强弱,而是对强激光和弱激光作如下定义:激光照射生物组织后,若直接造成了该生物组织的不可逆性损伤,则此受照表面处的激光称为强激光;若不会直接造成不可逆性损伤,则称为弱激光。激光的生物效应一般认为有 5 种:热效应、压强效应、光化效应、电磁场效应和激光的刺激效应。激光对生物组织的作用和普通光与物质的作用一样,有时主要表现出粒子性,有时主要表现出波动性。

1. 热效应　激光对蛋白质有影响。蛋白质分子量高,组成与结构十分复杂,维持空间构象的次级键键能比较低,因此分子不稳定,

很容易受到物理化学因素的影响,破坏其空间构象,使其理化性质发生改变,从而使稳定性降低并失去其生物化学功能,这种现象叫做蛋白质变性。高温可使蛋白质分子次级键断裂而变性。一般蛋白质在 60℃ 以上就开始变性。蛋白质变性对正常组织是有害的,它会引起不可逆变化,使细胞和组织受到破坏。反之,它也可用于消毒杀菌。

激光对酶有影响。酶是生物催化剂。酶促反应和一般化学反应一样,随着温度的增高反应速度加快。但酶是蛋白质,温度过高可引起酶蛋白变性。在 60℃ 以上时,一般的酶其活性反而下降,在 80℃ 以上时,酶的活性就会完全丧失。所以,热作用会产生影响酶的活性的效应,将使代谢受到影响。

此外,激光对神经细胞以及皮肤都有一定的影响。

激光照射并透入组织,引起组织温升,温升的高低决定于该处吸收光能的多少。激光直接照射组织时,表层温升高,深层温升低。如将激光聚集在组织深处时,则深处的温升比表层更高。热效应不仅与温升高低有关,而且与热作用持续时间也有密切关系。热作用持续时间越短,则生物组织的耐受温度越高。

2. 压强效应　激光对生物组织的压强作用,可使悬浮于溶液中的微小粒子以很大的加速度向四面八方运动,可使组织产生机械损伤和破坏。例如,可使细胞破碎,组织穿孔、切开,眼球、颅内"爆炸"等。

压强效应可用来治疗疾病。激光手术刀就是用气化压强切开组织。激光打孔也是激光对组织的压强效应,眼科房角打孔沟通房水可降低眼压治疗青光眼;晶状体打孔治疗白内障。眼球的玻璃体内血块用激光照射时,红细胞吸收蓝绿光,产生热致膨胀压强较大,使红细胞破裂,血红蛋白释入血浆中被吞噬,从而消除血块。

压强效应在很多情况下又是有害的。压强效应引起的组织损伤可以远离直接照射部位,而热效应只产生于被照部位及其邻近。

3. 光化效应　激光与生物组织相互作用时,生物大分子吸收光子的能量而发生化学反应,引起生物组织发生变化,称为光化效应。光对生物组织的光化效应的基础是初级过程,

即有光参与的光化反应,随之是一些复杂的次级过程,即无光参与的暗反应,下面只讨论初级光化学反应及其效应。

在视觉过程中光化学作用具有决定性的意义。可见光的光子到达视网膜,使人能看到物体。其机制是:视网膜是一个光敏部件,其中具有感光作用的细胞是视锥细胞和视杆细胞。视锥细胞主要对颜色敏感,视杆细胞对亮度更敏感,能感受弱光刺激。在视杆细胞中含有对弱光敏感的物质叫视紫红质,它是由顺视黄醛与视蛋白相结合的一种蛋白质。可见的弱光照射视紫红质时,顺视黄醛吸收可见光子后,发生光化异构反应而成为全反视黄醛。这种反应使光感受器产生一定的电位变化,引起视杆细胞的兴奋,兴奋沿视觉传导路径传到大脑中枢,从而产生视觉。光反应后,全反视黄醛又恢复到顺视黄醛状态,与视蛋白结合成视紫红质,可继续吸收可见光子引起视觉。

光化学反应可引起酶、氨基酸、蛋白质、核酸等活性发生变化,分子高级结构也会有不同程度的变化,从而产生如杀菌作用、红斑效应、色素沉着、维生素 D 合成等生物效应。

4. 电磁场效应　激光对生物组织的热效应、压强效应、光化效应是光以粒子的形式与组织作用产生的。激光又是电磁波,激光还以电磁场的形式与生物组织作用。生物组织在光的作用下会发生电致伸缩,电致伸缩时产生的压强叫电致伸缩压。激光对组织的电致伸缩压主要决定于激光的电场强度和生物组织的性质。在组织一定的情况下,电致伸缩压正比于光的功率密度。光引起的电致伸缩又可产生超声波,而超声波的空化作用可使细胞破裂或发生水肿。

5. 弱激光的刺激效应　强激光治病的直接目的是使生物组织损伤,破坏生物组织。例如使组织凝固、气化、碳化等。弱激光通过加强血液循环、调整功能、促进细胞生长、组织修复等作用达到治疗目的。

实践发现弱激光的很多生物效应无法用热作用、压强作用等解释,所以又提出弱激光的刺激效应。He-Ne 激光、CO_2 激光和红宝石激光都能产生弱激光的刺激效应。这种刺激可增强白细胞吞噬作用、加强肠绒毛运动、促进血红蛋白合成等。

本节简要分析了激光对生物组织的五种作用及其效应。这五种作用,哪一种占主导地位,则需视激光器的类型而定。一般来说,连续的 He-Ne 激光和 CO_2 激光,热效应是主要的,压强效应无重大作用;而巨脉冲高功率激光,则压强和电磁场效应甚为重要。激光的生物效应决定于很多错综复杂的因素,生物组织的层次结构和动态变化,使各因素变得更为复杂。目前,对激光的生物效应的认识还不够,有待进一步的研究探讨。

链接

激光武器

光的速度为 30 万 km/s,所以激光武器的速度是其他武器所无法比拟的。激光枪号称 20 世纪的无声枪,可使对方士兵双目失明。激光炮的能量大,命中率高,可轻易击毁敌方坦克、飞机、导弹,甚至卫星。美国在白沙导弹试验场,用功率最大的默兰克尔激光炮对赫赫有名的大力神导弹发射,不到 2s,大力神导弹就折戟沉沙。

第3节　激光在医学上的应用

一、高功率激光在医学上的应用
——激光手术

医用高功率激光一般指输出功率在瓦级以上的激光。和普通光一样,激光作用于一定的组织后将发生光的反射、透射、散射和吸收。只有被吸收的激光才能发生治疗作用。由于组织吸收激光的功率密度或能量密度不同,发生的治疗作用大体上分为凝固和气化两类,又可细分为下列 5 种,临床上均称为激光手术。

1. 凝固　凝固是激光热效应的结果。组织吸收的功率密度较低,温度在 60℃ 以上时,蛋白质凝固变性,可以用于破坏肿瘤等病理组织,也可用于破坏某些囊腔的内壁,使其丧失生理功能。

2. 止血　止血也是光凝的结果,具体机制有两种。一种是 Ar^+ 激光选择性地作用于血红蛋白,使之凝固,阻塞血管。另一种是 YAG 激光的非选择性作用,因其聚集性差,它可以作用于血管壁。对于动脉先是血管壁收

学习笔记

缩,然后血管断端凝固;对于静脉则先是血管断端凝固,然后血管内血液凝固栓塞。Ar$^+$ 激光宜于直径 2mm 以下的血管止血,YAG 激光宜于 5mm 以下的血管止血,更大的血管则仍需结扎。一般说来 Ar$^+$ 激光的止血效果较好。

3. 融合　融合也是激光凝固作用的结果,不过破坏程度甚轻,也可用于血管、神经、输卵管等的吻合。激光使端端对合的管壁对合面轻度脱水变性,而后愈合。激光融合较常规针线缝合出血少,组织反应轻,故瘢痕组织较少,术后狭窄的几率较低。用激光吻合的愈合期同常规方法,但吻合处早期强度较低,术后 20 天强度方达到常规方法水平。

4. 汽化　汽化一般为激光的热效应的结果。当组织吸收的功率密度高,温度达 2000℃以上时,组织表面发生收缩、脱水和碳化。组织内部则因水被瞬间汽化而发生爆炸,形成一缕轻烟。烟雾在升腾过程中,穿过激光束而被进一步汽化。组织汽化后激光弹坑的边缘也留有一层碳化层。更外周的部分由于温度不够而不能汽化,仅能凝固形成凝固带。由于爆炸时的压力波使弹坑周围组织产生许多空化的孔隙,因而破坏了组织的生命力。

5. 切割　切割也是汽化作用的临床应用,是一种不接触的手术方法。切割的深度和止血程度取决于激光的功率密度和光刀移动速度。牵张切线两边的组织可以加快切割的速度。

激光手术的主要优点有:它是不接触的手术,除了蓝宝石刀头外,一般激光刀头距靶若干毫米或 1～2cm,甚至可以通过激光反射镜治疗肉眼直视所不及的病变,它还可以通过各种内镜进行繁简不一的操作;激光可在感染区手术,因为激光可以杀菌,同时封闭血管,因此感染扩散的危险性极小;激光手术出血少,术后瘢痕少,可以选择性地破坏某些组织。

但激光手术也有它的缺点。主要有:设备昂贵,操作不便,难以取得活检标本等。所以说激光手术不能代替常规手术,只能互为补充。

二、低功率激光在医学上的应用 —— 激光理疗

医用低功率激光,又称低能量激光、低强度激光、软激光、冷激光等,一般是指输出功率为毫瓦级的激光。它作用到组织时在显微镜下没有观察到对组织结构的损害,组织温度亦无明显上升。匈牙利的 Mester 于 1966 年开始低功率激光在动物实验和临床治疗方面的研究,发现低功率激光对生物系统有刺激作用,并总结出低功率激光照射时的一些定量规律。利用低功率激光的这种生物刺激作用来治疗疾病的方法,习惯上称为激光理疗。20 世纪 70 年代初,国外一些学者用激光照射穴位代替古老的针刺穴位来治疗疾病,从而开拓了激光治疗的另一领域——激光针灸疗法。目前,低功率激光治疗的应用几乎渗透到临床医学的各个学科,并不断取得新的进展。

低功率激光的应用范围主要有:刺激上皮再生,加速组织修复,如各种慢性的皮肤黏膜溃疡及坏死,各种伤口、创面、骨折等;治疗各种炎症性疾病,如唇炎、鼻炎、扁桃体等;治疗有关神经系统疾病,如高血压、脑震荡后遗症等;治疗过敏性疾病,如支气管哮喘、过敏性皮炎等。

> 处于高能级的原子会自发地向低能级过渡,并释放出一定的能量并以光的形式辐射出去,叫自发辐射。处于较高能级的原子在外来光子作用于它时,原子在外来光子的"刺激"下,发射出一个同样的光子,原子从高能级跃迁到较低的能级上去叫受激辐射。受激辐射过程中发射的光就是激光。物体发射激光时必须是受激辐射占优势,这时物体中处于某一高能级的原子数目超过某一低能级的原子数目,这种状态叫做"粒子数反转"。
>
> 激光的物理特性有方向性好、强度高、单色性好、相干性好;生物效应有热效应、压强效应、光化效应、电磁场效应和弱激光的刺激效应。
>
> 高功率激光在医学上用于激光手术,低功率激光在医学上用于激光理疗。
>
> 小结

目〉标〉检〉测

1. 自发辐射和受激辐射的区别是什么?什么叫激光?激光有哪些重要特性?
2. 为什么物质只有实现了"粒子数反转"才可能发射激光?怎样的物质可以实现"粒子数反转"?
3. 简述激光的生物效应。

学习笔记

第12章 X 射 线

X射线的发现

1894 年,实验物理学家勒纳德在放电管的玻璃壁上开了一个薄铝窗,成功地使阴极射线射出管外。1895 年 11 月,德国大学教授伦琴在放电管实验中发现了另一种新现象。一次他在暗室中做放电实验,他用黑色硬纸把放电管包起来,无意中发现放在一段距离外的涂有一种荧光材料的纸屏竟发出微弱的荧光,他马上仔细观察,肯定激发这种荧光的东西来自放电管,但同时肯定这种东西不可能是阴极射线,因为后者透不出玻璃管。伦琴就称这种看不见的东西为 X 射线。经过连续 7 个星期的紧张研究,他在年底写出了关于 X 射线性质、产生原因的论文。论文轰动了科学界,大家奔走相告,许多实验室纷纷重复这一实验。3 个月后,维也纳医院在外科治疗中便首次应用 X 射线拍片。

第1节 X射线的产生

一、X 射线的性质

X 射线的本质和普通光线一样,都是电磁波,只是它的波长要比可见光或紫外线更短,波长范围在 $10^{-3} \sim 10$ nm。它具有光的一切特性,如反射、折射、干涉、衍射、偏振和量子化等现象。但是由于它的波长短,光子能量大,因此 X 射线还具有一些普通光线所没有的性质。

（1）它能使许多物质发生荧光。利用荧光效应来观察 X 射线是常用的方法之一。X 射线透视、荧光摄影就是利用这一性质。

（2）它能够引起化学反应,如使照相底片感光,因此可以用照相底片记录 X 射线。

（3）它能使分子或原子电离,因此在 X 射线照射下气体能够导电,在有机体上可以诱发各种生物效应。利用 X 射线的电离作用可以测量它的强度。X 射线的治疗则是利用其所产生的生物效应。

（4）它对各种物质都具有程度不同的贯穿本领。同一 X 射线,对原子序数较低的元素所组成的物体,如空气、纸张、木材、水、肌肉组织等,它的贯穿本领较强,而对原子序数较高的元素组成的物体,如铝、铜、铅、骨骼等,它的贯穿本领则较弱。此外不同波长的 X 射线对同一物体的贯穿本领也不一样,波长愈短贯穿本领愈强。我们常用"硬度"表示 X 射线的贯穿本领,贯穿本领愈强,我们就说这 X 射线愈硬。

二、X 射线的产生

1. **X 射线的发生装置** 通常用高速电子流轰击某些物质来产生 X 射线。实际的 X 射线发生装置的结构都比较复杂,图 12-1-1 是其结构示意图。

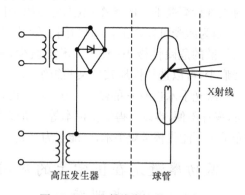

图 12-1-1　X 射线发生装置示意图

该装置的主要部分是 X 射线管。管内有两个电极,阴极由钨丝做成,通电后能发射电子。灯丝的电流愈大,温度愈高,单位时间内发射的电子愈多。对着阴极的另一端装有阳极,常由中央镶有一小块钨的铜块做成。小钨块是高速电子轰击的对象,叫做阳靶。管内高度真空。灯丝所需的低电压由降压变压器供给。加在阴、阳极之间的高电压(几万伏或几十万伏)称为管电压,由升压变压器升压整流而得到,用千伏作单位。加上管电压后,在阴、阳极之间形成强大的电场,由灯丝发射出来的热电子在强大电场力作用下高速冲向阳靶,并激发出 X 射线来。由阴极奔向阳极的电子形成的电流称为管电流,用毫安作单位。管电流越大,表示单位时间内轰击阳靶的电子越多。电子轰击阳靶时将产生大量的热,故阳靶采用难熔的钨做成,铜的导热性好,将阳靶镶嵌在铜块中是为了易于散热。

2. 产生 X 射线的微观机制　我们进一步讨论高速电子流轰击阳靶时激发出 X 射线的微观过程。X 射线管发出的 X 射线不是单色的,而是包括各种不同的波长。图 12-1-2 是 X 射线管(阳靶为钨)在四种较低管电压时的 X 射线谱,纵轴表示谱线的相对强度,横轴表示波长。由图可知,这是一连续 X 射线谱,谱线的强度从长波方面随波长减小而逐渐上升到一最大值,然后较快地下降到零。强度为零时相应的波长是连续 X 射线的短波极限。当管电压增高时,各波长的强度都增加,而且强度的最大值和短波极限都向短波方向移动。短波极限与构成阳靶的物质无关,仅由管电压决定。

击阳靶时,受阳靶原子核电场作用而迅速减速,失去动能;电子失去的动能转化为 X 光子的能量辐射出去。设电子失去的动能为 ΔE_k,X 光子的波长为 λ,则有 $\lambda = \dfrac{c}{\nu} = \dfrac{ch}{\Delta E_k}$。高速电子在阳靶受阻情况不一,有些是全部地、有些是或多或少部分地失去它们的动能。对大量高速电子来说,ΔE_k 取一定范围内的所有值,所以辐射出来的 X 射线具有连续谱。

设管电压为 V,电子电量为 e,当电子从阴极到达阳极时,电场力做功为 eV,电子得到的动能也是 eV。电子在阳极受阻时,这一能量可部分或全部转化为 X 光子的能量。当这一能量全部转化为 X 光子的能量时,相应的 X 光子波长最短,这就是连续 X 射线谱中的短波极限。设此波长为 λ_{min},与此波长相应的频率为 ν_{max},则有

$$h\nu_{max} = eV$$

因

$$\nu_{max} = \frac{c}{\lambda_{min}}$$

所以

$$\lambda_{min} = \frac{hc}{eV} \qquad (12.1.1)$$

由上式可知波长极限 λ_{min} 与管电压成反比,这与连续射线谱中观察到的结果相符。上式还表明,λ_{min} 与构成阳靶的材料无关。

由图 12-1-3 可知,当管电压升高到 65kV 时,仍得到连续 X 射线谱。如管电压再升高,则在平滑的曲线上呈现几个尖锐的高峰(与高峰相应波长的光强度突然增大),这表明在连续谱上叠加了几条谱线。当管电压变化时,这几条谱线的位置不变。实验证明,这些谱线的位置仅由构成阳靶的材料决定,与管电压无关。故称这些谱线为标识 X 射线。

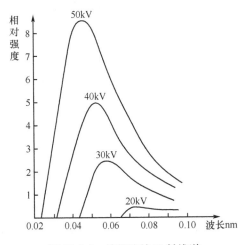

图 12-1-2　钨的连续 X 射线谱

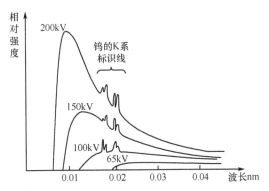

图 12-1-3　钨在较高管压下的 X 射线谱

连续 X 射线是这样发生的:高速电子轰

标识 X 射线是这样产生的:高速电子轰

击阳靶时,可能穿入靶原子内部与某一个内层电子相碰,把这一内层电子打出原子之外。于是高层电子就可以跃迁到这一层填补空位并辐射出光子。例如,当 K 层出现一个空位时,L 层、M 层……的电子就可以向 K 层跃迁,并将多余的能量以光子的形式辐射出去,这样发出的几条谱线组成标识 X 射线的 K 系(图 12-1-3 中四条谱线就是钨的标识 X 射线的 K 系)。如果 L 层的某一电子被击出,高层电子向 L 层跃迁,则发出标识 X 射线的 L 系,等等。由于是高层电子向内电子层跃迁,原子能量变化较大,发射的光子频率较高(波长较短),属于 X 射线的波长范围。由玻尔频率条件公式可知,这些 X 光子的频率(或波长)由阳靶原子的能级差决定,各种原子的能级是不同的,它发出的标识 X 光子频率(或波长)也就各不相同。

标识 X 射线也是原子光谱,它与价电子跃迁时产生的光学光谱的区别在于,标识 X 射线谱是高层电子向内电子层跃迁时产生的,而光学光谱是价电子在外部壳层各轨道间跃迁时产生的。

例 12-1-1　在 X 射线管中,如果电子以速度 $v = 15.1 \times 10^7$ m/s 到达阳极,试求管电压及连续谱的短波极限(设电子质量为 $m = 9.1 \times 10^{-31}$ kg)。

解:设管电压为 V,电子到达阳极时电场力所做的功 eV,应等于电子获得的动能。

即
$$eV = \frac{1}{2}mv^2$$

故
$$V = \frac{mv^2}{2e} = \frac{9.1 \times 10^{-31} \times (15.1 \times 10^7)^2}{2 \times 1.6 \times 10^{-19}}$$
$$= 65(\text{kV})$$

短波极限为
$$\lambda_{min} = \frac{hc}{eV} = \frac{6.626 \times 10^{-34} \times 3 \times 10^8}{1.6 \times 10^{-19} \times 65000}$$
$$= 0.191 \times 10^{-10}(\text{m}) = 0.0191\text{nm}$$

三、X 射线的强度与硬度

X 射线的强度是指单位时间内通过与 X 射线垂直的单位面积的 X 射线能量。显然,在单位时间内通过这一面积的 X 光子数目越多,每个 X 光子的能量越大,X 射线的强度也就越大。增加管电流将使轰击阳靶的高速电子增多,从阳靶产生的 X 光子数目也相应增

多;增加管电压可使连续 X 射线谱向短波方面移动,即单个 X 光子的能量普遍都增加。所以用这两种办法都可使强度增加。通常是在管电压不变的情况下,用管电流来调节 X 射线的强度。因此,在一定的管电压下,可用管电流来表示 X 射线的强度,称为毫安率。

X 射线的强度与时间的乘积是在此时间内通过与射线方向垂直的单位面积的能量,称为 X 射线的量。射线的量可用毫安·秒来表示。

X 射线的硬度表示 X 射线的质。X 射线的波长越短(频率越高),单个 X 光子的能量越大,它越难被吸收,即贯穿本领越大,这时我们说 X 射线的硬度大。由 X 射线的产生过程可知,管电压越高,产生的 X 光子波长越短,X 射线也就越硬,因此可用管电压来表示 X 射线的硬度,称为千伏率(管电压常用千伏数作单位)。医学上根据 X 射线的硬度,将它分为极软、软、硬、极硬四类,分类情况见表 12-1-1。

表 12-1-1　X 射线按硬度分类

分类名称	管电压(kV)	最短波长(nm)	用途
极软 X 射线	5~20	0.25~0.062	软组织摄影
软 X 射线	20~100	0.062~0.012	透视和摄影
硬 X 射线	100~250	0.012~0.005	较深组织治疗
极硬 X 射线	250 以上	0.005 以下	深部组织治疗

第 2 节　X 射线的吸收

一、X 射线的吸收规律

当 X 射线通过任何物质时,由于 X 光子与物质原子的相互作用,它的能量要被吸收一部分,因此它的强度随着深入物质的程度而减弱。对于给定的物质来说,如果 X 射线被该物质吸收得较多,我们就说这一物质的吸收本领较大,或者说 X 射线对该物质的贯穿本领较低。

X 射线被物质吸收的过程有以下几种。

(1) 当一个 X 光子和原子相碰时,它可能将原子的一个内层电子击出到原子之外,而本身由于能量全部消耗而整个被吸收,这一过程叫光电吸收。原子的内电子层出现空位后,进入激发态,接着发生标识 X 射线。

(2) X 光子和原子中的电子发生碰撞,碰

撞后 X 射线改变了原来行进的方向。碰撞时 X 光子可能将电子击出原子之外而本身损失部分能量,也可能未将电子击出原子而本身也无能量损失,这一过程叫康普顿散射。由于散射的结果,X 射线在原来的方向上强度降低了。

(3) X 光子进入原子后,在原子核强电场的作用下,X 光子消失了,转化为一个电子和一个正电子。这一过程叫电子偶的生成。

当 X 射线通过物质时,由于上述过程被逐渐吸收。对于单色 X 射线来说,如果入射的 X 射线强度为 I_0,从物质射出的 X 射线强度为 I,则物质对 X 射线的吸收存在如下的指数规律:

$$I = I_0 e^{-\mu l} \qquad (12.2.1)$$

式中:l 为物质的厚度,μ 为物质的吸收系数。吸收系数 μ 的大小标志着物质吸收 X 射线本领的强弱。由式(12.2.1)可知,μ 越大,I 越小,这表示物质的吸收本领强;反之,μ 越小,I 越大,表示物质的吸收本领弱。

二、影响物质吸收 X 射线的因素

在式(12.2.1)中,吸收系数 μ 的值由物质本身的性质和 X 射线的波长来决定。实验和理论都证明,吸收系数 μ 满足下式:

$$\mu = CZ^4 \lambda^3 \qquad (12.2.2)$$

式(12.2.2)中 C 在一定的 X 射线波长范围内是一个常数。λ 是入射的 X 射线的波长,Z 是吸收物的原子序数。这是一个重要的规律,它指明了影响物质吸收 X 射线的因素。由上式可知:当入射的 X 射线的波长一定时,则每种元素的吸收系数与它的原子序数的 4 次方成正比(分子的吸收系数等于各原子吸收系数的和);当吸收物质确定,物质的吸收系数与入射 X 射线的波长的 3 次方成正比。射线的波长越长,吸收系数越大,这表明软 X 射线远比硬 X 射线容易吸收。

根据上面的讨论,我们比较一下骨组织和肌肉组织对 X 射线的吸收情况。肌肉的主要成分是碳、氢和氧等较轻的原子,对 X 射线的吸收和水差不多,而骨的主要成分是 $Ca_3(PO_4)_2$,故两者的吸收系数之比为

$$\frac{骨的吸收系数}{肌肉的吸收系数} = \frac{3 \times 20^4 + 2 \times 15^4 + 8 \times 8^4}{2 \times 1^4 + 8^4}$$
$$= 152$$

即骨的吸收本领要比肌肉的吸收本领约强 152 倍。当 X 射线穿过人体时,由于骨的吸收远大于肌肉的吸收,用荧光观察或用照相底片摄影时,就可以清楚地看到骨骼的阴影。

三、照　射　量

各种射线与物质相互作用的过程,实质上是能量传递的过程。射线通过物质时,直接或间接地产生电离作用叫做电离辐射。各种电离辐射作用于生物体,当生物体吸收其能量后都要引起物理的、化学的、生物的变化,这叫做辐射效应。射线给人类带来了许多好处,但也伴有一些对人体健康的危害。为了清楚地知道射线对人体的作用机制,以便对射线进行防护以及为人体辐射损伤的医学诊断和治疗提供可靠的科学依据,必须对射线的辐射进行剂量控制。

当光子(X 射线、γ 射线等)和空气中的原子发生相互作用时,要产生次级电子,这些次级电子会使空气电离。如果在质量为 m 的空气中,次级电子使空气电离时所产生的任一种离子(正或负)的电量为 Q,则该处的照射量 X 为

$$X = \frac{Q}{m}$$

照射量 X 的单位由电量 Q 和质量 m 的单位决定,在国际单位制中,是库/千克(C/kg)。人们习惯用伦琴(R)和毫伦琴(mR)作单位,它们之间的换算关系为

$$1R = 2.58 \times 10^{-4} \text{ C/kg}$$

人体如果被射线照射,其照射量不能过大。我国规定从事放射工作的人员,日照射量不应超过 50mR,过大会引起放射病。

四、吸　收　剂　量

任何电离辐射(如 α、β、γ、X 等射线)照射物体时,都会将全部或部分能量传递给被照射物体,物体吸收射线能量后,在物体内引起变化(如物理的、化学的、生物的等),特别是生物体会引起生物效应。生物效应的强弱与吸收其能量代谢的多少有密切关系,所以,射线照射物体后,物体吸收射线的程度如何是很重要的。用吸收剂量来表示单位质量的物体吸收电离辐射能量的大小。若用 m 表示吸收射线

物体的质量，E 表示射线的能量，D 表示吸收剂量，则：

$$D = \frac{E}{m}$$

吸收剂量 D 的单位，由 E 和 m 的单位决定。在国际单位制中，是焦/千克（J/kg），又叫戈瑞，简称戈（Gy），戈这个单位太大，也可用毫戈（mGy）作单位。

吸收剂量 D 与照射量 X 虽然不同，但它们存在一定的关系。例如，空气中某处的 X 射线照射量为 1R（即 2.58×10^{-4} C/kg）时，经实验测定和计算，该处的吸收剂量为 8.7×10^{-3} Gy。

生物体吸收射线后，射线对细胞的破坏能力，不但与它吸收的能量多少和射线产生的离子有关，还与射线的种类、照射条件等有关。例如，即使接受相同的吸收剂量，快中子比 X 射线、γ 射线和电子射线的破坏力（生物效应）大 10 倍左右。因此，为了定量地表明机体受辐射的损伤程度。通常用剂量当量表示，剂量当量是适当地对吸收剂量进行了合理的修正，使修正后的吸收剂量能更好地和辐射所引起的有害效应联系起来。这种修正后的吸收剂量就叫做剂量当量。剂量当量的单位是希沃特，简称希（Sv）。希的单位太大，可用毫希（mSv）表示。

第3节　X 射线的医学应用及防护

一、X 射线的医学应用

1. X 射线透视　X 射线透视就是利用人体组织各部分对 X 射线有不同的透过与吸收作用，将组织与病变投射到荧光屏上，产生明暗不同的阴影。例如，骨骼吸收 X 射线多，从骨骼透出的 X 射线强度就弱，肌肉组织吸收 X 射线少，透出 X 射线强度大，这些强弱不同的 X 射线投在荧光屏上时就能观察到骨骼、肌肉的荧光像，因而利用透视能清楚地看出骨折的情况。组织的病理变化如肺结核病灶，会引起对 X 射线吸收本领的改变，因此可以通过透视检查出来，也可以借助 X 射线将误入人体内的异物及伤员体内的弹片等定位。

人体的某些器官与周围组织对 X 射线的吸收本领相差很小，X 射线通过它们后强度相差不多，于是在荧光屏上阴影的明暗对比不明显，达不到看清脏器的目的。为了能清晰观察内脏器官的形态或病变，可以用"人工造影"的方法。例如，检查胃肠时，可让患者吞服硫酸钡，由于附在胃肠内壁上的钡对 X 射线的吸收较强，这样就可使胃肠部分的像清楚地显示出来。

在 X 射线透视时要求荧光屏上有足够的亮度及清晰的分辨力，这就必须使投射到荧光屏上的 X 射线有足够的强度，为此可适当提高管电压。适当提高管电压可提高射线的穿透力、清晰度和分辨力。

透视的优点在于可根据需要转动患者，从各种不同位置和角度来观察和确定病变的部位，也可以直接观察器官的运动功能，而且既经济又方便。缺点是不能显示微细的病理改变，也不能留下客观的长久记录。在进行 X 射线透视前，医生应利用有色眼镜或暗室作充分的暗适应准备，以提高对各种组织的分辨力。

2. X 射线摄影　X 射线摄影就是用 X 射线感光胶片代替荧光屏，以永久记录被检查部位或病变的影像的方法。这种方法比透视有更多的诊断价值。因为 X 射线胶片的感光度很高，可以使一些细微的病理改变也能在胶片上成像。为了提高 X 射线对胶片的感光作用，通常是在摄影前将胶片装在有增感屏的暗盒内。所谓增感屏是在一块特制的纸板上涂一层荧光物质，本身为白色，在 X 射线照射时产生蓝、紫色荧光或紫外线，这种增感屏和 X 射线一起同时对胶片产生感光作用。这时，X 射线对胶片所起的直接感光作用还不到 5%，而增感屏的荧光所起的感光作用却超过 95%，因而利用增感屏后胶片感光作用大为增强。

对于密度相差很小的软组织的显像，除前面所提的人工造影法以外，近年来采用软 X 射线摄影。因为物质对 X 射线的吸收，波长越长吸收越多，这样就可增大密度相差较小的软组织对 X 射线吸收的差异，从而可以进行照相。例如，钼制成的阳靶 X 射线管，它产生的软 X 射线波长约 0.07nm，可作为诊断乳腺病的良好工具。X 射线摄影的缺点是不易观

察运动器官的功能改变,费用较贵。

在 X 射线摄影中,为了满足医学诊断的不同要求,而采用了一系列不同的摄影方法,下面我们简介两种特殊摄影方法的原理。

(1) 滤线栅摄影。当 X 射线照射人体后,除了大部分被人体吸收外,一部分因撞击人体组织而产生方向不定的散乱射线,而且 X 射线束通过组织的厚度越厚,散射越大。此散乱射线到达胶片后,可使胶片呈雾状而发灰,使影像模糊不清,所以必须将此散乱射线对胶片的影响消除。减少射到胶片上的散乱射线的主要方法是用一个由许多细薄铅条和木条、纸条或塑料条交替并排着的滤线栅。大部分滤线栅呈平板状(图 12-3-1),有的也呈弧状。在摄影时将滤线栅置于人体与胶片之间(图 12-3-1),X 射线管的焦点与滤线栅的中心重合。当照射时,从 X 射线源发生的原发 X 射线能穿过铅条间隙到达胶片,人体散乱 X 射线因不与铅条平行,射到铅条上时,被铅条吸收,由此可产生清晰度较好的影像。

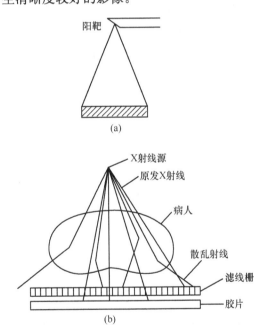

图 12-3-1　滤线栅摄影

(2) 断层摄影。在普通 X 射线摄影胶片上,显示的影像是人体深度不同的各部组织前后重叠的阴影。一些病变往往被其前后组织阴影所遮盖而显得模糊不清。因此有了断层摄影,断层摄影又叫体层摄影,是使机体内某一层结构或病变突出地在胶片上显现出来而使其他深度的组织模糊不清。断层摄影装置

的基本原理如图 12-3-2 所示,在摄像时使 X 射线管与胶片同时做反向等角速移动,移动的轴心 A 选在被摄部位所在的位置。结果是只有和轴心在一个平面上的各组织始终在胶片上固定的位置投影,即这一平面上的组织的投影始终保持相对静止,因而这层组织的影像显示清晰。而与轴心不在一个平面上的组织如 B,则其影像在胶片上的投影位置连续移动而成一片模糊阴影显像不清。

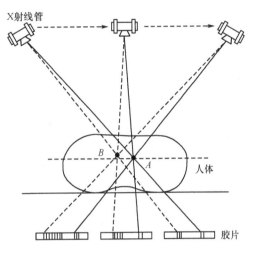

图 12-3-2　断层摄影原理示意图

3. X 射线治疗　X 射线用于治疗,主要是应用了 X 射线的生物效应。当人体内的组织细胞被 X 射线照射后,都会受到或多或少的破坏作用。各种细胞对 X 射线的敏感性是不一样的,对未成熟的细胞或正在分裂的细胞,X 射线对它的破坏力特别强,适当利用这些特点,就可以达到治疗的目的。X 射线对某些皮肤病和某些类型的癌变有独特的疗效,有些病可以完全治好,另一些病则可以使病状减轻。治疗时所用的 X 射线,其硬度和强度是根据病变部位的深浅及其他因素决定的。患处愈深,所需要的硬度就愈硬。近代所谓深度 X 射线治疗,所用的管压有高达 1000kV 以上的。

二、X 射线的防护

X 射线对机体具有生物作用,当照射剂量在允许范围内时,不致对人体造成损伤。但过量的照射或个别机体的敏感,都会产生积累性反应,导致器官组织的损伤及生物功能的障碍。可能出现的损害有:皮肤斑点色素沉着,头痛,健忘,白细胞减少,毛发脱落等。因此在利用 X 射线进行诊断或治疗时,都必须注意加强防护。

学习笔记

通常用的防护物质有铅、铜、铝等金属和混凝土、砖等。铅的原子序数(82)较高,对 X 射线有较大的吸收作用,且加工容易,造价低廉,故 X 线管套遮线器、荧光屏上的铅玻璃、铅手套、铅眼镜、铅围裙等都用不同厚度的铅或含有一定成分的铅橡皮、铅玻璃等来做防护。铜和铝的原子序数分别为 29 和 13,对 X 射线的吸收能力较铅差得多,但适当增加其厚度也能达到同铅相等的防护功能。混凝土作为 X 射线室四周墙壁的建筑材料,在一定厚度下,完全可以达到对室外的防护目的。拌有钡剂的混凝土,其防护效能会大大提高。砖在一定厚度和密度下,同样具有防护效能,但其接缝必须用混凝土灌注,否则 X 射线会通过接缝向室外散射。下面具体说明透视、摄影和治疗时的防护要点。

1. 透视中的防护 虽然 X 射线到达荧光屏上的铅玻璃及周围的铅橡皮后几乎全被吸收,但由于透视工作的特点是持续工作时间较长,特别是胃肠造影检查,所以要注意利用遮线器尽量缩小视野。在能看清病变达到诊断目的时,管电压和管电流越小越好,X 射线管与病人间的距离不少于 40cm,荧光屏应尽量靠近病人,这样才能使有用射线完全局限于荧光屏上铅玻璃吸收范围内。透视时需戴铅手套和铅围裙,脚不要太往前伸,以减少小腿部对 X 射线的吸收。每一个病人连续透视时间不应过长,要利用脚闸(或手闸)控制,尽量使 X 射线断续发生。

2. 摄影时的防护 这时使用的管电压、管电流较高而实际照射时间很短,但在照射单位时间内 X 射线量很多,而且 X 射线管的位置经常变化,散乱线分布的区域也较广,所以要注意,不要让 X 射线管窗口与控制台、邻室或走廊直对,以避免 X 射线的直接照射,最好医生在照射时避于屏风之后,通过铅玻璃观察患者。X 射线管窗口应有 1~3mm 铅过滤板,以便吸收穿透力不强,不能透过患者组织,对感光效应不起作用,却能损害患者和产生散乱射线的软 X 射线。要利用遮线筒使照射视野局限于被摄的病灶部分,否则视野过大,散乱 X 射线将增多。

3. 治疗时的防护 治疗时管电压较高,管电流很小,X 射线质硬,穿透力强,连续工作时间长,对人体损害也大,所以更应引起重视。要注意治疗室的墙壁地板的防护物质是否符合标准,适当地选择遮线筒,比被治疗的病灶范围略大,不超过 1cm 为限。不应被照射的正常组织要用铅板遮住,X 射线管附近的杂物应清除以防产生过多的散乱射线。治疗开始后工作人员不能停留在治疗室,并注意观察患者情况,X 射线室不能过小等。

只要按照上述要求,认真做好防护工作,加上定期检查身体,加强营养,射线的损害是完全可以避免的,我们不应产生不必要的思想顾虑。

第 4 节 X 射 线 CT

一、CT 装 置

1972 年英国 EMI 公司研制成第一台电子计算机断层摄影装置(computed tomography,CT)并应用于临床。它的问世是继伦琴发现 X 射线以来,在医学诊断领域的又一次重大突破。人体组织和器官都是立体结构,普通 X 射线透视和照相是 X 射线穿透某一部位各层不同密度和厚度组织结构后的总和投影,显示的是人体组织结构互相重叠的平面像,使诊断受到一定的限制和影响。常规的断层成像技术,以人体所需拍摄部位的层面为轴,使 X 射线管和胶片做相对且方向相反的匀速运动,获得的影像为被摄体内某一体层组织的平面影像,但是这一层面以上和以下的组织也在胶片上留下模糊的阴影,因而,降低了整个图像的对比度。

X 射线 CT 影像的形成与普通 X 射线摄影相比,存在着本质的不同。CT 扫描机是将 X 射线高度准直后围绕患者身体某一部位作横断层扫描,用灵敏的探测器接收透过的 X 射线,用计算机计算出该层面上各点的 X 射线吸收系数值,再由图像显示器将不同的数据用不同的灰度等级显示出来,即得到该层面的解剖结构图像。CT 扫描机从根本上排除了影像重叠,使密度分辨力大为提高,可以明显地分辨出 X 射线吸收系数相差很小的软组织和水。此外,CT 检查中所得到的数据反映横断面上各点的密度值,这使人们可以定量了解各脏器的密度,便于与正常组织进行比较。由于 CT 是由投影重建图像,所以利用计算机的各种软件功能进

学习笔记

行图像处理,可以明显改善图像的对比度,便于观察细节。此外,还可由横断面的图像资料合成其他面的图像。可见,CT 是一种图质好,而又无创伤、无痛苦、无危险的诊断方法。

CT 装置主要包括扫描设备、计算机系统、图像显示装置与记录系统。

扫描装置是收集通过人体的 X 射线信息的装置。主要有能发射 X 射线的 X 光管和接收通过人体组织的 X 射线的探测器。扫描用的 X 射线管和一般 X 射线管结构相同,但要求 X 射线管焦点小,热容量大,输出的 X 射线束剂量稳定,频谱集中。最初的探测器由碘化钠晶体和光电倍增管组成,碘化钠晶体对 X 射线的敏感度比胶片大 100 倍。晶体受到 X 射线照射,产生与 X 射线量成比例的可见光,光子照射在光电倍增管的光阴极上,转换成光电子作为扫描信息,数字化后输入计算机。100 个以上探测器密集排列,元件间性能的一致性不好保证,所以第三代改用氙气电离室。在电离室中封入具有 20 个大气压的高压氙气,两极间加上 500V 直流电压,负端接信号极。氙气分子吸收 X 光子能量发生电离,正离子趋向信号极形成电流,经前置放大器放大而送至模/数转换器。计算机系统对信息数据进行存储、运算并重建图像,所用计算机系统应具有高速运算、大量数据储存和检索的功能。显示装置用阴极射线管。长期存储可用磁盘,或用胶片直接记录下来。各个吸收系数的实际数值也可由打印机打印出来,与正常数值进行定量比较。

二、CT 图像重建原理

不同的 CT 机其工作方式不同,但由投影数据重建图像这个基本原理是完全相同的。某一断层的 X 射线图像取决于这一层面上各点的 X 射线吸收系数。所以图像重建的任务就是求出层面上各点的吸收系数,并在荧光屏上按一定的分布显示出来。

现使一束 X 射线平行通过某一层面,该层面划分为若干个小体元称像素,如图 12-4-1 所示,设原发 X 射线强度为 I_0,透过 X 射线强度为 I,其总吸收值为

$$\ln \frac{I_0}{I} = \sum_{i=1}^{n} \mu_i \Delta x_i$$

此吸收值叫做投影数据,μ_i 是像素的吸收

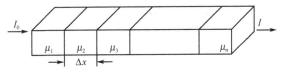

图 12-4-1　像素与投影

系数,Δx_i 是像素的线度,每个像素的线度 Δx_i 都相同,因而上式是一个含有多个未知数 μ_i 的方程。显然,从一个方程不可能计算出每个像素的 μ 值。因此,必须用 X 射线多向投射,收集大量数据,列出大量方程,使方程个数多于像素个数,才能将每个像素的值算出,然后重建图像。

由投影数据来计算 μ 值,重建图像的方法叫做算法。算法有许多种,如迭代法、滤波反投影法、傅里叶变换法等。下面简单介绍迭代法。迭代法是用逐次近似法来联立方程式。为简单,假定某一断面划分为 4 个像素,如图 12-4-2 所示,其吸收系数可以从 $A\sim E$ 个方向的投影求得。

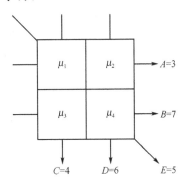

图 12-4-2　从投影求像素

投影 A　$\mu_1 + \mu_2 = 3$
投影 B　$\mu_3 + \mu_4 = 7$
投影 C　$\mu_1 + \mu_3 = 4$
投影 D　$\mu_2 + \mu_4 = 6$
投影 E　$\mu_1 + \mu_4 = 5$

联立上述 5 个方程,可求出这四个像素的吸收系数分别为 1、2、3、4。实际上一个断层的像素很多,方程个数也极多,必须用大型计算机求解。只有第一代 CT 机使用迭代法,此法的缺点是计算时间过长,扫描结束后 5～10min 才能显像。为了提高重建速度,后几代计算机均采用其他方法,如傅里叶变换法、滤波反射法等,可以在检查结束后立即显示图像。

三、CT 图像与 CT 值

CT 图像在荧光屏上用由黑到白的不同

灰度表示,黑表示低密度区,白表示高密度区。计算机对 X 射线从多个方向扫描所得到的信息进行处理,得出每个像素的吸收系数,然后将吸收系数(μ 值)换算成 CT 值,以作为表达组织密度的统一单位。

所谓 CT 值是取各组织对 X 射线的吸收系数与水的吸收系数的相对值来定义的,即

$$CT \text{ 值} = \frac{\mu_X - \mu_水}{\mu_水} \cdot K$$

现在,CT 值多以亨斯菲尔德为单位(H),取 K 为 1000,取水的吸收系数为 1,则空气的吸收系数近似为零,骨组织的吸收系数近似为 2。经计算,空气的 CT 值为 -1000,骨的 CT 值为 $+1000$。这样 CT 把人体组织的密度分成 2000 个密度等级,CT 值每变化 1H,相当于 0.1% 吸收系数的变化。但是一般人的眼睛只能分辨 16 个灰度级,即使受过训练的医生,最多也只能分辨 64 个灰阶。如在 CT 图像上用 64 个灰阶来反映 2000 个分度的 CT 值,则所能分辨的 CT 值约为 31H,即两种组织的 CT 值差别小于 31H 时,则不能分辨。为了解决这一问题,可采用窗口技术。即将 CT 值的某一段提取出来,用荧光屏或胶片的全部灰度阶显示。如欲观察某一组织结构细节时,应以该组织 CT 值为中心进行观察,此 CT 值即为窗位。窗宽为在 CT 图像上可观察的 CT 值范围。如脑质 CT 值约为 $+35H$,如欲观察其精细结构,窗位应选 $+35H$,窗宽可选 100H,这样,在 CT 图像上反映的 CT 值范围为 $-15H$ 到 85H,这 100 个 CT 值的分度用 64 个灰阶显示,CT 值大于 $+85H$ 的组织的影像全白,CT 值小于 $-15H$ 的组织的影像全黑,每级灰度相当于 1.5H,即当组织的 CT 值相差 1.5H 时,人眼就可以分辨。因此,利用窗口技术,可以大大提高对细节的分辨能力。

四、CT 的分辨率

CT 分辨率分为空间分辨率、密度分辨率和时间分辨率。

空间分辨率是指区分距离很近的两个微小物体的能力。普通 X 射线拍片的空间分辨率为 0.1~0.2mm,CT 扫描机的空间分辨率为 1~2mm。CT 扫描机的空间分辨率受显示器件、重建算法及像素数目的限制。像素大,

则数目少,其空间分辨率低;反之,则图像细致、清楚、分辨率高。但是像素小,每个像素所得的 X 光子数亦少,引起噪声增加,降低了密度分辨率。为了抑制噪声,势必延长曝光时间或增大 X 射线剂量,这就降低了时间分辨率,且患者所受辐射剂量增大。由于密度分辨率和时间分辨率比空间分辨率更重要,因此要综合考虑。

CT 的密度分辨率指影像系统能够显示出 X 射线对物体透射度的微小差别的能力。CT 机具有较高的密度分辨率,可分辨密度相差 0.5% 的组织,而普通 X 射线摄影仪仅能显示 5% 的密度差别。其原因是 CT 扫描仅从人体的某一薄层获取信息,没有重叠干扰;X 射线高度准直,散射线少;探测器对 X 光子较胶片灵敏。

时间分辨率是衡量图像质量好坏的一个重要参数,它的作用是间接的,不能从图像中直接阅读。只有缩短扫描时间,才能克服运动伪象,在对运动器官进行 CT 系列摄影时,扫描时间具有特殊的意义。

X 射线发生装置的主要部分是 X 射线管,管内有两个电极,阴极由钨丝做成,通电后能发射电子,阳极由中央镶有一小块钨的铜块做成。由钨丝发射出来的电子高速轰击阳靶时,受阳靶原子核电场作用而迅速减速,失去动能转化为 X 光子的能量辐射出去,产生连续 X 射线谱;高速电子轰击阳靶时,也可能穿入靶原子内部与某一个内层电子相碰,把这一内层电子打出原子之外,于是高层电子就可以跃迁到这一层填补空位并辐射出 X 光子产生标示 X 射线谱。

物质对 X 射线的吸收满足指数规律,吸收系数的值由物质本身的性质和 X 射线的波长来决定,每种元素的吸收系数与它的原子序数的 4 次方成正比,与入射 X 射线的波长的 3 次方成正比。射线的波长越长,吸收系数越大,物质吸收的 X 射线越多。根据人体不同部位对 X 射线的吸收不同,可用 X 射线来透视和治疗。

CT 装置主要包括扫描设备、计算机系统、图像显示装置与记录系统。CT 机工作的基本原理是由投影数据重建图像。某一断层的 X 射线图像取决于这一层面上各点的 X 射线吸收系数。图像重建的任务就是求出层面上各点的吸收系数,并在荧光屏上按一定的分布显示出来。

小结

一、填空题

X 射线剂量常用的三种是 _____、_____、_____。它们的单位和代表符号分别是_____、_____、_____。

二、选择题

1. X 射线的本质是　　　　　　　　　　　（　　）

　　A. 电子流　　　　　　B. 电磁波

　　C. 光子流

2. 描述 X 射线的穿透本领,用 X 射线的硬度表示,它决定于　　　　　　　　　　　（　　）

　　A. X 射线管的管电流的大小,管电流越大,硬度越大

　　B. X 射线管电压越高,硬度越大

　　C. 阳极靶的物质越厚,硬度越大

　　D. X 射线的灯丝温度越高,硬度越大

三、思考题与计算题

1. 如果要得到最短波长为 0.05nm 的 X 射线,需加多大的管电压? 这时电子到达阳极时具有多大的动能?

2. 一个厚为 2mm 的铜片,能使单色 X 射线的强度减弱 4/5,试求铜的吸收系数。

3. 试说明 X 射线的强度、硬度的意义。

4. 什么是 X 射线透视? 它有什么特点?

5. 什么是 X 射线摄影? 它有什么特点?

（孙福玉）

第13章 磁共振成像

第1节 磁共振的基本概念

一、原子核的磁矩

磁矩是描述载流线圈或微观粒子磁性的物理量。平面载流线圈的磁矩定义为 $m = iSn$，式中 i 为电流强度；S 为线圈面积；n 为与电流方向成右手螺旋关系的单位矢量。在均匀外磁场中，平面载流线圈不受力而受力矩，该力矩使线圈的磁矩 m 转向外磁场 B 的方向；在均匀径向分布外磁场中，平面载流线圈受力矩偏转。许多电机和电学仪表的工作原理即基于此。

原子中，电子因绕原子核运动而具有轨道磁矩；电子还因自旋具有自旋磁矩；原子核、质子、中子以及其他基本粒子也都具有各自的自旋磁矩。原子核的自旋角动量

$$L_I = \sqrt{I(I+1)}\,\frac{h}{2\pi} \qquad (13.1.1)$$

式中：I 为核的自旋量子数，可取零、半整数和整数；但 $I=0$ 时该核无自旋。磁矩

$$\mu = g\,\frac{e}{2m_p}L_I = g\,\sqrt{I(I+1)}\,\frac{eh}{4\pi m_p}$$
$$= g\,\sqrt{I(I+1)}\,\mu_N \qquad (13.1.2)$$

式中：g 为朗德因子，m_p 为质子质量，$\mu_N = 5.0508\times10^{-27}\,\mathrm{J\cdot T^{-1}}$ 是核磁矩单位，叫做核磁子。

原子核的自旋角动量和磁矩在外磁场方向上的分量分别为

$$L_m = m\,\frac{h}{2\pi} \qquad (13.1.3)$$

$$\mu_m = g\mu_N m \qquad (13.1.4)$$

式中：m 为磁量子数，其值可取 $I, I-1, \cdots, 1-I, -I$ 共 $2I+1$ 个值。表示核的自旋角动量和磁矩在外磁场中有 $2I+1$ 个可能的取向或沿磁场方向可以有 $2I+1$ 种分量。

磁偶极子在外磁场中具有势能。若令 $\mu \perp B$ 时势能为零，则磁偶极子在外磁场中势能是

$$E = -\mu B\cos(\mu \cdot B) = -\mu_m B \qquad (13.1.5)$$

μ_m 为磁矩在磁场方向上的分量，B 是外磁场的磁感应强度。可见 μ 顺着磁场方向能量低，逆着磁场方向能量高。

对于原子核，其磁矩对外磁场的取向具有量子化特征，因此存在几个可能的能级。将式 (13.1.4) 代入式 (13.1.5) 得

$$E = -g\mu_N mB \qquad (13.1.6)$$

由于 m 可取 $2I+1$ 种值，因此原子核原来一个能级，在外磁场中将分裂成 $2I+1$ 个能级。如质子，$I=1/2$，则可得到 $E = -\frac{1}{2}g\mu_N B$ 低能级和 $E = +\frac{1}{2}g\mu_N B$ 的高能级。表示它的磁矩在外磁场中将取两种状态，磁矩平行于磁场的为低能级，反平行于磁场的为高能级，如图 13-1-1 所示。能量差

$$\Delta E = g\mu_N B \qquad (13.1.7)$$

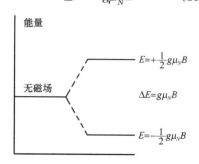

图 13-1-1 在均匀磁场中质子磁矩的取向和能级

当热平衡时，处于低能级的质子数稍多于高能级的质子数，此时若垂直于 B 的方向加一射频场，设其频率满足

$$\nu = g\mu_N B/h \qquad (13.1.8)$$

则发生两能级之间的共振跃迁。质子从高能级跃迁到低能级能量放出，反过来要吸收能量。因低能级上质子数稍多，则由低能级跃迁到高能级的质子数也稍多，结果从射频场中吸收了能量，这种能量被吸收的现象叫做核磁

共振。

二、磁矩在磁场中的运动

原子具有磁矩,按照经典物理学它在外磁场中受到磁力矩的作用,所以核在自旋的同时还以外磁场方向为轴线作旋进。其旋进角速度为

$$\omega_0 = \frac{\mu}{L_I}B = \gamma B \qquad (13.1.9)$$

式中 $\gamma = \frac{\mu}{L_I}$ 为磁旋比。

由上式可得拉莫频率(旋进频率)为

$$\nu_0 = \frac{\nu}{2\pi}B \qquad (13.1.10)$$

由上式可知,当磁场为定值时,各种磁核由于磁旋比的差异而以不同的频率旋进。

三、磁共振现象

磁共振(nuclear magnetic resonance, NMR)是磁矩不为零的原子核,在外磁场作用下自旋能级发生塞曼分裂,共振吸收某一定频率的射频辐射的物理过程。核磁共振波谱学是光谱学的一个分支,其共振频率在射频波段,相应的跃迁是核自旋在核塞曼能级上的跃迁。

磁共振是处于静磁场中的原子核在另一交变磁场作用下发生的物理现象。通常人们所说的核磁共振指的是利用核磁共振现象获取分子结构、人体内部结构信息的技术。

并不是所有原子核都能产生这种现象,原子能产生磁共振现象是因为具有核自旋。原子核自旋产生磁矩,当核磁矩处于静止外磁场中时产生进动核和能级分裂。在交变磁场作用下,自旋核会吸收特定频率的电磁波,从较低的能级跃迁到较高能级。这种过程就是核磁共振。

核磁共振现象来源于原子核的自旋角动量在外加磁场作用下的进动。

根据量子力学原理,原子核与电子一样,也具有自旋角动量,其自旋角动量的具体数值由原子核的自旋量子数决定,质量数和质子数均为偶数的原子核,自旋量子数为 0;质量数为奇数的原子核,自旋量子数为半整数;质量数为偶数的原子核,自旋量子数为整数。迄今

为止,只有自旋量子数等于 1/2 的原子核,其磁共振信号才能够被人们利用,经常为人们所利用的原子核有:1H、11B、13C、17O、19F、31P。

由于原子核携带电荷,当原子核自旋时,会由自旋产生一个磁矩,这一磁矩的方向与原子核的自旋方向相同,大小与原子核的自旋角动量成正比。将原子核置于外加磁场中,若原子核磁矩与外加磁场方向不同,则原子核磁矩会绕外磁场方向旋转,这一现象类似陀螺在旋转过程中转动轴的摆动,称为进动。进动具有能量也具有一定的频率。原子核进动的频率由外加磁场的强度和原子核本身的性质决定,也就是说,对于某一特定原子,在一定强度的外加磁场中,其原子核自旋进动的频率是固定不变的。

原子核发生进动的能量与磁场、原子核磁矩以及磁矩与磁场的夹角相关,根据量子力学原理,原子核磁矩与外加磁场之间的夹角并不是连续分布的,而是由原子核的磁量子数决定的,原子核磁矩的方向只能在这些磁量子数之间跳跃,而不能平滑地变化,这样就形成了一系列的能级。当原子核在外加磁场中接受其他来源的能量输入后,就会发生能级跃迁,也就是原子核磁矩与外加磁场的夹角会发生变化。这种能级跃迁是获取核磁共振信号的基础。

为了让原子核自旋的进动发生能级跃迁,需要为原子核提供跃迁所需要的能量,这一能量通常是通过外加射频场来提供的。根据物理学原理,当外加射频场的频率与原子核自旋进动的频率相同的时候,射频场的能量才能够有效地被原子核吸收,为能级跃迁提供助力。因此某种特定的原子核,在给定的外加磁场中,只吸收某一特定频率射频场提供的能量,这样就形成了一个核磁共振信号。

第 2 节 磁共振成像原理

一、磁共振成像的基本方法

磁共振成像(nuclear magnetic resonance imaging,NMRI),又称自旋成像(spin imaging),也称磁共振成像(magnetic resonance imaging,MRI),是利用核磁共振(NMR)原

理,依据所释放的能量在物质内部不同结构环境中不同的衰减,通过外加梯度磁场检测所发射出的电磁波,即可得知构成这一物体原子核的位置和种类,据此可以绘制成物体内部的结构图像。将这种技术用于人体内部结构的成像,就产生出一种革命性的医学诊断工具。快速变化的梯度磁场的应用,大大加快了核磁共振成像的速度,使该技术在临床诊断、科学研究的应用成为现实,极大地推动了医学、神经生理学和认知神经科学的迅速发展。

核磁共振成像是随着计算机技术、电子电路技术、超导体技术的发展而迅速发展起来的一种生物磁学核自旋成像技术。它是利用磁场与射频脉冲使人体组织内进动的氢核(即H^+)发生振动产生射频信号,经计算机处理而成像的。原子核在进动中,吸收与原子核进动频率相同的射频脉冲,即外加交变磁场的频率等于拉莫频率,原子核就发生共振吸收,去掉射频脉冲之后,原子核磁矩又把所吸收的能量中的一部分以电磁波的形式发射出来,称为共振发射。共振吸收和共振发射的过程叫做"核磁共振"。

二、人体的磁共振成像

核磁共振成像的"核"指的是氢原子核,因为人体的约 70% 是由水组成的,MRI 即依赖水中氢原子。当把物体放置在磁场中,用适当的电磁波照射它,使之共振,然后分析它释放的电磁波,就可以得知构成这一物体的原子核的位置和种类,据此可以绘制成物体内部的精确立体图像。通过一个磁共振成像扫描人类大脑获得的一个连续切片的动画,由头顶开始,一直到基部。

氢核是人体成像的首选核种,人体各种组织含有大量的水和碳氢化合物,所以氢核的核磁共振灵活度高、信号强,这是人们首选氢核作为人体成像元素的原因。NMR 信号强度与样品中氢核密度有关,人体中各种组织间含水比例不同,即含氢核数的多少不同,则NMR 信号强度有差异,利用这种差异作为特征量,把各种组织分开,这就是氢核密度的核磁共振图像。人体不同组织之间、正常组织与该组织中的病变组织之间氢核密度、弛豫时间 T_1、T_2 三个参数的差异,是 MRI 用于临床诊

断最主要的物理基础。

当施加一射频脉冲信号时,氢核能态发生变化,射频过后,氢核返回初始能态,共振产生的电磁波便发射出来。原子核振动的微小差别可以被精确地检测到,经过进一步的计算机处理,即可获得反应组织化学结构组成的三维图像,从中我们可以获得包括组织中水分差异以及水分子运动的信息。这样,病理变化就能被记录下来。

人体 2/3 的重量为水分,如此高的比例正是磁共振成像技术能被广泛应用于医学诊断的基础。人体内器官和组织中的水分并不相同,很多疾病的病理过程会导致水分形态的变化,即可由磁共振图像反映出来。

MRI 所获得的图像非常清晰精细,大大提高了医生的诊断效率,避免了剖胸或剖腹探查诊断的手术。由于 MRI 不使用对人体有害的 X 射线和易引起过敏反应的造影剂,因此对人体没有损害。MRI 可对人体各部位多角度、多平面成像,其分辨力高,能更客观更具体地显示人体内的解剖组织及相邻关系,对病灶能更好地进行定位定性。对全身各系统疾病的诊断,尤其是早期肿瘤的诊断有很大的价值。核磁共振成像技术还可以与 X 射线断层成像技术(CT)结合,为临床诊断和生理学、医学研究提供重要数据。核磁共振成像技术是一种非介入探测技术,相对于 X 射线透视技术和放射造影技术,MRI 对人体没有辐射影响;相对于超声探测技术,核磁共振成像更加清晰,能够显示更多细节;此外,相对于其他成像技术,核磁共振成像不仅仅能够显示有形的实体病变,而且还能够对脑、心、肝等功能性反应进行精确的判定。

磁共振成像的最大优点是它是目前少有的对人体没有任何伤害的安全、快速、准确的临床诊断方法。如今全球每年至少有 6000 万病例利用核磁共振成像技术进行检查。其优点具体说来有以下几点。

(1) 极好的分辨力。对膀胱、直肠、子宫、阴道、关节、肌肉等部位的检查优于 CT。

(2) 各种参数都可以用来成像,多个成像参数能提供丰富的诊断信息,这使得医疗诊断以及对人体内代谢和功能的研究方便、有效。例如,肝炎和肝硬化的 T_1 值变大,而肝癌的

学习笔记

T_1 值更大,作 T_1 加权图像,可区别肝部良性肿瘤与恶性肿瘤。

（3）静磁场可自由选择所需剖面。能得到其他成像技术所不能接近或难以接近部位的图像。对于椎间盘和脊髓,可作矢状面、冠状面、横断面成像,可以看到神经根和神经节等。不像 CT 只能获取与人体长轴垂直的横断面。

（4）对人体没有氢（1H）、碳（13C）、氮（14N 和 15N）、磷（31P）等。

虽然 MRI 对患者没有致命性的损伤,但还是给患者带来了一些不适感。在 MRI 诊断前应当采取必要的措施,把这种负面影响降到最低限度。其缺点主要有以下几点。

（1）和 CT 一样,MRI 也是解剖性影像诊断,很多病变单凭核磁共振检查仍难以确诊,不像内镜可同时获得影像和病理两方面的诊断。

（2）肺部的检查不优于 X 射线或 CT 检查,对肝脏、胰腺、肾上腺、前列腺的检查不比 CT 优越,但费用要高昂得多。

（3）肠道的病变不如内镜检查。

（4）扫描时间长,空间分辨力不够理想。

（5）由于强磁场的原因,MRI 对诸如体内有磁金属或起搏器的特殊患者不能适用。

MRI 系统可能对人体造成伤害的因素主要包括以下方面。

（1）强静磁场:在有铁磁性物质存在的情况下,不论是埋植在患者体内还是在磁场范围内,都可能是危险因素。

（2）时间变化的梯度场:可在受试者体内诱导产生电场而兴奋神经或肌肉。外周神经兴奋是梯度场安全的上限指标。在足够强度下,可以产生外周神经兴奋（如刺痛或叩击感）,甚至引起心脏兴奋或心室振颤。

（3）射频（RF）的致热效应:在 MRI 聚焦或测量过程中所用到的大角度射频场发射,其电磁能量在患者组织内转化成热能,使组织温度升高。RF 的致热效应需要进一步探讨,临床扫描仪对于射频能量有所谓"特定吸收率"（specific absorption rate, SAR）的限制。

（4）噪声:MRI 运行过程中产生的各种噪声,可能使某些患者的听力受到损伤。

（5）造影剂的毒副作用:目前使用的造影剂主要为含钆的化合物,副作用发生率在 2%～4%。

第 3 节 磁共振成像系统

采用调节频率的方法来达到核磁共振。由线圈向样品发射电磁波,调制振荡器的作用是使射频电磁波的频率在样品共振频率附近连续变化。当频率正好与核磁共振频率吻合时,射频振荡器的输出就会出现一个吸收峰,这可以在示波器上显示出来,同时由频率计即刻读出这时的共振频率值。核磁共振谱仪是专门用于观测核磁共振的仪器,主要由磁铁、探头和谱仪三大部分组成。磁铁的功用是产生一个恒定的磁场;探头置于磁极之间,用于探测核磁共振信号;谱仪是将共振信号放大处理并显示和记录下来。由于篇幅所限,现简述磁共振成像系统的组成如下。

一、磁 场 系 统

静磁场:又称主磁场。当前临床所用超导磁铁,磁场强度有 0.5～4.0T（特斯拉）,常见的为 1.5T 和 3.0T;另有匀磁线圈协助达到磁场的高均匀度。

梯度场:用来产生并控制磁场中的梯度,以实现 NMR 信号的空间编码。这个系统有 3 组线圈,产生 x、y、z 三个方向的梯度场,线圈组的磁场叠加起来,可得到任意方向的梯度场。

二、射 频 系 统

射频发生器:产生短而强的射频场,以脉冲方式加到样品上,使样品中的氢核产生 NMR 现象。

射频接收器:接收 NMR 信号,放大后进入图像处理系统。

三、计算机图像重建系统

由射频接收器送来的信号经 A/D 转换器,把模拟信号转换成数学信号,根据与观察层面各体素的对应关系,经计算机处理,得出层面图像数据,再经 D/A 转换器,加到图像显示器上,按 NMR 的大小,用不同的灰度等级显示出欲观察层面的图像。

学习笔记

第4节 磁共振的应用

磁共振是利用构成分子的原子具有磁矩等特征,在不破坏样品的情况下,研究物质的微观结构和相互作用。这项技术在物理学和化学的领域中,很有成效。它在生物学、农业、医药等各方面的应用,也日趋重要,并已显示出很大的优越性。

有机化合物(包括有机药物)主要是由 C、H、O 三种元素组成的,由于 ${}^{16}_{8}O$ 和 ${}^{12}_{6}C$ 这两种核都不具有磁矩,所以许多有机化合物的核磁共振就是单纯 ${}^{1}_{1}H$ 的共振。由化学位移的不同,可以证实分子中各种基因的存在,而自旋耦合产生的多重峰,又反映了各种基因在分子中的相对排列位置,因此,利用质子共振谱并结合其他分析方法(如元素分析、红外和紫外光谱、质谱),可以研究化合物的分子结构和反应过程,从而阐明分子结构与性能、反应机制之间的关系。对于含有 ${}^{11}_{5}B$、${}^{13}_{6}C$、${}^{14}_{7}N$、${}^{17}_{8}O$、${}^{20}_{16}S$、${}^{31}_{15}P$、${}^{29}_{16}S$ 和 ${}^{19}_{9}F$ 等磁核的化合物,也可以用核磁共振进行研究。

目前,商品化的核磁共振波谱仪中,90%以上是用于分析有机化合物的成分和结构,并已绘制了几万种有机化合物的标准图谱。对于一个样品,只要测出它的共振图谱,而后与标准图谱对照,就可以知道该样品的成分和结构。

在药学方面,核磁共振除用于药物的定性分析和结构分析外,还用于定量分析。例如,将复方阿司匹林(APC)的核磁共振图谱,与阿司匹林、非那西汀和咖啡因的图谱进行对照,可以测出 APC 中三种药物的含量。

核磁共振也用于研究药物分子之间的相互作用、药物分子与生物高分子或细胞感受器之间的作用机制等。例如,通过对神经中焦磷酸胺与普鲁卡因相互作用的核磁共振的研究,给神经麻醉假说提供了新的证据;由核磁共振技术发现,青霉素分子只在一个部位通过芳香族侧链与细胞的蛋白质感受器结合而起药理作用。

核磁共振在胰岛素、核糖核酸酶、血红蛋白等方面的研究,已取得许多成果。在去氧核糖核酸方面的研究,为分子生物学的分子遗传

学提供了许多有意义的资料。在农业方面,核磁共振用于遗传育种、光合作用和谷物害虫的检测等方面的研究。

近 20 多年来,核磁共振技术发展较快,核磁共振波谱仪的功能也日臻完善,研究对象也越来越广泛。例如,应用二维波谱技术进行样品分析,可以显示出某种磁核在样品中分布的立体图像,用以研究分子中各基因团的弛豫时间以及各基团的排列和相互作用。这种方法在物质结构分析方面得到广泛的应用。

在医疗诊断中,通常用 X 光射线摄像检查人体组织器官的情况,它的缺点是所成的像是许多组织、器官重叠在同一平面上,因而难以分辨。用 X-CT(X 射线计算机断层摄像),虽克服了这一缺点,但它是单一物理参数成像,即探测 X 射线通过人体不同部位的衰减程度,用吸收系数的大小而成像,所得的图像基本上仍然是解剖学性质的。它的缺点是人体受到较长时间的 X 射线照射,造成人体组织一定的生理性损伤。而 NMR-CT 可产生两种图像:一种是利用自旋核密度作为成像参数,给出被观察组织层面的物理图像;另一种是利用自旋核的弛豫时间这个特征量作为成像参数,把弛豫时间 T_1、T_2 的分布以断层图像的形式显示出来。由于各种组织、器官、软骨和骨骼所含水分和脂类物质浓度不同,或浓度相同而弛豫时间不同,它们的核磁共振信号也不同,在图像上就可以将它们加以区分。例如,脂肪的氢核密度较高,在密度图像中比较明亮,脂肪的 T_1 值比其他组织短,所以在 T_1 加权图像中非常明亮;脂肪的 T_2 值与其他组织相差不大,所以在 T_2 图像中相对变暗。MR 信号的大小还与受激发的氢核宏观运动有关,如氢核运动很快,激发后在采集数据时受激发的氢核已运动至选片层面之外,MR 信号必然为零。所以活体动脉血管的截面图像全是黑色,静脉的血流较慢,故其截面图像还不全黑。NMR-CT 不仅可以研究解剖学和组织学的变化,而且可以研究生化、生理的变化。例如,人脑的脑灰质和脑白质的密度大致相同,用 X 射线摄像方法不易区别。由于脑灰质中的氢几乎存在于水中,而脑白质中的氢是存在于脂肪中,弛豫时间相差很大,在 NMR-

学习笔记

CT 中可以将它们区分。又如人的正常组织的含水量低于癌组织，从而使正常组织的弛豫时间要比癌组织短，在图像上就可以显示出来。核磁共振成像技术在临床上的应用，能对癌症和其他疑难杂症作出早期诊断，对人类健康具有重大作用，所以是一种很有前途的医学影像新工具。

> 核磁共振（nuclear magnetic resonance, NMR）是磁矩不为零的原子核，在外磁场作用下自旋能级发生塞曼分裂，共振吸收某一定频率的射频辐射的物理过程。核磁共振波谱学是光谱学的一个分支，其共振频率在射频波段，相应的跃迁是核自旋在核塞曼能级上的跃迁。
>
> 磁共振成像是利用核磁共振（NMR）原理，依据所释放的能量在物质内部不同结构环境中不同的衰减，通过外加梯度磁场检测所发射出的电磁波，即可得知构成这一物体原子核的位置和种类，据此可以绘制成物体内部的结构图像。

小结

一、填空题

1. 原子核产生共振的条件是_____，它的实质是_____。

2. 可以使原子核产生共振吸收的方法有_____、_____。

二、选择题

1. 质子（^1H）的量子数 I 为（　　）。
   A. 1　　　　　　　B. 1/2
   C. 1/4　　　　　　D. 1/6

2. 对于一个量子数为 $I=2$ 的原子核，它在外磁场中能分裂为（　　）个能级。
   A. 2　　　　　　　B. 3
   C. 4　　　　　　　D. 5

三、思考题与计算题

1. 什么是原子核的自旋核磁矩？通常用什么来表示原子核的磁矩？

2. 是否所有的原子核都可以产生磁矩？原子核产生磁矩的条件是什么？

3. 试述磁共振成像仪的结构和原理。

（王立普）

实验部分

实验1 刚体转动实验

【实验目的】

1. 验证刚体的转动定律,测定刚体的转动惯量。
2. 观测刚体的转动惯量随质量及质量分布而改变的情况。
3. 掌握用作图法处理数据。

【实验器材】

刚体转动实验仪、秒表、米尺、游标卡尺、砝码等。

【刚体转动仪描述】

刚体转动实验装置如实验图1-1所示。图中M是一个具有不同半径 r 的塔轮,可使相同绳子在张力作用下产生不同的外力矩。塔轮两边对称地伸出2根等分刻度的均匀细杆 B 和 B′,B 和 B′ 上各有一个可以移动的质量为 m_0 的圆柱形重物,用以观测转动惯量随质量分布的变化规律。塔轮、细杆 B、B′ 及两个质量为 m_0 的圆柱体一起组成一个可绕固定轴 OO' 转动的刚体系。塔轮上绕一细绳,通过滑轮 C 与砝码 N 相连,当砝码下落时通过细绳对刚体施加外力矩。滑轮 C 的支架可以

借固定螺钉 D 而升降,以保证细绳绕塔轮不同的半径转动时均可保持与转轴相垂直。滑轮台架 E 上有一个标识 F 用来判断砝码 N 的起始位置。H 是一个固定台架的螺旋扳手。取下塔轮,换上铅直准钉,通过底脚螺丝 S_1、S_2 和 S_3 可以调节 OO' 竖直。调好 OO' 轴线竖直后,再装上塔轮,转动合适后用固定螺钉 G 固定。

【实验原理】

刚体绕固定转轴转动时,刚体转动的角加速度 β、刚体受到的合外力矩 M 及刚体对该转轴的转动惯量 I 之间有 $M = I\beta$ 的关系,这一关系称为刚体的转动定律。本实验所用仪器装置如实验图1-1所示。当忽略了各种摩擦阻力,不计滑轮和线的质量,并且线长不变时,塔轮仅仅受到线的张力 T 的力矩作用,当砝码 N 以加速度 a 下落时,则

$$T = m(g - a) \tag{1-1}$$

$$Tr = I\beta \tag{1-2}$$

式中:g 为当地重力加速度;r、β 为塔轮的半径和转动角加速度;I 为转动系统对轴 OO' 的转动惯量。

若砝码 N 由静止开始下落高度 h 所用的时间为 t,则

$$h = \frac{1}{2}at^2 \tag{1-3}$$

由加速度 a、半径 r 和角加速度 β 的关系式 $a = r\beta$ 及以上公式可以解得

$$m(g - a)r = \frac{2hI}{rt^2} \tag{1-4}$$

如果实验过程中使 $g \gg a$,则公式(1-4)变为

$$mgr = \frac{2hI}{rt^2} \tag{1-5}$$

即

$$m = \frac{2hI}{gr^2} \cdot \frac{1}{t^2} = \frac{8hI}{gd^2} \cdot \frac{1}{t^2} = k \cdot \frac{1}{t^2} \tag{1-6}$$

上式表明,m 和 $\frac{1}{t^2}$ 成线性关系,斜率 $k =$

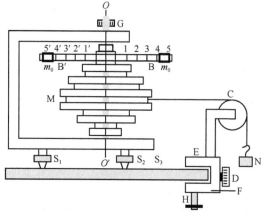

实验图1-1　刚体转动实验装置示意图

$\dfrac{8hI}{gd^2}$。在坐标纸上以 $\dfrac{1}{t^2}$ 为横坐标，m 为纵坐标，做 $m-\dfrac{1}{t^2}$ 图线，可得一直线，由直线的斜率 k，并测出高度 h 和直径 d，根据公式(1-6)即可求出刚体的转动惯量 I。

【实验方法和步骤】

(1) 按实验图 1-1 把仪器安放在实验桌上，取下塔轮，换上铅垂准钉，调节底座的水平螺钉，使铅锤位于轴线中间，OO' 轴线竖直，再装上塔轮，调整塔轮支架的位置并使各个滑动部件能转动灵活，尽量减少摩擦。调好后用固定螺钉固定，绕线尽量密排。

(2) 把细绳密绕在半径为 r 的塔轮上(建议绕在半径最大的塔轮)，另一端线通过滑轮 C 并系住砝码 N。调节滑轮 C 的高度，保持细绳与塔轮转轴相垂直。将质量为 m_0 的两个圆柱体对称地固定在细杆两臂 B、B′ 的 5、5′ 位置。

(3) 用米尺和游标卡尺分别测出砝码 N 下落的高度 h 和直径 d，重复测 5 次，得出平均值，记录在实验表 1-1 中。

(4) 保持 h 不变，将砝码(质量为 5.00g)放置在标记 F 处静止，然后让其自由下落，用秒表测出通过这段 h 距离所需的时间 t。重复测 5 次，取 t 的平均值，记录在实验表 1-2 中。

(5) 改变砝码 N 的值，至少 6 次，每次增加 5.00g，用同样的方法测出相应质量 N_i 值时下落 h 距离所需的时间 t_i。记录在实验表 1-2 中。

(6) 根据所得数据，在坐标纸上做 $m-\dfrac{1}{t^2}$ 图线，并从图中求出斜率 k。

(7) 由直线斜率公式 $k=\dfrac{8hI}{gd^2}$，求出刚体的转动惯量 I。

(8) 改变细棒上圆柱体 m_0 的位置，观测刚体转动惯量随质量及质量分布不同而改变的状况。

【数据记录与处理】

1. 测出的各数据(实验表 1-1～实验表 1-3)

实验表 1-1　直径和高度

测量次数	直径 d(cm)	高度 h(cm)
1		
2		
3		
4		
5		
五次平均值	$\bar{d}=$	$\bar{h}=$

实验表 1-2　不同质量对应的时间

质量(g) ＼ 时间(s)	t_1	t_2	t_3	t_4	t_5	五次平均值 $\bar{t}$
5						
10						
15						
20						
25						
30						

实验表 1-3　不同质量 m 对应的 $\dfrac{1}{t^2}$ 值

质量 m(g)	5	10	15	20	25	30
$\dfrac{1}{t^2}$						

2. 做 $m-\dfrac{1}{t^2}$ 图　以 $\dfrac{1}{t^2}$ 为横坐标，m 为纵坐标，做 $m-\dfrac{1}{t^2}$ 图线，从图中得出斜率 k。

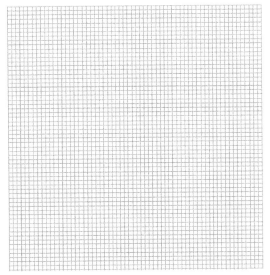

$k=$

3. 求出转动惯量 I　$I=\dfrac{kgd^2}{8h}=$

【注意事项】

（1）细线要与塔轮相切。

（2）细线要与桌面相平行（或细线要与 OO' 轴垂直）。

实验 2　液体黏滞系数的测定

【实验目的】

1. 熟悉间接比较法的测定原理，学会用奥氏黏度计测定液体的黏滞系数。

2. 学会正确使用温度计、秒表等仪器。

3. 验证液体黏滞系数与温度的关系。

【实验器材】

奥氏黏度计、温度计、秒表、大玻璃容器、橡皮气囊、蒸馏水、乙醇、移液管（两根）。

【实验原理】

在一切实际液体中，当层与层之间作相对流动时，总是有摩擦力的产生。流动得较快的一层作用一加速力于流动得较慢的一层上，而流动得较慢的一层则作用一阻滞力于流动得较快的一层上。这种力称为内摩擦力，如实验图 2-1 所示。它的方向沿着液层面的切线方向。它的大小与两液层间的速度梯度 $\dfrac{\Delta v}{\Delta x}$ 成正比，与液层的接触面积 S 成正比。可用公式表示为

$$f = \eta \frac{\Delta v}{\Delta x} \cdot S \qquad (2\text{-}1)$$

式中：比例系数 η 就称液体的黏滞系数（或称内摩擦系数），它是依液体的性质而定。黏滞系数愈大，则液体离理想液体愈远，在液体内发生的内摩擦力也就愈大。

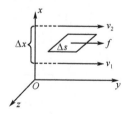

实验图 2-1　内摩擦力的产生

但通常并不利用式(2-1)来直接测定黏滞系数 η 的大小，而是采用间接比较法来测定。

由泊肃叶公式可知，当液体在均匀管中作稳定流动时，其流量 Q 与管长 L、管截面积 S、管子两端的压强差 Δp 以及液体的黏滞系数 η 有下列关系

$$Q = \frac{\pi r^4 \Delta p}{8\eta L} = \frac{1}{8\pi} \cdot \frac{S^2 \Delta p}{\eta L}$$

时间 t 内通过横截面 S 的流体体积为

$$V = Qt = \frac{S^2 \Delta p}{8\pi \eta L} t \qquad (2\text{-}2)$$

奥氏黏度计的结构如实验图 2-2 所示，它是带有两个球泡 M 和 N 的 U 形玻璃管，M 泡的两端各有一刻痕 A 和 B，B 刻痕下面是一均匀的毛细管。使用时，使体积相等的两种不同液体，分别流过 M 泡下的同一毛细管。由于两种液体的黏滞系数不同，因而流过的时间不等。测定时，一般用蒸馏水作标准液体，先将蒸馏水注入黏度计的 N 泡，再将水吸到 M 泡内，并使水面达到刻痕 A 以上，由于压强差的作用，水经毛细管流入 N 泡。当水从刻痕 A 逐渐降至刻痕 B 时，记下其间经历的时间 t_1。然后把水倒掉，清洁并甩干后，再在 N 泡内换以相同体积的待测液体，用同法测出相应的时间 t_2。根据公式(2-2)应有：

$$V = \frac{S^2 \Delta p_1}{8\pi \eta_1 L} t_1 = \frac{S^2 \Delta p_2}{8\pi \eta_2 L} t_2$$

即

$$\frac{\eta_2}{\eta_1} = \frac{\Delta p_2 t_2}{\Delta p_1 t_1} \qquad (2\text{-}3)$$

式中：η_1、η_2 是蒸馏水和待测液体的黏滞系数；Δp_1、Δp_2 是蒸馏水和待测液体在毛细管中两端的压强差。液体沿毛细管流动过程中，毛细管两端液体的压强差 Δp 与液体的密度 ρ 和黏度计两臂中液面的高度差 Δh 的乘积成

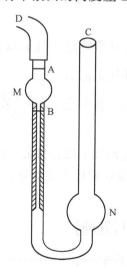

实验图 2-2　奥氏黏度计

正比。其中 Δh 虽在不断地变化,但在两次实验中,Δh 的变化情况完全相同,因此:

$$\frac{\Delta p_2}{\Delta p_1} = \frac{\Delta h_2 \rho_2}{\Delta h_1 \rho_1} = \frac{\rho_2}{\rho_1}$$

代入式(2-3)可得近似公式:

$$\eta_2 = \frac{\rho_2 t_2}{\rho_1 t_1} \cdot \eta_1 \qquad (2\text{-}4)$$

从手册中查出室温下蒸馏水的黏滞系数及蒸馏水和待测液体的密度 ρ_1、ρ_2 后,根据式(2-4)即可算出室温下待测液体的黏滞系数 η_2。如果要测量其他温度下待测液体的黏滞系数,可把黏度计放入恒温槽中进行。

这种控制某些相同的条件,根据公式相比较,约去相同的物理量,利用某标准液体的黏度来测定另一液体的黏滞系数的方法叫做间接比较法。值得注意的是,在实验中必须控制两种液体具有相同的体积 V,在相同的温度 T 下,流过液面高度差相同的同一毛细管中进行。

【实验方法和步骤】

〖**实验方法**〗

1. 温度计的正确使用

(1)测温前,手持温度计刻线以外的地方,仔细查看和记录所用温度计的精度。

(2)若在液体中测温时,水银球必须全部浸没在被测物中,至少 3min 后再读数。读数时,水银面、刻度线及视线三者应在同一水平面上,切不可把水银温度计移出被测物,在空气中读数。

2. 秒表的正确使用

(1)秒表表面具有两根指针,中心处(较长的)是秒针,表面上侧(较短的)是分针。一般秒表秒针转动一周(各为 30s、60s 两种,如实验图 2-3 所示),分针转半格或一格。秒针转动一周为 30s 的秒表,分针在 1min 的分格内又分成两段,因秒针转过头一圈时,分针转过前半分格,秒针转过第二圈时,分针则转过后半分格,故秒针的刻度也分成两行,分针在前半分格时,该秒针所指的是外圈数字(或黑色字),分针在后半分格时,该秒针所指的是内圈数字(或红色字)。一般读数先读分后读秒。秒针转动一圈为 60s 的直接读就可以了。

(2)停表的顶部有带槽的小轮,它与按钮(控制器)安在一起。使用前,沿顺时针方向逐

实验图 2-3　秒表表面

次旋转小轮,直到发条上紧为止,如已上紧,不要再用力扭动。然后检查分针和秒针是否都指在零点,如果没有,应按下按钮,两针即可复位到零。这样,便可准备计时了。按下按钮,指针开始走动;第二次再按按钮,指针停止走动;第三次按下按钮,指针返回零位。

〖**实验步骤**〗

1. 熟悉秒表的使用

按上述秒表的使用方法进行练习。

2. 洗涤奥氏黏度计

(1)把奥氏黏度计垂直地固定在玻璃容器中,如实验图 2-4 所示。

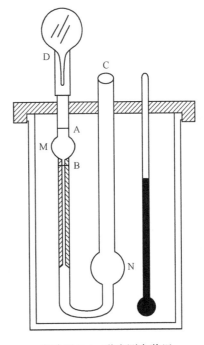
实验图 2-4　黏度测定装置

（2）用蒸馏水的移液管,取 6mL 蒸馏水,由黏度计较粗一端(C 处)注入。

（3）用橡皮气囊套住毛细管上的橡皮管(D 处),并缓慢地吸气,把液体吸到 M 泡中,使液面高于 A 刻线后(注意勿将液体吸入橡皮管中),放开橡皮气囊,让蒸馏水自然流下,将毛细管中颗粒冲掉,再从较粗一端(C 处)把蒸馏水倒掉。

3. 常温下进行

（1）插入温度计。

（2）用蒸馏水的移液管,取 6mL 蒸馏水,由黏度计较粗一端(C 处)注入。

（3）用橡皮气囊套住毛细管上的橡皮管并缓慢地吸气,把液体吸到 M 泡中并高于 A 刻度线,让液体在重力作用下自然下流,当液面下降至 A 刻度线时,立即启动秒表(开始计时),当液面降至 B 刻度线时,按下秒表(停止计时)。

（4）记录 A、B 间的蒸馏水流过毛细管所用的时间 $t_水$ 及当时的温度 T_1,并把所测的数据填入实验表 2-1 中。

（5）重复上述实验 3 次,算出平均时间 $\overline{t_水}$,并将各数据填入实验表 2-1 中。

（6）倒出蒸馏水,用上述洗涤奥氏黏度计的方法,取 6mL 乙醇,将毛细管壁中吸附的蒸馏水洗涤干净。

（7）取 6mL 乙醇,重复上述实验（2）、（3）、（4）步骤,得出乙醇流过毛细管的时间 $t_乙$,再重复 3 次,算出平均时间 $\overline{t_乙}$。

4. 改变温度进行

将玻璃容器充满水,用热水调节容器中的水温,使其高于室温 5℃ 左右。重复上述实验过程,得出各次时间 $t'_水$、$t'_乙$,并算出平均时间 $\overline{t'_水}$、$\overline{t'_乙}$,把温度 T_2 及各数值记录在实验表 2-1 中。

注意:水温始终要保持不变。

5. 查找数据

（1）从实验表 2-2 中查出所做实验的两次温度时所对应的水的密度 $\rho_水$、$\rho'_水$ 及乙醇的密度 $\rho_乙$ 和 $\rho'_乙$,并把查出的数值记录在实验表 2-1 中。

（2）从实验表 2-3 中查出所做实验的两次温度时所对应的水的黏滞系数 $\eta_水$ 和 $\eta'_水$,并把查出的数值记录在实验表 2-1 中。

【数据记录与处理】

1. 实验结果

实验表 2-1　温度、时间、密度和黏滞系数

液体	温度(℃)	时间 (s)			平均	密度(×10³kg/m³)	黏滞系数(×10⁻³Pa·s)
水	$T_1=$	1	2	3	$\overline{t_水}=$	$\rho_水=$	$\eta_水=$
乙醇					$\overline{t_乙}=$	$\rho_乙=$	
水	$T_2=$				$\overline{t'_水}=$	$\rho'_水=$	$\eta'_水=$
乙醇					$\overline{t'_乙}=$	$\rho'_乙=$	

2. 计算乙醇的黏滞系数　根据实验表 2-1 的各个数据,用下列公式计算出两次不同温度时乙醇的黏滞系数 $\eta_乙$ 和 $\eta'_乙$。

实验表 2-2　蒸馏水和乙醇的密度 ρ(×10³kg/m³)

温度(℃)	水	乙醇	温度(℃)	水	乙醇
5	1.0000	0.8020	23	0.9975	0.7869
10	0.9997	0.7988	24	0.9973	0.7860
11	0.9996	0.7970	25	0.9971	0.7852
12	0.9995	0.7962	26	0.9968	0.7844
13	0.9994	0.7954	27	0.9965	0.7835
14	0.9993	0.7945	28	0.9962	0.7827
15	0.9991	0.7936	29	0.9960	0.7818
16	0.9990	0.7928	30	0.9957	0.7804
17	0.9988	0.7920	31	0.9954	0.7801
18	0.9986	0.7911	32	0.9950	0.7793
19	0.9984	0.7903	33	0.9947	0.7784
20	0.9982	0.7895	34	0.9944	0.7776
21	0.9980	0.7886	35	0.9941	0.7767
22	0.9979	0.7878			

$$\eta_乙 = \frac{\rho_乙 \overline{t_乙}}{\rho_水 \overline{t_水}} \cdot \eta_水 =$$

$$\eta'_乙 = \frac{\rho'_乙 \overline{t'_乙}}{\rho'_水 \overline{t'_水}} \cdot \eta'_水 =$$

3. 计算乙醇的百分误差

（1）从实验表 2-3 中查出对应两次不同温度 T_1 和 T_2 时,乙醇公认值的黏滞系数 η_0 和 η'_0。

（2）用下列公式计算出两次不同温度时

乙醇的百分误差 S、S'。

温度 $T_1 =$ _____ 时,乙醇的公认值 η_0 = _____。

实验表 2-3　蒸馏水和乙醇的黏滞系数 $\eta(\times 10^{-3} \mathrm{Pa \cdot s})$

温度(℃)	水	乙醇	温度(℃)	水	乙醇
5	1.5188	1.6180	23	0.9358	1.1430
10	1.3077	1.4510	24	0.9142	1.1230
11	1.2713	1.4298	25	0.8937	1.1030
12	1.2363	1.4086	26	0.8738	1.0806
13	1.2028	1.3874	27	0.8545	1.0582
14	1.1709	1.3662	28	0.8360	1.0358
15	1.1404	1.3450	29	0.8180	1.0134
16	1.1111	1.3200	30	0.7975	0.9910
17	1.0828	1.2900	31	0.7840	0.9742
18	1.0559	1.2650	32	0.7639	0.9574
19	1.0299	1.2380	33	0.7523	0.9406
20	1.0050	1.2160	34	0.7371	0.9238
21	0.9810	1.1860	35	0.7225	0.9070
22	0.9579	1.1860			

$$S = \frac{|\eta_0 - \eta_{\mathbb{Z}}|}{\eta_0} \times 100\% =$$

温度 $T_2 =$ _____ 时,乙醇的公认值 η'_0 = _____。

$$S' = \frac{|\eta'_0 - \eta'_{\mathbb{Z}}|}{\eta'_0} \times 100\% =$$

实验 3　示波器的使用

【实验目的】

1. 学会示波器面板上各旋钮的操作。

2. 学会用示波器观测各种波形。

3. 学会用示波器测量电信号(直流电压、交流电压及交流电的周期、频率)。

【实验器材】

ST-16 型示波器一台、1202-1 型学生电源一个、MF-500 型万用电表一个。

【实验原理】

示波器是一种能把随时间变化的电过程用图像显示出来的电子仪器。用它可以观察电压、电流的波形,测量电压的幅值、周期和相位等。还可通过各种换能器,将许多非电信号转换成电信号加以描述。在医学上常用示波器来观察心电、脑电、肌电和心音等生理量的变化以及对病员进行监护等,应用极为广泛,是近代的重要测量仪器之一。

示波器的种类很多,大致可分为专用示波器(如心电、脑电示波器)和通用示波器。本实验使用的 ST-16 型示波器是一种小型通用示波器,它和其他通用示波器的使用方法基本相同,通过本实验的学习为使用其他示波器打下基础。

1. 示波器的基本结构　示波器的主要部件由示波管、扫描发生器、垂直(Y 轴)放大器、水平(X 轴)放大器及电源五大部分组成,其中核心部件是示波管,如实验图 3-1 所示。

(1) 示波管。它是示波器的主要组成部分,在抽真空的玻璃管内部设有荧光屏、电子枪和偏转板三个部分,如实验图 3-2 所示。

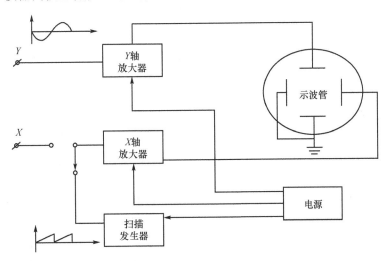

实验图 3-1　示波器的结构

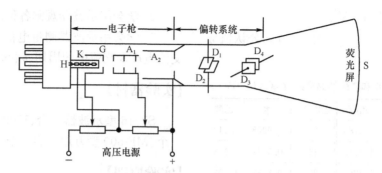

实验图 3-2　示波管

1) 荧光屏。荧光屏是由内层涂有荧光粉的圆平面玻璃壳制成,是显示图像的屏幕。当高速运动的电子束打到屏上某点时,该点就发光。单位时间内打到屏上的电子束越多,则光越强。

2) 电子枪。电子枪由灯丝 H、阴极 K、栅极 G、第一阳极 A_1 和第二阳极 A_2 等同轴金属筒(筒内有中间开小孔的隔板)组成。当加热电流通过灯丝 H,阴极 K 被加热后,阴极筒端钡和锶氧化物涂层内的自由电子获得较高的能量,从表面逸出。栅极 G 的电压低于阴极 K 的电压,调节栅极 G 的负偏压(面板上辉度调节旋钮),就能控制通过它的电子数目来改变电子束的强度,从而在荧光屏上获得不同的辉度。

3) 偏转板。在荧光屏和电子枪之间有两对偏转板,实验图 3-2 中 D_1、D_2 和 D_3、D_4 是两对互相垂直的偏转板。当 D_1、D_2 之间加上电压时,其间电场将使电子束在垂直方向往上或往下偏转,因此 D_1 和 D_2 称为垂直偏转板;当在 D_3 和 D_4 之间加上电压时,其间电场将使电子束在水平方向往左或往右偏转,所以,D_3 和 D_4 称为水平偏转板。荧光屏上亮点的位移与偏转板上的电压成正比。示波器面板上的"水平位移"和"垂直位移"旋钮就是分别调节这两对偏转板上的直流电压,以改变亮点在荧光屏上的位置。

(2) 扫描发生器。扫描发生器产生一个直线变化电压(也称锯齿形电压),经水平放大后,在屏幕上产生一条代表时间的水平线,当被研究信号输入后,锯齿形电压便能把这一电压波形在屏幕上展现出来。

(3) 垂直(Y 轴)放大器。放大被研究的信号。

(4) 水平(X 轴)放大器。放大锯齿形电压或外加电压。

(5) 电源。有高压和低压两部分,分别供示波管及其他元件用。

2. 装置介绍

(1) ST-16 型示波器面板控制器说明(各编号见实验图 3-3)。

①电源开关。接通或关闭电源。

②电源指示灯。电源接通时灯亮。

③辉度。调节光迹的亮度。

④聚焦。调节光迹的清晰度。

⑤校准信号。输出频率为 1000Hz、幅度为 0.5V 的方波信号,用于校正 10∶1 探头以及示波器的垂直和水平偏转因素。

⑥Y 移位。调节光迹在屏幕上的垂直位置。

⑦微调。连续调节垂直偏转因素,顺时针旋转到底为校准位置。

⑧VOLTS/DIV。调节垂直偏转因素。

⑨信号输入端子。Y 信号输入端,有外接探头相连。

⑩AC⊥DC(Y 耦合方式)。选择输入信号的耦合方式。AC:输入信号经电容耦合输入;DC:输入信号直接输入;⊥:Y 放大器输入端被接地。

⑪微调、X 增益。当在"自动、常态"方式时,可连续调节扫描时间因素,顺时针旋转到底为校准位置;当在"外接"时此旋钮可连续调节 X 增益,顺时针旋转为灵敏度提高。

⑫X 移位。调节光迹在屏幕上的水平位置。

⑬TIME/DIV(扫描时间)。调节扫描时间因素。

⑭电平。调节被测信号在某一电平上触发扫描。

⑮锁定。此键按进后,能自动锁定触发电平,无需人工调节,就能稳定显示被测信号。

⑯+、-(触发极性)、电视。+:选择信号的上升沿触发;-:选择信号的下降沿触发;电视:用于同步电视场信号。

学习笔记

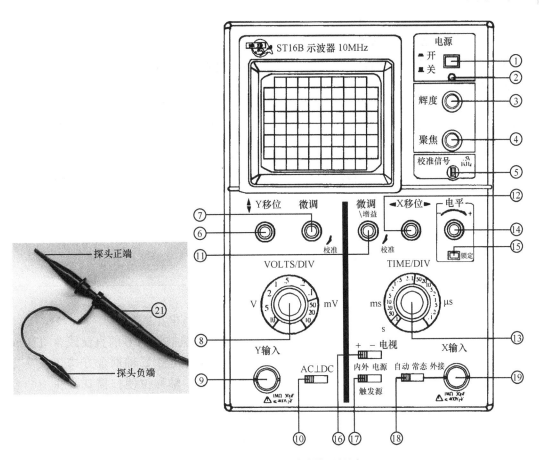

实验图 3-3　ST-16 型示波器面板图

⑰内、外、电源(触发源选择开关)。内:选择内部信号触发;外:选择外部信号触发;电源:选择电源信号触发。

⑱自动、常态、外接(触发方式)。自动:无信号时,屏幕上显示光迹;有信号时,与"电平"配合,稳定地显示波形。常态:无信号时,屏幕上无光迹;有信号时与"电平"配合,稳定地显示波形。外接:X-Y 工作方式。

⑲信号输入端子。当触发方式开关处于"外接"时,为 X 信号输入端;当触发源选择开关处于"外"时,为外触发输入端。

⑳电源插座及保险丝座。220V 电源插座,保险丝 0.5A(在后面板上)。

㉑探头。指示波器通过探头衰减将外接信号电压衰减 1 倍或 10 倍,有 1:1,10:1 两种探头衰减比。

(2) 1202-1 型学生电源。

1202-1 型学生电源是产生直流电源及交流信号的仪器(实验图 3-4)。

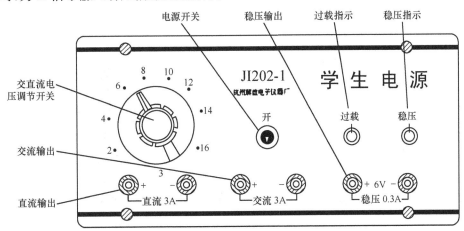

实验图 3-4　1202-1 型学生电源面板图

①电源开关。接通或关闭电源。

②直流电压调节开关。调节 2～16V 交直流电压,每 2V 一挡,共 8 挡。

③直流输出。

④交流输出。

⑤稳压输出。直流稳压输出 6V 一挡。

实验表 3-1　示波器开机前设置

控制件名称	作用位置	控制件名称	作用位置
辉度③	居中	自动、常态、外接⑱	自动
聚焦④	居中	TIME/DIV⑬	0.2ms 或合适挡
位移⑥⑫	居中	＋、－⑯	＋
垂直衰减开关⑧	0.1V 或合适挡	内、外、电源⑰	内
微调⑦⑪	校准位置	AC⊥DC⑩	DC

2. 开机

接通电源①,电源指示灯②亮,稍后屏幕上出现光迹,预热 5min 左右,分别调节辉度③、聚焦④使光迹清晰。

3. 电压的测量

(1) 交流电压的测量。

当只需测量被测信号的交流成分时,应将 Y 轴输入耦合方式开关置"AC"位置,调节"VOLTS/DIV"开关,使波形在屏幕中的显示幅度适中,调节"电平"旋钮(或按下锁定键)使波形稳定,分别调节 X、Y 轴位移,使波形显示值方便读取,如实验图 3-5 所示。根据"VOLTS/DIV"的指示值和波形在垂直方向显示的坐标(DIV),按下式计算。

$$V_{P-P} = V/DIV \times H(DIV)$$

$$V(有效值) = \frac{V_{P-P}}{2\sqrt{2}}$$

VOLTS/DIV:2V

$$V_{P-P} = 4.6 \times 2 = 9.2V$$

如果使用的探头置 10:1 位置应将该值乘以 10。

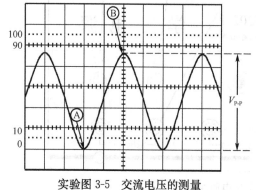

实验图 3-5　交流电压的测量

【实验方法和步骤】

〖操作方法〗

1. 开机前设置

将有关控制件按实验表 3-1 设置。

(2) 直流电压的测量。

当需测量被测信号的直流或含直流成分的电压时,应先将 Y 轴耦合方式开关置"⊥"位置,调节 Y 轴移位使扫描基线在一个合适的位置上,再将耦合方式开关转换到"DC"位置,调节"电平"(或按下锁定键)使波形同步,根据波形偏移原扫描线的垂直距离,用上述方法读取该信号的各个电压值,如实验图 3-6 所示。

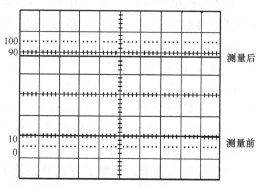

实验图 3-6　直流电压的测量

VOLTS/DIV:0.5V

$$V = 3.8 \times 0.5 = 1.9V$$

4. 周期和频率的测量

(1) 周期的测量。

对某信号的周期或该信号任意两点间时间参数的测量,可先输入被测信号,使波形获得稳定同步后,根据该信号周期或需测量的两点间的水平方向距离乘以"TIME/DIV"指示值,如实验图 3-7 所示。

周期(s)＝两点间的水平方向距离

×扫描时间因数(时间/格)

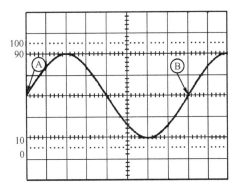

实验图 3-7　周期的测量

周期(s)＝8×2ms/格＝16ms

（2）频率的测量。

在实验图 3-7 的例子中所测得的周期 T，它的频率为

$$f(\text{Hz}) = \frac{1}{T(\text{s})}$$

$$f = \frac{1}{T} = \frac{1}{16 \times 10^{-3}} = 62.5(\text{Hz})$$

〖**实验步骤**〗

1. 操作训练　同操作方法 1 和 2。

2. 观看波形图

（1）将学生电源的交直流调节旋钮调制到 2V 挡，将示波器各旋钮按直流电测量的方法安置，探头接在学生电源直流输出（注意正、负），观看直流电压的波形，并将观看到的波形描绘在实验方格纸上。

（2）将示波器探头接在学生电源稳压输出（注意正、负），观看稳压电压的波形，并将观看到的波形描绘在实验方格纸上。

（3）将学生电源的交直流调节旋钮调制到 2V 挡，将示波器各旋钮按交流电测量的方法安置，探头接在学生电源交流输出，观看交流电压的波形，并将观看到的波形描绘在实验方格纸上。

3. 校正方波的测量

（1）电压峰峰值 V_{P-P} 的测量。

将 Y 轴耦合方式开关置"DC"位置，把探头正端钩住示波器面板⑤的位置，将⑦旋钮旋至校准位置，调节"VOLTS/DIV"开关，使波形在屏幕中的显示幅度适中，调节"电平"（或按下锁定键）使波形同步，用操作方法 3，读取该校正方波信号的电压值 V_{P-P}，并将方波的波形图描绘在实验方格纸上。

（2）周期和频率的测量。

保留上述操作步骤，结合操作方法 4，读取该信号的周期值(s)，计算其频率，并画出波形图。

4. **直流电压的测量**　选取学生电源稳压输出端，将示波器探头正、负端与之相连，将⑦旋钮旋至校准位置，读取该信号的电压值 V。

5. 交流电压的测量

（1）电压 V 的测量。

将学生电源的交直流调节旋钮调到 6V 挡，将示波器探头正、负端与学生电源交流输出端相连，将⑦旋钮旋至校准位置，读取该信号的电压值 V_{P-P}，计算有效值 V。

（2）周期 T 和频率 f 的测量。

保留上述操作步骤，将⑪旋钮旋至校准位置，读取该信号周期 T 的值，计算出其频率 f 的值，并画出波形图。

【**数据记录与处理**】

1. 波形曲线的描绘

（1）校正方波。

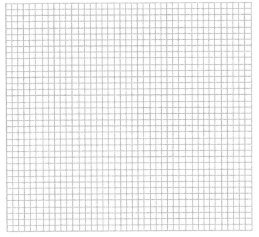

（2）稳压电源。

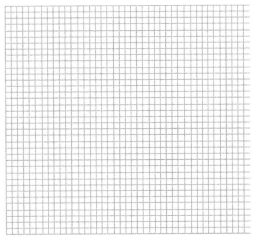

（3）直流电压。

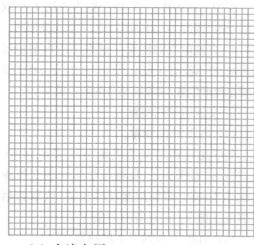

（4）交流电压。

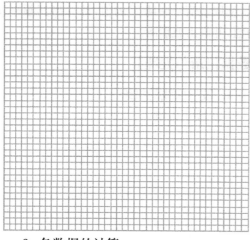

2. 各数据的计算

（1）校正方波。

①电压的峰峰值 V_{P-P}。

$V_{P-P} = \underline{\hspace{1cm}}$ V/格 $\times \underline{\hspace{1cm}}$ H（格）

$\times$ 探头衰减比 $\underline{\hspace{1cm}} = \underline{\hspace{1cm}}$（V）

②电压的最大值 V_{max}。

$V_{max} = \dfrac{V_{P-P}}{2} = \underline{\hspace{1cm}} = \underline{\hspace{1cm}}$（V）

③周期 T 和频率 f。

$T = \underline{\hspace{1cm}}$ ms/ 格 $\times \underline{\hspace{1cm}}$ B（格）

$= \underline{\hspace{1cm}}$（ms）$\underline{\hspace{1cm}}$（s）

$f = \dfrac{1}{T} = \underline{\hspace{1cm}} = \underline{\hspace{1cm}}$（Hz）

（2）直流电压。

$V = \underline{\hspace{1cm}}$（V）

（3）交流电压

①电压的峰峰值 V_{P-P}。

$V_{P-P} = \underline{\hspace{1cm}}$ V/格 $\times \underline{\hspace{1cm}}$ H（格）

$\times$ 探头衰减比 $\underline{\hspace{1cm}} = \underline{\hspace{1cm}}$（V）

②电压的最大值 V_{max} 和有效值 $V_{有效值}$。

$V_{max} = \dfrac{V_{P-P}}{2} = \underline{\hspace{1cm}}$（V）

$V_{有效值} = \dfrac{V_{max}}{\sqrt{2}} = \underline{\hspace{1cm}}$（V）

③周期 T 和频率 f。

$T = \underline{\hspace{1cm}}$ ms/ 格 $\times \underline{\hspace{1cm}}$ B（格）

$= \underline{\hspace{1cm}}$（ms）$\underline{\hspace{1cm}}$（s）

$f = \dfrac{1}{T} = \underline{\hspace{1cm}}$ Hz

实验 4　透镜焦距的测量

【实验目的】

1. 学会光路对心调节的方法。
2. 测量凸透镜的焦距。

【实验器材】

光具座一套、凸透镜、照明灯。

【实验原理】

凸透镜能把平行于主轴的近轴光线汇聚于一点,这个点就叫做凸透镜的焦点。薄透镜的焦点到光心的距离为透镜的焦距,用 f 表示;与物屏间的距离为物距,用 u 表示;与像屏间的距离为像距,用 v 表示。

薄透镜在近轴光线的条件下,有最简单的成像规律,f、u、v、三者之间的关系为

$$\dfrac{1}{f} = \dfrac{1}{u} + \dfrac{1}{v} \qquad (4\text{-}1)$$

由上式可以得出 $f = \dfrac{uv}{u+v}$。

即只要测出物距 u 和像距 v,便可得出焦距 f。

薄透镜焦距的测量方法有好几种,本实验采用共轭法(也称为透镜位移法或贝塞尔法)。

如实验图 4-1 所示,A 为物屏,C 为像屏,设物屏与像屏间的距离为 d,要求 $d > 4f$,并保持不变。移动透镜,当它置于 B 处时,在 C 处将得到明晰的像。设此时物距为 u,像距为 v。当将透镜移到 B' 位置,即将 u 与 v 的位置互换,数值不变,则根据式(4-1),在 C 处仍能得到明晰的像。这时物距 $u' = v$,像距 $v' = u$。

设 BB' 的距离为 x,根据薄透镜成像公式,透镜在 B 处时有

学习笔记

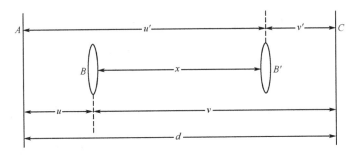

实验图 4-1　测定凸透镜焦距装置

$$\frac{1}{u}+\frac{1}{d-u}=\frac{1}{f} \qquad (4\text{-}2)$$

透镜在 B' 处时有

$$\frac{1}{u+x}+\frac{1}{v-x}=\frac{1}{f} \qquad (4\text{-}3)$$

联立式(4-2)、式(4-3)，并且由 $u+v=d$ 可以解得

$$u=\frac{d-x}{2} \qquad (4\text{-}4)$$

将式(4-4)代入式(4-2)后得

$$\frac{2}{d-x}+\frac{2}{d+x}=\frac{1}{f}$$

即

$$f=\frac{d^2-x^2}{4d} \qquad (4\text{-}5)$$

因此用共轭法，只要测定 d 和 x，即可算出凸透镜的焦距 f。

【实验方法和步骤】

（1）对心调节。将蜡烛放在光具座的一端，蜡烛前依次放置透镜和像屏。将它们调成共轴（即：既要使各元件的中心在透镜的光轴上，又要使光轴与导轨平行）。为此，先将各元件靠近，尽量调得它们上下、左右一致，并使元件平面与导轨垂直。然后慢慢拉开距离，看像屏上像的中心是否移动，调整各元件，直到像的中心位置基本不变为止。

（2）拉开像屏，使之距离蜡烛约 $5\sim6$ 倍于凸透镜焦距处（见实验图 4-2），量出间距 d，在物屏与像屏间移动透镜位置，使之得到清晰的像，记录其位置 x_1' 的数值。

（3）在物屏与像屏间移动透镜位置，使之再次得到清晰的像，记录其位置 x'' 的数值。

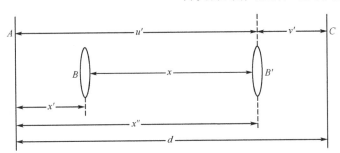

实验图 4-2　测定凸透镜焦距方法

（4）算出透镜移动的距离 $x(x=x''-x')$，并将 d、x'、x''、x 的数值填入实验表 4-1 中。

（5）改变物屏与像屏之间的距离，重复上述实验步骤（2）、（3）、（4）三次，求出透镜焦距的平均值 $\overline{f}=\dfrac{f_1+f_2+f_3}{3}$。

【数据记录与处理】

实验表 4-1　凸透镜的焦距（单位：cm）

次数	物屏与像屏间距 d	透镜位置			焦距 $f=\dfrac{d^2-x^2}{4d}$	焦距平均值 $\overline{f}$
		x'	x''	x		
1						
2						$\overline{f}=$
3						

实验 5 单缝衍射实验

【实验目的】

1. 观察单缝夫琅禾费衍射现象。
2. 利用单缝衍射的分布规律计算缝的宽度。

【实验器材】

氦-氖激光器 1 台、可调式单缝 1 块、凸透镜两块、光屏 1 个、毫米方格纸 1 张、光具座和各种支架等。

【实验原理】

光的衍射现象可分为两大类:夫琅禾费衍射和菲涅耳衍射。本实验仅考虑夫琅禾费单缝衍射的情况。夫琅禾费衍射研究的是入射光和衍射光都是平行光。其光路如实验图 5-1 所示。

根据惠更斯原理,单缝上的每一个点都可以看作一个新的波源,从这些波源发出次级子波,和入射光线成 φ 角的诸次级子波(衍射光)经过透镜后聚焦于 P 点。由于各衍射光线到达 P 点经过的光程不同,所以这些光线在该点有一定的位相差,叠加后产生亮条纹或暗条纹。

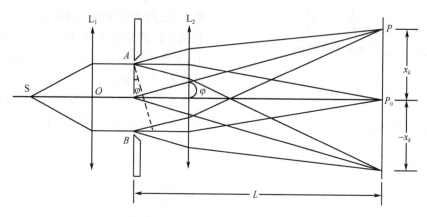

实验图 5-1 单缝衍射实验原理图

从理论可得出,在衍射屏出现亮条纹的条件是

$$a\sin\varphi = 0 \text{ 或 } a\sin\varphi = \pm(2k+1)\frac{\lambda}{2}$$

$$(k = 1,2,3,\cdots) \qquad (5\text{-}1)$$

在衍射屏上出现暗条纹的条件是

$$a\sin\varphi = \pm k\lambda \quad (k = 1,2,3,\cdots) \qquad (5\text{-}2)$$

其中的 a 为单缝的宽度,φ 为衍射角(衍射光与光轴 OP_0 的夹角)。

从以上两式可知,单色平行光投射到单缝上时,在另侧正对单缝的地方(P_0 点)可以看到干涉加强的条纹,此时满足条件 $a\sin\varphi = 0$,即 $\varphi = 0$ 时:

$$I = I_0$$

这是衍射图像中光强的极大值,称为中央亮条纹,在其两侧对称地分布着一系列明暗相间的条纹,它们分别满足式(5-1)或式(5-2)中的 $k = 1,2,3,\cdots$的条件。我们分别称之为第一级亮条纹,第一级暗条纹,第二级亮条纹,第二级暗条纹等。其中"±"号分别表示这些亮条纹或暗条纹在中央亮条纹的右侧或左侧。从上两式也可见,对一定波长的单色光,a 愈小,与各级条纹相对应的 φ 角就愈大,也即衍射作用愈明显。反之,a 愈大,与各级条纹相对应的 φ 角就愈小,这些条纹都向中央亮条纹 P_0 靠近,逐渐分辨不清,衍射作用也就愈不显著。

因为 φ 角很小,所以 $\sin\varphi \approx \tan\varphi \approx \varphi$,式(5-2)可以写成

$$\varphi = \pm\frac{k\lambda}{a} \qquad (5\text{-}3)$$

由实验图 5-1 可看出,k 级暗条纹对应的衍射角为

$$\varphi_k = \pm\frac{x_k}{L} \qquad (5\text{-}4)$$

比较式(5-3)和式(5-4)得 $\frac{k\lambda}{a} = \frac{x_k}{L}$,即

$$a = \frac{k\lambda L}{x_k} \qquad (5\text{-}5)$$

【实验方法和步骤】

1. 观察单缝衍射现象

(1) 在像屏上贴毫米方格纸,使衍射图像能出现在毫米方格纸上。

（2）接通氦-氖激光器的电源,按实验图 5-2 安置实验装置,让激光束通过可调单缝 S 中心。调节单缝的宽度,使缝由宽变窄,再由窄变宽,观察调节过程中出现的各种现象。

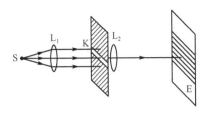

实验图 5-2　单缝衍射实验装置

2. 计算缝宽

（1）使屏上呈现清晰可辨的衍射条纹,记录缝与屏之间的距离 L。

（2）在毫米方格纸上分别描记一级、二级、三级衍射暗纹的位置,得出 $\pm x_1$、$\pm x_2$、$\pm x_3$ 的数值,并记录于实验表 5-1 中。

（3）计算各级暗纹的衍射角 $\overline{\varphi_k}$。

$$\overline{\varphi_k} = \frac{\dfrac{+x_k}{L} + \left(\dfrac{-x_k}{L}\right)}{2}$$

（4）计算缝宽 $\overline{a}$。

①用公式（5-5）算出 a_1、a_2、a_3。（$\lambda = 632.8\text{nm}$）

②计算缝宽 $\overline{a}$。

$$\overline{a} = \frac{a_1 + a_2 + a_3}{3}$$

【数据记录与处理】

实验表 5-1　实验结果

暗纹级数	$+x_k$	$-x_k$	$\overline{\varphi_k}$	$\overline{a}$
$k = \pm 1$	$+x_1 =$	$-x_1 =$	$\varphi_1 =$	
$k = \pm 2$	$+x_2 =$	$-x_2 =$	$\varphi_2 =$	$\overline{a} =$
$k = \pm 3$	$+x_3 =$	$-x_3 =$	$\varphi_3 =$	

1. 缝与屏之间的距离 L

$L = \underline{\hspace{2cm}}\text{m}$

2. 衍射角 φ

$$\varphi_1 = \frac{\dfrac{+x_1}{L} + \left(\dfrac{-x_1}{L}\right)}{2} =$$

$$\varphi_2 = \frac{\dfrac{+x_2}{L} + \left(\dfrac{-x_2}{L}\right)}{2} =$$

$$\varphi_3 = \frac{\dfrac{+x_3}{L} + \left(\dfrac{-x_3}{L}\right)}{2} =$$

3. 缝宽 $\overline{a}$

$$a_1 = \frac{k\lambda L}{x_k} = \frac{\lambda L}{x_1} =$$

$$a_2 = \frac{k\lambda L}{x_k} = \frac{2\lambda L}{x_2} =$$

$$a_3 = \frac{k\lambda L}{x_k} = \frac{3\lambda L}{x_3} =$$

$$\overline{a} = \frac{a_1 + a_2 + a_3}{3} =$$

实验 6　钠光谱（D）线波长的测定

【实验目的】

1. 了解分光计的机构及各个组成部分的作用。

2. 学习分光计的使用和调节方法。

3. 掌握光谱线的波长测定方法。

【实验器材】

JJ-Y 型分光计 1 台、光栅（附支架）1 块、GP-20Na 型低压钠光灯一套、1202-1 型学生电源 1 个。

【实验原理】

本实验是以光栅为分光元件,JJ-Y 型分光计为测量仪器,现分别介绍如下。

1. 光栅　光栅是利用干涉衍射产生分列亮线的工具,也是一种分解线光谱的线性分光元件,多数方式采用夫琅禾费衍射方式,即入射光是平行光,出射光也是平行光,再经透镜汇聚在有限距离处的屏幕上（实验图 6-1）,其原理与杨氏双缝干涉原理相同,光栅方程为

$$d\sin\varphi_k = k\lambda \tag{6-1}$$

或　　　　$$(a+b)\sin\varphi_k = k\lambda \tag{6-2}$$

式中　　$k = 0, \pm 1, \pm 2, \pm 3, \cdots$

d 为光栅常数,即刻痕（缝）的间距,$a+b$ 为缝宽 a 和缝距 b 之和,即 $a+b = d$,本实验采用 $d = 0.01\text{mm}$ 的光栅较合适。

2. 分光计　分光计是一种能测量光的折射率、光波波长、色散率等的精密仪器。分光计主要有 4 个部件:平行光管、望远镜、载物台和读数装置,实验图 6-2 是常用分光计结构示意图。

平行光管是产生平行光的部件,由狭缝和透镜组成。被光谱管照亮的狭缝成一线状光

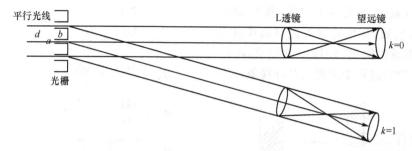

实验图 6-1　光栅的夫琅禾费衍射

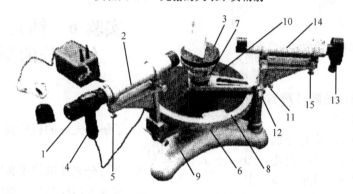

实验图 6-2　分光计结构图

1.望远镜目镜；2.望远镜筒；3.载物台；4.小灯；5.调节望远镜的倾斜螺钉；6.望远镜的固定螺钉(在背面)；7.调节平台的倾斜螺钉；8.读数圆盘；9.底盘；10.平台的锁紧螺钉；11.平台与望远镜连动杆；12.望远镜微调螺钉；13.夹缝宽度调节螺钉；14.平行光管；15.调平行光管倾角的螺钉

源,透镜把通过狭缝后的发散光线汇聚成平行光柱,所以狭缝必须放在透镜的焦平面上。平行光线通过放置在载物台上面的光栅后,就成为许多相干的子波源。从相当于子波源的光栅刻痕中发出的平行光是一系列相干光,再通过望远镜的物镜聚焦于焦平面上,产生干涉条纹(参看实验图 6-1 和实验图 6-2),本实验分光计的精密度是 $1'$。

【仪器调节】

要获得正确的实验数据,调节仪器是第一关键,即使前面的人刚用过,也要按调节要求进行检查,必须达到以下要求。

(1) 得到平行性好的光柱。

(2) 接收到清晰的干涉亮纹(光谱线)。

(3) 望远镜和平行光管的光轴与分光计中心相交且垂直于中心轴线。

1. 望远镜的调焦

(1) 先把目镜手轮旋出,然后一边旋进,一边从目镜中观察,直到分划板刻线成像清晰(实验图 6-3)。

(2) 望远镜对无穷远调焦,即将目镜分划板上的十字线调整到物镜的焦平面(像屏)上,

步骤如下。

1) 点亮目镜照明器。

2) 在载物台的中央放上光学平行板,其反射面对着望远镜的物镜,且与望远镜的光轴大致垂直。

3) 通过调节载物台的调平螺钉 7 和转动载物台,使望远镜的反射像和望远镜在同一直线上。

4) 从目镜中观察,此时可以看到一个亮斑,前后移动目镜,对望远镜进行调焦,使亮＋字线成清晰的像,然后,利用载物台上的调平螺钉和载物台调平机构,把这亮＋字线调节到与分划板上的＋字线重合,往复移动目镜,使亮＋字线与＋字线无视差地重合(实验图 6-3)。

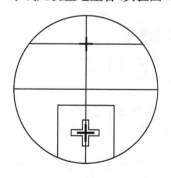

实验图 6-3　分划板

2. 调整望远镜的光轴垂直及旋转主轴

（1）上一步调好之后,把游标盘连同载物台平行平板旋转180°时,观察到的亮＋字线可能与＋字线有一个垂直方向的移位,即亮＋字线可能偏高或偏低。

（2）调整载物台调平螺钉,使位移减小一半。

（3）调整望远镜光轴上下调平螺钉,使垂直方向的移位完全消除。

（4）把游标盘连同载物台平行平板再旋转180°,检查其重合程度,重复（2）和（3）步骤使偏差得到完全校正。

【实验方法和步骤】

（1）检查分光计是否处于校正状态,可先将光栅置于载物台中央,使光栅座架的槽线与载物台某一径向刻线重合,置光栅平面与望远镜及光管的轴线垂直（实验图6-4）。点亮钠灯,找中央（0级）亮纹,看是否在视野正中,然后左、右移动望远镜,看是否其他级的黄色亮纹也能清晰地处在望远镜视野的正中,如不合要求,就应调节分光计。

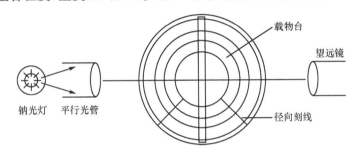

实验图 6-4　校正状态

（2）若仪器已调整,先置 $k=0$ 级亮缝与分划板中垂线重合,旋紧螺钉使度盘与望远镜转座连上。

（3）观察一级亮纹,即 $k=\pm 1$。先将望远镜向右转,找到 $k=1$ 亮纹位置（参看实验图6-5）,读出 φ_1 和 φ_1' 的度数,填入实验表6-1。再将望远镜向左转,找到 $k=-1$ 亮纹的位置,读出 φ_2 和 φ_2' 的度数,填入实验表6-1。

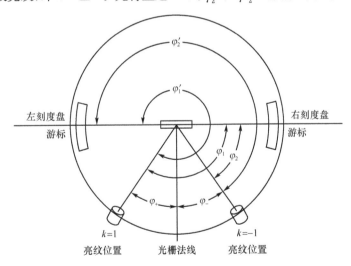

实验图 6-5　刻度盘读数法

（4）观察二级亮纹,即 $k=\pm 2$,按步骤（3）重复,读出第二级 $k=2$ 和 $k=-2$ 亮纹位置的 φ_1 和 φ_1' 及 φ_2 和 φ_2' 的度数,填入实验表6-1。

【数据记录与处理】

1. 计算各级角度 φ_k

从实验图6-5中,可以看出:
$$\varphi_+ + \varphi_- = |\varphi_1' - \varphi_2'|$$
$$\varphi_+ + \varphi_- = |\varphi_1 - \varphi_2|$$
取平均值得:
$$\overline{\varphi_+ + \varphi_-} = \frac{|\varphi_1 - \varphi_2| + |\varphi_1' - \varphi_2'|}{2}$$

学习笔记

再取平均值得：

$$\varphi = \frac{\overline{\varphi_+ + \varphi_-}}{2} = \frac{|\varphi_1 - \varphi_2| + |\varphi'_1 - \varphi'_2|}{4}$$

实验表 6-1　实验结果

光谱级数	左刻度盘读数	右刻度盘读数	φ_k	$\bar{\lambda}$
$k = +1$	$\varphi_1 =$	$\varphi'_1 =$		
$k = -1$	$\varphi_2 =$	$\varphi'_2 =$		
$k = +2$	$\varphi_1 =$	$\varphi'_1 =$		
$k = -2$	$\varphi_2 =$	$\varphi'_2 =$		

2. 计算波长 $\bar{\lambda}$

（1）由公式 $\lambda = \dfrac{d\sin\varphi_k}{k}$ 得出

当 $\varphi_k = \varphi_1$ 时，$\lambda_1 = \dfrac{d\sin\varphi_1}{1}$

当 $\varphi_k = \varphi_2$ 时，$\lambda_2 = \dfrac{d\sin\varphi_2}{2}$

（2）计算波长平均值 $\bar{\lambda}$：

$$\bar{\lambda} = \frac{\lambda_1 + \lambda_2}{2}$$

3. 计算百分误差 S　钠黄光波长的公认值 $\lambda_0 = 589.3\text{nm}$。

$$S = \left| \frac{\lambda_0 - \lambda}{\lambda_0} \right| \times 100\%$$

参 考 文 献

别业广,吕桦. 2004. 再谈核磁共振在医学方面的应用. 物理与工程.

褚圣麟. 1979. 原子物理学. 北京：人民教育出版社.

第三军医大学. 1989. 实用激光医学. 重庆：科学技术出版社重庆分社.

董品泸. 2000. 物理学. 第 3 版. 成都：四川科学技术出版社.

甘平. 2005. 医学物理学. 北京：科学出版社.

葛成荫,刘建华. 1991. 医用物理学. 杭州：浙江大学出版社.

洪洋,鲍修增. 2003. 医用物理学. 北京：高等教育出版社.

胡新珉. 2001. 医学物理学. 第 5 版. 北京：人民卫生出版社.

金永君,艾延宝. 2002. 核磁共振技术及应用. 物理与工程.

邝华俊. 1983. 医用物理学. 第 2 版. 北京：人民卫生出版社.

李椿. 1995. 大学物理. 北京：高等教育出版社.

李椿,夏学江. 1998. 大学物理. 北京：高等教育出版社.

李宜贵,张益珍. 2003. 医学物理学. 成都：四川大学出版社.

刘东华,李显耀,孙朝晖. 1997. 核磁共振成像. 大学物理.

刘发武. 2001. 物理. 北京：人民卫生出版社.

刘克哲. 1987. 物理学. 北京：高等教育出版社.

刘普和,邝华俊,吴幸生. 1980. 医学物理. 北京：人民卫生出版社.

刘太辉,刘景鑫,宋建中,等. 2005. X 射线相干散射成像及医学应用. 中华现代影像学杂志,2(8).

明纪堂. 2003. 医学物理学. 第 3 版. 北京：人民卫生出版社.

牛金生. 2001. 物理. 合肥：安徽大学出版社.

漆安慎,杜婵英. 1997. 力学. 北京：高等教育出版社.

阮萍. 1999. 核磁共振成像及其医学应用. 广西物理.

申耀德. 2004. 物理学. 北京：人民卫生出版社.

宋惠琴. 2005. 眼应用光学基础. 北京：高等教育出版社.

田建广,刘买利,夏照帆,等. 2000. 磁共振成像的安全性. 波谱学杂志(6).

王鸿儒. 1991. 物理学. 北京：北京医科大学·中国协和医科大学联合出版社.

王芝云. 2001. 医用物理学. 北京：科学出版社.

吴百诗. 1994. 大学物理. 西安：西安交通大学出版社.

杨继庆. 2006. 医学物理学. 西安：第四军医大学出版社.

杨仲耆. 1981. 大学物理学. 北京：人民教育出版社.

姚泰. 2000. 生理学. 第 5 版. 北京：人民卫生出版社.

张建中,孙存普. 1999. 磁共振教程. 合肥：中国科学技术大学出版社.

赵春亭,赵子文. 1998. 临床血液流变学. 北京：人民卫生出版社.

物理学教学大纲（草案）

一、课程性质和任务

物理学是研究物质最普通、最基本的运动规律和物质的基本结构的科学，它是其他自然科学和当代技术发展的基础。

物理学的主要任务是对学生进行科学素养的训练，使学生掌握必要的物理知识，为学习现代医学奠定必要的物理基础。

二、课程教育目标

本课程是在中学物理的基础上进一步学习和掌握物理学的基本概念、基本规律和研究方法；结合课程内容，激发学生的创新意识。通过本课程的教学，向学生进行科学思想、科学方法和科学态度的教育，提高他们的科学素质；在本课程的教学过程中要注重培养学生的观察、实验、思维能力，分析问题和解决问题的能力，自我发展和获取知识的能力，为学习现代医学科学技术和知识打下必要的基础。

三、教学内容和要求

1. 力学知识点和教学要求

章	节	知识点	教学要求		
			了解	理解	掌握
第1章 人体力学的基础	第1节 刚体转动	刚体的定轴转动			√
		转动定律		√	
		角动量与角动量守恒	√		
	第2节 应力与应变	应变		√	
		应力		√	
	第3节 弹性模量	弹性与塑性	√		
		弹性模量	√		
	第4节 骨与肌肉的力学特性	骨的力学特性	√		
		肌肉的力学特性	√		
第2章 振动、波动和声波	第1节 简谐振动	简谐振动及简谐振动方程		√	
		简谐振动的特征量		√	
		简谐振动的矢量图表示法	√		
		简谐振动的能量			√
	第2节 阻尼振动、受迫振动和共振	阻尼振动	√		
		受迫振动	√		
		共振	√		
	第3节 简谐振动的合成	简谐振动的合成	√		

续表

章	节	知识点	教学要求		
			了解	理解	掌握
第2章 振动、波动和声波	第4节 机械波	机械波	√		
		平面波	√		
		球面波	√		
		波速	√		
		波长	√		
		波动方程		√	
	第5节 波的能量	波的能量	√		
		波的强度		√	
		波的衰减		√	
	第6节 惠更斯原理	惠更斯原理	√		
	第7节 波的干涉	波的干涉	√		
	第8节 波的衍射	波的衍射	√		
	第9节 声波	声压	√		
		声强		√	
		乐音	√		
		噪音的危害与控制	√		
		声强级			√
		响度级	√		
	第10节 多普勒效应	多普勒效应		√	
	第11节 超声波及其在医学中的应用	超声波特性和作用	√		
		超声波诊断和治疗	√		
		多普勒超声血流仪原理	√		
第3章 流体的运动	第1节 理想流体与稳定流动	理想流体		√	
		稳定流动	√		
		连续性方程	√		
	第2节 伯努利方程	伯努利方程			√
		伯努利方程的应用	√		
	第3节 黏滞流体的运动规律	层流		√	
		牛顿黏滞定律		√	
		泊肃叶公式		√	
		湍流和雷诺数	√		
	第4节 血液在循环系统中的流动	心脏作功	√		
		血液的黏度	√		
	第5节 液体的表面现象	表面张力	√		
		表面活性物质	√		
		浸润和不浸润现象	√		
		弯曲液面的附加压强	√		
		毛细现象	√		
		气体栓塞	√		

2. 电学部分知识点和教学要求

章	节	知识点	教学要求		
			了解	理解	掌握
第4章　静电场	第1节　电场、电场强度和电势	库仑定律	√		
		点电荷的电场强度	√		
		点电荷的电势		√	
	第2节　电偶极子和电偶层	电偶极子的电矩	√		
		电偶极子的电势		√	
		电偶极层的电势	√		
		闭合曲面电偶层	√		
	第3节　心电知识	心电场	√		
		心电偶的电性质	√		
		心电图	√		
第5章　直流电	第1节　基尔霍夫定律	基尔霍夫第一定律		√	
		基尔霍夫第二定律		√	
	第2节　RC电路的充放电过程	RC电路的充电过程	√		
		RC电路的放电过程	√		
	第3节　生物膜电势	能斯特方程		√	
		静息电势	√		
		动作电势	√		
第6章　电磁现象	第1节　磁感应强度	磁感应强度		√	
		磁场中的高斯定理	√		
	第2节　电流的磁场	毕奥-萨伐尔定律	√		
		安培环路定律	√		
	第3节　磁场对电流的作用	磁场对载流导线的作用		√	
		载流线圈所受的磁力矩	√		
	第4节　磁场的生物效应	生物磁现象	√		
		磁场的生物效应	√		
	第5节　电磁感应定律	电磁感应定律			√
		动生电动势		√	
		感生电动势		√	
	第6节　电磁波	电磁波	√		
		电磁波对生物体的作用	√		

3. 光学部分知识点和教学要求

章	节	知识点	教学要求		
			了解	理解	掌握
第7章　光的波动性	第1节　光的干涉	光的干涉		√	
		干涉条纹计算	√		
	第2节　光的衍射	光的衍射		√	
		单缝衍射条纹计算	√		
		光栅衍射	√		
		光栅衍射条纹计算	√		

章	节	知识点	了解	理解	掌握
第7章 光的波动性	第3节 光的偏振	偏振光		✓	
		马吕定律	✓		
	第4节 双折射与旋光现象	双折射定律	✓		
		旋光现象		✓	
		旋光率	✓		
第8章 光的粒子性	第1节 光电效应	光电效应		✓	
		爱因斯坦光电效应方程		✓	
	第2节 康普顿效应	康普顿效应	✓		
		光子假设对康普顿效应的解释	✓		
	第3节 光的波粒二象性	光的波粒二象性	✓		
	第4节 光的吸收	朗伯-比耳定律		✓	
		光电比色计原理	✓		
		分光光度计原理	✓		
		光的生物效应	✓		
第9章 几何光学	第1节 球面折射	球面折射	✓		
	第2节 透镜	透镜	✓		
		薄透镜公式			✓
		薄透镜组	✓		
		圆柱透镜	✓		
	第3节 眼睛	眼睛的光学模型	✓		
		近视眼及其矫正		✓	
		远视眼及其矫正		✓	
		散光眼及其矫正	✓		
	第4节 几种医用光学仪器	放大镜		✓	
		光学显微镜		✓	
		光学仪器的分辨本领	✓		
		电子显微镜	✓		
		纤镜	✓		

4. 原子物理学部分知识点和教学要求

章	节	知识点	了解	理解	掌握
第10章 原子核与放射性	第1节 原子及原子核的基本性质	原子结构	✓		
		原子核的组成及基本性质		✓	
		质量亏损		✓	
		结合能	✓		
	第2节 原子核的衰变类型及衰变规律	α衰变		✓	
		β衰变	✓		
		γ衰变	✓		
		半衰期		✓	
		平均寿命	✓		

续表

章	节	知识点	教学要求		
			了解	理解	掌握
第10章　原子核与放射性	第3节　放射性核素在医学上的应用	放射性核素在医学上应用	√		
		放射线防护	√		
	第4节　基本粒子简介	基本粒子的性质	√		
		基本粒子的相互作用	√		
		基本粒子的分类	√		
第11章　激光	第1节　激光的产生	能级跃迁		√	
		受激辐射	√		
	第2节　激光的特性与生物效应	激光的特性		√	
		激光的生物效应	√		
	第3节　激光在医学上的应用	激光在医学上的应用	√		
第12章　X射线	第1节　X射线的产生	X射线的特性	√		
		X射线的产生		√	
	第2节　X射线的吸收	X射线的吸收规律	√		
		影响物质吸收X射线的因素	√		
		照射量	√		
		吸收剂量	√		
	第3节　X射线的医学应用及防护	X射线的医学应用		√	
	第4节　X射线CT				
第13章　磁共振成像	第1节　磁共振的基本概念	原子核的磁矩	√		
		磁矩在磁场中的运动	√		
		磁共振现象	√		
	第2节　磁共振成像原理	磁共振成像的基本方法	√		
		人体的磁共振成像	√		
	第3节　磁共振成像系统	磁场系统	√		
		射频系统	√		
		图像重建系统	√		
	第4节　磁共振的应用				

5. 实验部分

教学内容	学时数	教学内容	学时数
刚体转动实验	2	单缝衍射实验	2
液体黏滞系数的测定	2	钠光谱(D)线波长的测定	2
示波器的使用	2	合计	12
透镜焦距的测量	2		

四、学时分配建议

教学内容	建议学时数	教学内容	建议学时数
力学部分	12~16	原子核部分	4~8
电学部分	8~12	合计	36~48
光学部分	12		

学习笔记

五、说　　明

1. 本课程宜在第一或第二学期开设，建议总学时数为 36～48 学时。

2. 本大纲对知识点提出了分层次的要求。其中："了解"是对知识的初步认识，对"了解"的内容，学生应能说出其要点、大意；"理解"是对知识的进一步认识，对"理解"的内容，学生应能做出完整、确切的表述，并能运用它们来分析有关的物理现象或进行简单计算；"掌握"是对知识的更深入的认识，对"掌握"的内容，学生应能在"理解"的基础上，较全面地把握其物理意义、使用条件、应用范围，并能较灵活地运用它们解决有关的物理问题。

3. 应积极创造条件，充分运用现代教学手段，如投影、幻灯、电影、录像、计算机辅助教学软件(CAI)等进行教学，并结合教学适当地组织学生开展一些物理课外活动，进行一些科技小实验和小制作，培养学生的钻研精神和创造能力。